Gruber | Neumann

Erfolg im Mathe-Abi

Übungsbuch Basiswissen Grundkurs für Nordrhein-Westfalen mit Tipps und Lösungen

Gedruckt auf chlorfrei gebleichtem Papier
* Printed in Germany *

H. Gruber, R. Neumann

Erfolg im Mathe-Abi

Nordrhein-Westfalen
Grundkurs

Übungsbuch für das Basiswissen in Analysis, Geometrie und Stochastik mit Tipps und Lösungen

Freiburger Verlag

Vorwort

Erfolg von Anfang an

Dieses Übungsbuch ist speziell auf die Anforderungen des zentralen Mathematik-Abiturs in Nordrhein-Westfalen abgestimmt und enthält alle Themenbereiche Analysis, Lineare Algebra/ Geometrie mit Matrizen und Stochastik.

Viele der Aufgaben lassen sich ohne Taschenrechner lösen und fördern das Grundwissen und die Grundkompetenzen in Mathematik, vom einfachen Rechnen und Formelanwenden bis zu gedanklichen Zusammenhängen. Das Übungsbuch ist eine Hilfe zum Selbstlernen (learning by doing) und bietet die Möglichkeit, sich intensiv auf die Prüfung vorzubereiten und gezielt Themen zu vertiefen. Hat man Erfolg bei den grundlegenden Aufgaben, machen Mathematik und Lernen wieder mehr Spaß.

Komplexere Aufgaben auf Prüfungsniveau und die Prüfungsaufgaben ab 2007 fördern die Vernetzung des Gelernten sowie die Übertragung der Grundlagen auf anwendungsbezogene Augaben; diese sind in unserem Buch «Erfolg im Mathe-Abi, Prüfungsaufgaben» zu finden.

Der blaue Tippteil

Hat man keine Idee, wie man eine Aufgabe angehen soll, hilft der blaue Tippteil in der Mitte des Buches weiter: Zu jeder Aufgabe gibt es dort Tipps, die helfen, einen Ansatz zu finden, ohne die Lösung vorwegzunehmen.

Wie arbeitet man mit diesem Buch?

Am Anfang jedes Kapitels befindet sich eine kurze Übersicht über die jeweiligen Themen. Die einzelnen Kapitel bauen zwar aufeinander auf, doch ist es nicht zwingend notwendig, das Buch der Reihe nach durchzuarbeiten. Die Aufgaben sind in der Regel in ihrer Schwierigkeit gestaffelt. Von fast jeder Aufgabe gibt es mehrere Variationen zum Vertiefen. In der Mitte des Buches befindet sich der blaue Tippteil mit Denk- und Lösungshilfen. Die Lösungen mit ausführlichem Lösungsweg bilden den dritten Teil des Übungsbuchs. Hier findet man die notwendigen Formeln, Rechenverfahren und Denkschritte sowie sinvolle alternative Lösungswege.

Allen Schülerinnen und Schülern, die sich auf das Abitur vorbereiten, wünschen wir viel Erfolg.

Helmut Gruber, Robert Neumann

Die Abiturprüfung seit 2007

Seit 2007 werden die Mathematikaufgaben für die schriftliche Abiturprüfung in Nordrhein-Westfalen zentral gestellt. Dabei gibt es folgende inhaltliche Schwerpunkte, wobei die Inhalte des Lehrplans weiter verbindlich sind:

Analysis

- Fortführung der Differentialrechnung
  - Untersuchung von ganzrationalen Funktionen (mit CAS einschließlich Funktionenscharen) und Exponentialfunktionen einschließlich notwendiger Ableitungsregeln (Produkt- und Kettenregel) in Sachzusammenhängen.
- Integralrechnung:
  - Untersuchung von Wirkungen (Änderungsrate)
  - Flächenberechnung durch Integration

Lineare Algebra / Geometrie

- lineare Gleichungssysteme für $n > 2$, Matrix-Vektor-Schreibweise, systematisches Lösungsverfahren für lineare Gleichungssysteme
- Geraden- und Ebenengleichungen in Parameterform und Koordinatenform, Lagebeziehungen von Geraden und Ebenen
- Standard-Skalarprodukt mit den Anwendungen Orthogonalität und Länge von Vektoren
- Alternative 1: Abbildungsmatrizen, Matrizenmultiplikation als Abbildungsverkettung
  oder
- Alternative 2: Übergangsmatrizen, Matrizenmultiplikation als Verkettung von Übergängen

Stochastik

- Wahrscheinlichkeit, bedingte Wahrscheinlichkeit, Unabhängigkeit
- Binomialverteilung, einschließlich Erwartungswert und Standardabweichung
- Alternative 1: ein- und zweiseitiger Hypothesentest
  oder
- Alternative 2: Schätzen von Parametern für binomialverteilte Zufallsgrößen.

Übersicht über die verwendeten Operatoren

Anforderungsbereich I

Operator	Erläuterung
angeben, nennen	Objekte, Sachverhalte, Begriffe, Daten ohne nähere Erläuterungen, Begründungen und ohne Darstellung von Lösungsansätzen oder Lösungswegen aufzählen
berechnen	Ergebnisse von einem Ansatz ausgehend durch Rechenoperationen gewinnen
beschreiben	Strukturen, Sachverhalte oder Verfahren in eigenen Worten unter Berücksichtigung der Fachsprache sprachlich angemessen wiedergeben (hier sind auch Einschränkungen möglich z.B.: Beschreiben Sie in Stichworten...)
erstellen, darstellen	Sachverhalte, Zusammenhänge, Methoden in übersichtlicher, fachlich sachgerechter oder vorgegebener Form darstellen
skizzieren	Wesentliche Eigenschaften von Sachverhalten oder Objekten graphisch darstellen (auch Freihandskizzen möglich)
zeichnen, graphisch darstellen	Hinreichend exakte graphische Darstellungen von Objekten oder Daten anfertigen

Anforderungsbereich II

Operator	Erläuterung
begründen	Sachverhalte auf Gesetzmäßigkeiten bzw. kausale Zusammenhänge zurückführen (hierbei sind Regeln und mathematische Beziehungen zu nutzen)
beschreiben	Strukturen, Sachverhalte oder Verfahren unter Berücksichtigung der Fachsprache sprachlich angemessen wiedergeben (hier sind auch Einschränkungen möglich z.B.: Beschreiben Sie in Stichworten...)
bestimmen, ermitteln	Zusammenhänge bzw. Lösungswege finden und die Ergebnisse formulieren (die Wahl der Mittel kann eingeschränkt sein)
entscheiden	Sich bei Alternativen eindeutig und begründet auf eine Möglichkeit festlegen
erklären	Sachverhalte mit Hilfe eigener Kenntnisse verständlich und nachvollziehbar machen und in Zusammenhänge einordnen
herleiten	Die Entstehung oder Ableitung von gegebenen oder beschriebenen Sachverhalten oder Gleichungen aus anderen Sachverhalten darstellen
interpretieren	Zusammenhänge bzw. Ergebnisse begründet auf gegebene Fragestellungen beziehen
untersuchen, prüfen	Sachverhalte, Probleme Fragestellungen nach bestimmten, fachlich üblichen bzw. sinnvollen Kriterien bearbeiten
vergleichen	Gemeinsamkeiten, Ähnlichkeiten und Unterschiede ermitteln
zeichnen, graphisch darstellen	Hinreichend exakte graphische Darstellungen von komplexeren Objekten oder Daten anfertigen
zeigen, nachweisen	Aussagen oder Sachverhalte unter Nutzung von gültigen Schlussregeln, Berechnungen, Herleitungen oder logischen Begründungen bestätigen

Anforderungsbereich III

Operator	Erläuterung
begründen	Komplexere Sachverhalte auf Gesetzmäßigkeiten bzw. kausale Zusammenhänge zurückführen (hierbei sind Regeln und mathematische Beziehungen zu nutzen)
bestimmen, ermitteln	Komplexere Zusammenhänge bzw. Lösungswege finden und die Ergebnisse formulieren (die Wahl der Mittel kann eingeschränkt sein)
beurteilen	Zu Sachverhalten ein selbstständiges Urteil unter Verwendung von Fachwissen und Fachmethoden formulieren und begründen
beweisen, widerlegen	Beweise im mathematischen Sinne unter Verwendung von bekannten mathematischen Sätzen, logischen Schlüssen und Äquivalenzumformungen, ggf. unter Verwendung von Gegenbeispielen, führen
interpretieren	Komplexere Zusammenhänge bzw. Ergebnisse begründet auf eine gegebene Fragestellung beziehen
vergleichen	Gemeinsamkeiten, Ähnlichkeiten und Unterschiede in komplexeren Zusammenhängen ermitteln
zeigen, nachweisen	Umfangreichere Aussagen oder komplexere Sachverhalte unter Nutzung von gültigen Schlussregeln, Berechnungen, Herleitungen oder logischen Begründungen bestätigen

Diese Liste wurde vom Ministerium für Schule und Weiterbildung herausgegeben, um einen Überblick über die in der Prüfung verwendeten Operatoren zu bekommen.

Der Ablauf der Abiturprüfung

Im Abitur sind, neben einer mathematischen Formelsammlung und einem deutschen Wörterbuch ein wissenschaftlicher Taschenrechner ohne oder mit Grafikfähigkeit (TR oder GTR) oder ein Computer-Algebra-System (CAS) erlaubt.

Die Schule erhält zwei Aufgabensätze: einen Aufgabensatz für Taschenrechner/GTR und einen Satz für CAS. Dabei enthält der Satz für Taschenrechner/GTR je eine Aufgabe mehr als der Satz für CAS. Jeder Satz besteht aus zwei Aufgabengruppen:

Aufgabengruppe 1

Analysis Aufgabe 1	Analysis Aufgabe 2	Analysis Aufgabe 3 nur TR / GTR

Aufgabengruppe 2

Lineare Algebra / Geometrie Alternative 1 Abbildungsmatrizen	Lineare Algebra / Geometrie Alternative 2 Übergangsmatrizen	Lineare Algebra / Geometrie Alternative 1 oder 2 nur TR / GTR

Stochastik Aufgabe 1	Stochastik Aufgabe 2

Die Fachlehrerin/der Fachlehrer wählt aus jeder der beiden Aufgabengruppen eine Aufgabe aus. **Die Abiturprüfung besteht also aus zwei Aufgaben**: In jedem Fall eine Analysisaufgabe und eine der Aufgaben aus der Aufgabengruppe 2. Die Bearbeitungszeit beträgt 180 Minuten. Eine Aufgabenauswahl durch den Schüler/die Schülerin ist nicht vorgesehen.

Inhaltsverzeichnis

Analysis

1 Von der Gleichung zur Kurve

Tipps ab Seite 97, Lösungen ab Seite 129

In diesem Kapitel geht es um die Grundfunktionen und ihre Verschiebung, Streckung und Spiegelung. Dazu sollten Sie die Graphen der wichtigsten Grundfunktionen kennen. Es handelt sich um:

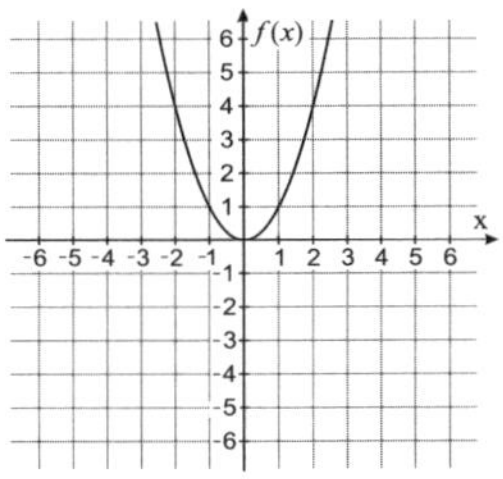

$f(x) = x^2$

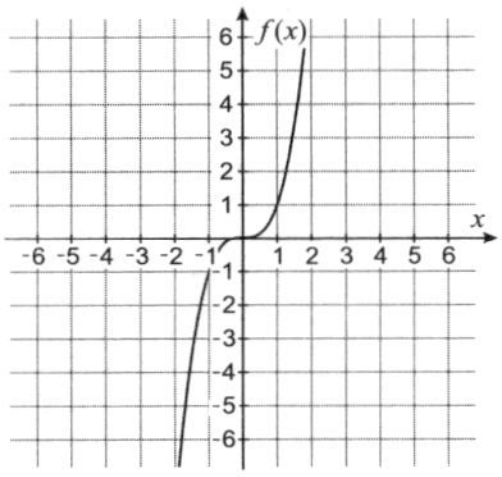

$f(x) = x^3$

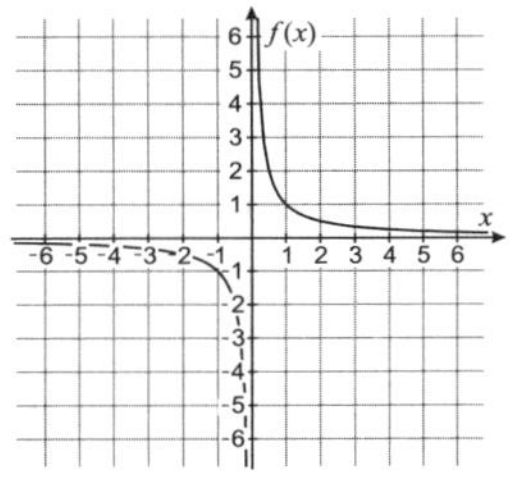

$f(x) = \frac{1}{x}$

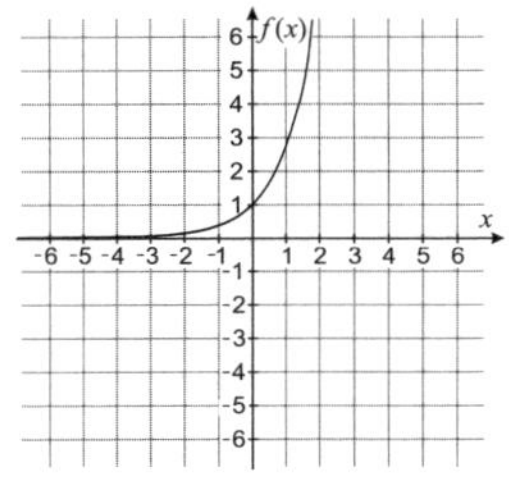

$f(x) = e^x$

Diese Grundfunktionen lassen sich verschieben und strecken:

Beispiel: Die Parabel $f(x) = x^2$

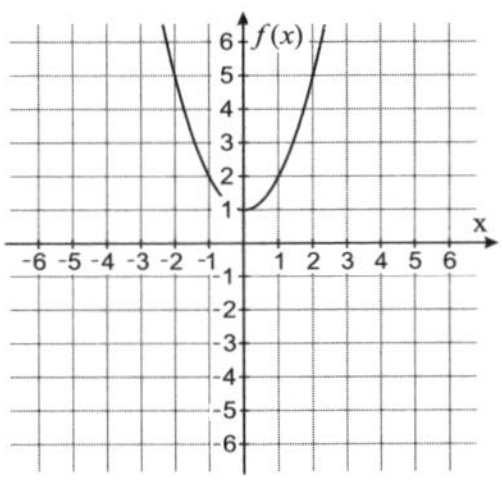

$f(x) = x^2 + 1$

Verschiebung um 1 LE in y-Richtung: das absolute Glied ist 1.

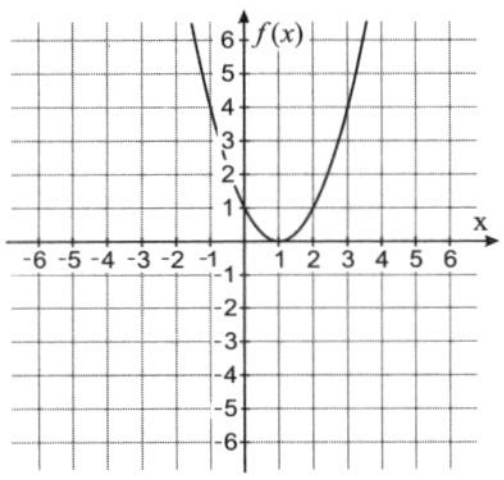

$f(x) = (x-1)^2$

Verschiebung um 1 LE in y-Richtung: x wird ersetzt durch $(x-1)$

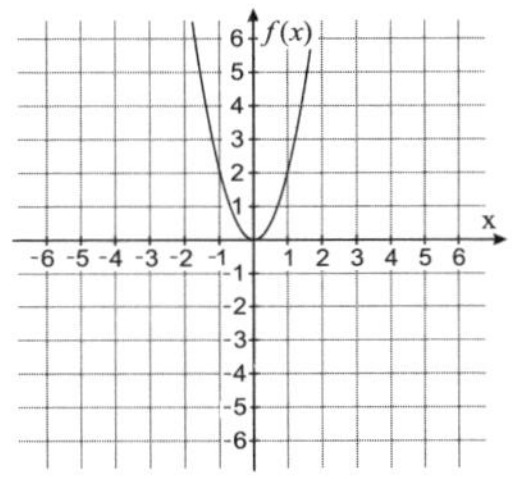

$f(x) = 2 \cdot x^2$

Streckung in y-Richtung um den Faktor 2. Die Funktionsgleichung wird mit 2 multipliziert.

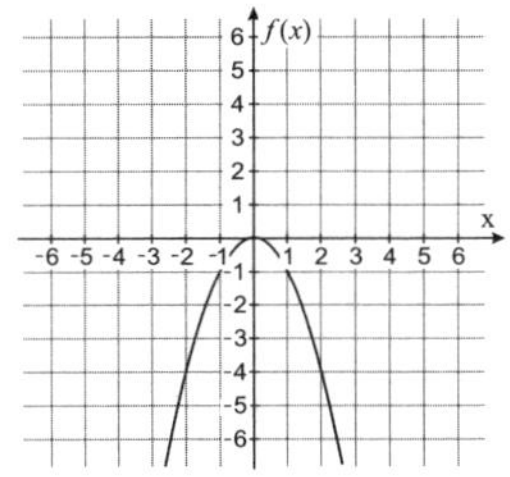

$f(x) = -x^2$

Spiegelung an der x-Achse: Die Funktionsgleichung wird mit -1 multipliziert.

Weitere Variationen:

- Spiegelung an der y-Achse: Hierzu wird x ersetzt durch $(-x)$
- Stauchen in x-Richtung: Hierzu wird x ersetzt durch $a \cdot x$. Der Graph wird bei einem Faktor, der größer als 1 ist, gestaucht, d.h. in x-Richtung «kürzer» und bei einem Faktor, der kleiner als 1 ist, gestreckt, d.h. in x-Richtung «länger».

Tipp: Skizzieren Sie zuerst den Graph der zugehörigen Grundfunktion und anschließend schrittweise eine eventuelle Spiegelung, Streckung/Stauchung sowie die Verschiebungen in x-bzw. y-Richtung.

1.1 Ganzrationale Funktionen

Skizzieren Sie die Graphen folgender Funktionen und bestimmen Sie die Schnittpunkte mit den Koordinatenachsen.

a) $f(x) = \frac{1}{2}x + 1$ b) $f(x) = -\frac{3}{4}x$ c) $f(x) = -x + 1$

d) $f(x) = (x-1)^2 - 4$ e) $f(x) = -x^2 + 4$ f) $f(x) = -(x+1)^2 + 1$

g) $f(x) = (x-1)^3 + 1$ h) $f(x) = -(x+1)^3$ i) $f(x) = 2x^3 - 2$

1.2 Exponentialfunktionen

Skizzieren Sie den Graphen folgender Funktionen und bestimmen Sie jeweils die Asymptote.

a) $f(x) = e^{x-1} + 1$ b) $f(x) = -e^{x-1} + 1$ c) $f(x) = e^{-(x-1)} + 2$

d) $f(x) = -e^{-x+1} + 1$

2 Aufstellen von Funktionen mit Randbedingungen

Tipps ab Seite 97, Lösungen ab Seite 133

Hier geht es darum, eine Funktion so aufzustellen, dass sie bestimmte vorgegebene Bedingungen erfüllt. Dazu wird die gesuchte Funktion zuerst in ihrer allgemeinen Form aufgeschrieben. Aus dieser können Sie die Anzahl der benötigten Parameter ablesen. Für jeden dieser Parameter brauchen Sie eine «Information» aus der Aufgabenstellung. Aus jeder «Information» ergibt sich eine Gleichung. Damit erhalten Sie eine Gleichungssystem, welches Sie mit dem Gaußschen Eliminationsverfahren lösen können.

Beispiel:

Gesucht ist der Ansatz zur Bestimmung der Gleichung einer Parabel mit Tiefpunkt $(1 \mid -4)$, die durch den Punkt $(0 \mid -3)$ geht.

Die allgemeine Parabelgleichung lautet: $f(x) = ax^2 + bx + c$, die Ableitung ist $f'(x) = 2ax + b$. Es sind also drei Parameter zu bestimmen. Folgende Bedingungen müssen gelten:
$f(1) = a \cdot 1^2 + b \cdot 1 + c = -4$,
$f'(1) = 2a \cdot 1 + b = 0$ (weil es sich um einen Tiefpunkt mit waagerechter Tangente handelt) und
$f(0) = a \cdot 0^2 + b \cdot 0 + c = -3$. Daraus ergibt sich folgendes Gleichungssystem:

$$\begin{array}{lcccccccc} \text{I} & a & + & b & + & c & = & -4 \\ \text{II} & 2a & + & b & & & = & 0 \\ \text{III} & & & & & c & = & -3 \end{array}$$

Aus Gleichung III liest man $c = -3$ ab. Damit erhält man:

$$\begin{array}{lcccccc} \text{Ia} & a & + & b & & = & -1 \\ \text{II} & 2a & + & b & & = & 0 \\ \text{III} & & & & c & = & -3 \end{array}$$

Subtrahiert man Gleichung Ia von Gleichung II, erhält man $a = 1$ und durch Einsetzen $b = -2$. Damit lautet die Gleichung der gesuchten Parabel $f(x) = x^2 - 2x - 3$.

Für andere Funktionenklassen (e-Funktionen, etc.) ist die Vorgehensweise analog: Immer müssen Sie zuerst die allgemeine Funktionsgleichung aufstellen, anschließend bestimmen Sie die Parameter. Zur konkreten Vorgehensweise können Sie im Tippteil nachsehen.

2.1 Ganzrationale Funktionen

a) Eine Parabel geht durch $P_1\,(0 \mid 4)$, $P_2\,(1 \mid 0)$ und $P_3\,(2 \mid 18)$. Bestimmen Sie die Gleichung dieser Parabel.

b) Eine Parabel hat den Hochpunkt M $(1 \mid 3)$ und geht durch Q $(0 \mid 2)$. Bestimmen Sie die Gleichung der Parabel.

c) Eine zur y-Achse symmetrische Parabel hat in P $(1 \mid 6)$ die Steigung 2. Bestimmen Sie die Gleichung der Parabel.

d) Eine zur y-Achse symmetrische Parabel schneidet die x-Achse an der Stelle $x = \sqrt{3}$ und geht durch T $(0 \mid -3)$. Bestimmen Sie die Gleichung der dazugehörigen Funktion.

e) Der Graph einer ganzrationalen Funktion 3. Grades hat den Wendepunkt W $(0 \mid 0)$ und den Hochpunkt H $(2 \mid 2)$. Bestimmen Sie die Gleichung der Funktion.

f) Eine Parabel dritten Grades (kubische Parabel) hat im Punkt P $(0 \mid 1)$ die Steigung $m_P = -1$; ihr Wendepunkt ist W $(-1 \mid 4)$. Bestimmen Sie die Gleichung dieser Parabel.

g) Bestimmen Sie a und b so, dass der Graph der Funktion f mit $f(x) = ax^4 + bx^2$ den Wendepunkt W $(1 \mid -2{,}5)$ hat.

2.2 Exponentialfunktionen

Die allgemeine e-Funktion für natürliches exponentielles Wachstum hat die Gestalt: $f(x) = a \cdot e^{kx}$. Bestimmen Sie bei den folgenden Aufgaben jeweils die Parameter a und k.

a) Eine e-Funktion geht durch die Punkte P $(0 \mid 2)$ und Q $\left(4 \mid 2e^{12}\right)$.

b) Eine e-Funktion geht durch die Punkte A $(0 \mid 3)$ und B $\left(2 \mid 3e^{8}\right)$.

c) Bei einer e-Funktion ist $f'(0) = 6$ und $f(0) = 3$.

d) Bei einer e-Funktion ist $f'(0) = 4$ und $f(0) = 2$.

e) Eine e-Funktion hat den Anfangswert $f(0) = 5$ und für $x = 0$ die Steigung 10.

3 Von der Kurve zur Gleichung

Tipps ab Seite 98, Lösungen ab Seite 136

Wenn der Graph einer Funktion gegeben ist und die Funktionsgleichung gesucht ist, gibt es zwei Möglichkeiten, diese aufzustellen:

1. Man erkennt, dass es sich um den Graph einer verschobene, gestreckte oder gespiegelte Grundfunktion handelt. Dann beginnen Sie mit einer Gleichung der Grundfunktion und verändern sie so, wie es im Kapitel 1 beschrieben ist, bis die abgebildete Funktion entsteht.

2. Der teilweise etwas aufwändigere Ansatz, der aber immer funktioniert, besteht darin, Punkte und deren Steigung am gegebenen Graphen abzulesen und die Funktionsgleichung analog wie im Kapitel 2 beschrieben zu bestimmen.

3.1 Ganzrationale Funktionen

Nachfolgend sind die Graphen einiger Funktionen angegeben. Bestimmen Sie einen möglichen Funktionsterm.

a)

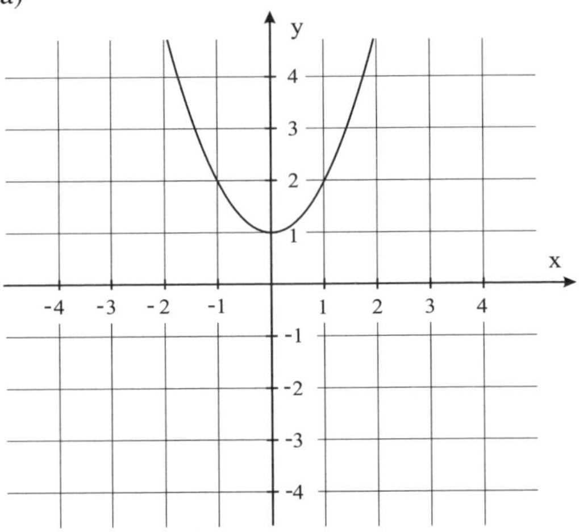

b)

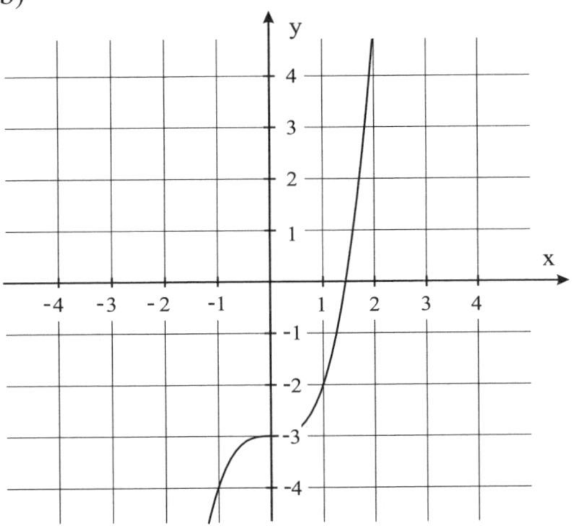

c)

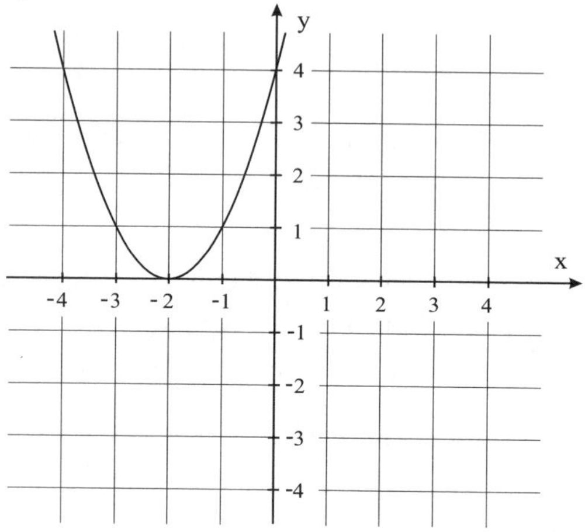
y
4
3
2
1
x
-4
-3
-2
-1
1
2
3
4
-1
-2
-3
-4

d)

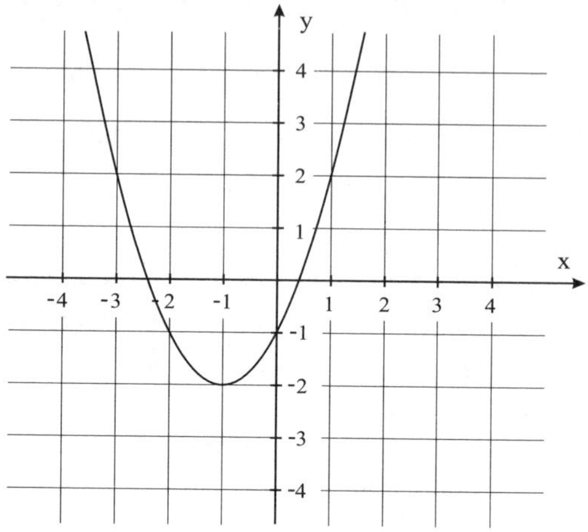
y
4
3
2
1
x
-4
-3
-2
-1
1
2
3
4
-1
-2
-3
-4

e)

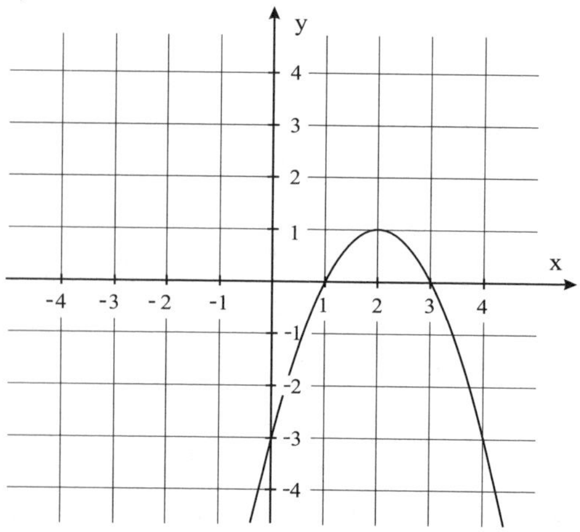
y
4
3
2
1
x
-4
-3
-2
-1
1
2
3
4
-1
-2
-3
-4

f)

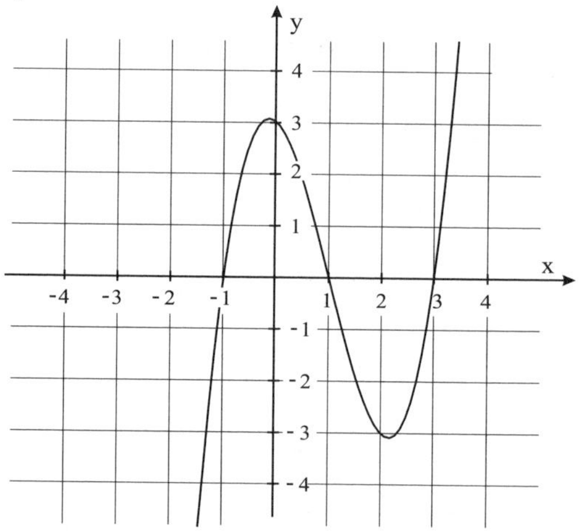
y
4
3
2
1
x
-4
-3
-2
-1
1
2
3
4
-1
-2
-3
-4

g)

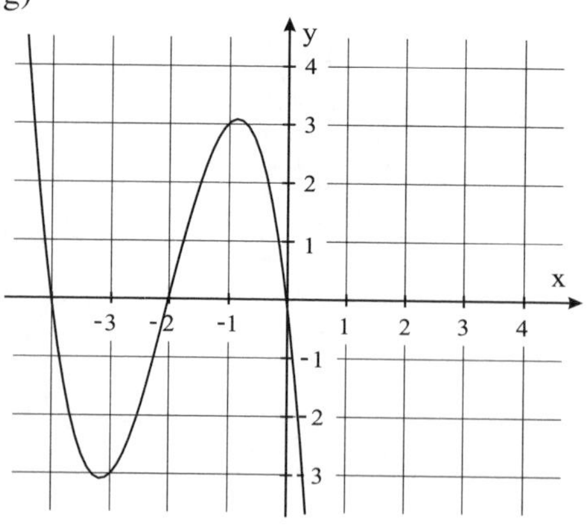
y
4
3
2
1
x
-3
-2
-1
1
2
3
4
-1
-2
-3

h)

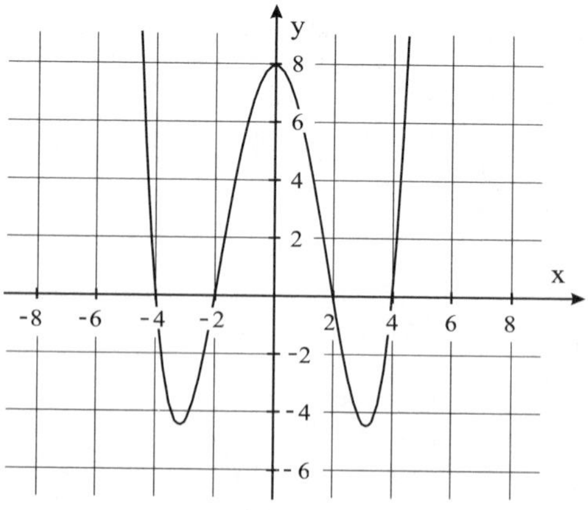
y
8
6
4
2
x
-8
-6
-4
-2
2
4
6
8
-2
-4
-6

4 Differenzieren

Tipps ab Seite 99, Lösungen ab Seite 139

Die wichtigsten Ableitungsregeln sind:

Name	$f(x)$	$f'(x)$	Bemerkungen
Potenzregel	$a \cdot x^n$	$n \cdot a \cdot x^{n-1}$	Die Potenzregel gilt auch für negative Exponenten
Kettenregel	$u(v(x))$	$u'(v(x)) \cdot v'(x)$	«äußere Ableitung mal innere Ableitung»
Produktregel	$u(x) \cdot v(x)$	$u'(x) \cdot v(x) + u(x) \cdot v'(x)$	«u-Strich mal v plus u mal v-Strich»
e-Funktion	e^x	e^x	Die Ableitung ist gleich der Funktion
verkettete e-Funktion	$a \cdot e^{k \cdot x + c}$	$a \cdot k \cdot e^{k \cdot x + c}$	Es gilt die Kettenregel

Leiten Sie alle angegebenen Funktionen einmal ab und vereinfachen Sie die entstehenden Terme:

4.1 Ganzrationale Funktionen

a) $f(x) = 4x^5 - 2x^3$ b) $f(x) = 2ax^3 - 6a^2x^2$ c) $f(x) = t^2x^4 - 3t^3x^2 + 4t^2$

d) $f(x) = (4x+1)^3$ e) $f(x) = \left(2x^2 + a\right)^4$ f) $f(x) = \left(2ax^3 + 3\right)^3$

g) $f(x) = (x-1) \cdot (x-k)^2$ h) $f(x) = 2ax \cdot (x-a)^2$

4.2 Exponentialfunktionen

a) $f(x) = 3x^2 \cdot e^{-4x}$ b) $f(x) = \frac{1}{2}x^3 \cdot e^{2x}$ c) $f(x) = (2x+5)e^{-x}$

d) $f(x) = (x+k)e^{-kx}$ e) $f(x) = (4x + e^{-x})^2$ f) $f(x) = \left(x^2 + e^{2x}\right)^2$

g) $f(x) = (e^x + e^{-x})^2$ h) $f(x) = \left(2k + e^{-2x}\right)^2$

5 Gleichungslehre

Tipps ab Seite 99, Lösungen ab Seite 140

Bei den meisten Gleichungsaufgaben geht es darum, die Gleichung nach einer Unbekannten aufzulösen. Je nach Gleichungstyp wird dabei unterschiedlich vorgegangen.

5.1 Quadratische, biquadratische und nichtlineare Gleichungen

Bei Gleichungen, in denen x als Quadrat oder höhere Potenz vorliegt, sollten Sie zuerst versuchen, auszuklammern. Geht das nicht, z.B. weil ein absolutes Glied vorliegt, so hilft entweder die pq- oder die abc-Formel weiter. Sie sollten eine dieser beiden Formeln auswendig können.
Oft hilft der Satz vom Nullprodukt: «Ein Produkt ist genau dann gleich Null, wenn (mindestens) einer der Faktoren gleich Null ist.» Hierzu setzt man die einzelnen Faktoren gleich Null.

Beispiel:

Gesucht sind die Lösungen der Gleichung $x^3 - 5x^2 + 4x = 0$
Zuerst wird ausgeklammert: $x\left(x^2 - 5x + 4\right) = 0$. Also ist entweder $x_1 = 0$ oder $x^2 - 5x + 4 = 0$.
Die Gleichung lässt sich mit der pq- bzw. der abc-Formel lösen. Man erhält $x_2 = 1$ und $x_3 = 4$.
Die Lösungen der Ausgangsgleichung sind damit $x_1 = 0$, $x_2 = 1$ und $x_3 = 4$.
Lösen Sie die angegebenen Gleichungen:

a) $x^2 + 3x - 4 = 0$ b) $x^2 + x - 56 = 0$ c) $x^2 + \frac{2}{5}x - \frac{3}{5} = 0$

d) $(2x-5)\cdot(2x+5)+1 = (x-3)^2 + 2x\cdot(x-1)$

e) $(x-2)\cdot(x+3) - 2(x-1)^2 = 2\cdot(2-x)$

f) $(x-1)\cdot(x-a)^2 = 0$ g) $x^2\cdot(ax-4a) = 0$

h) $2x^4 - 3x^3 = 0$ i) $x^4 - 3x^3 + 2x^2 = 0$ j) $x^3 - 4x = 0$

k) $x^4 - 2x^2 = 0$ l) $x^3 - 5x^2 + 6x = 0$ m) $x^4 - 4x^2 + 3 = 0$

n) $x^4 - 13x^2 + 36 = 0$

5.2 Exponentialgleichungen

Beim Lösen von Exponentialgleichung gelten die gleichen Regeln, die oben schon erwähnt wurden. Zusätzlich ist zu beachten:

- Der Satz vom Nullprodukt hilft oft weiter, beachten Sie, dass $e^x \neq 0$ ist.
- Es gilt $e^{2x} = (e^x)^2$, sowie $e^0 = 1$ und $\ln 1 = 0$.

- Um e^x nach x aufzulösen, wird die Gleichung auf beiden Seiten «logarithmiert», da $\ln e^x = x$ ist.
  Beispiel:
  $$e^{2x} = 3 \mid \ln$$
  $$2x = \ln 3$$
  $$x = \frac{\ln 3}{2}$$

  Um $\ln x$ nach x aufzulösen, wird die Gleichung auf beiden Seiten «exponiert», da $e^{\ln x} = x$ ist.
  Beispiel:
  $$\ln(x-2) = 0 \mid e^{\cdots}$$
  $$(x-2) = e^0$$
  $$x - 2 = 1$$
  $$x = 3$$

Lösen Sie die angegebenen Gleichungen:

a) $(2x-5)e^{-x} = 0$ b) $\left(x^2-4\right)e^{0,5x} = 0$ c) $xe^x = 0$

d) $(x-t)\,e^{-x} = 0$ e) $(2x-4k)\,e^{2kx} = 0$ f) $\left(kx^2-k\right)e^{-kx} = 0$

g) $e^{2x} - 6e^x + 5 = 0$ h) $e^{4x} - 5e^{2x} + 6 = 0$

5.3 Lineare Gleichungssysteme

Geben Sie die Lösungsmengen der folgenden linearen Gleichungssysteme an:

Tipp: Prüfen Sie immer zuerst, ob zwei Gleichungen ein Vielfaches voneinander sind. In diesem Fall wird eine der beiden Gleichungen gestrichen. Ein Gleichungssystem mit drei Variablen und zwei Gleichungen besitzt unendlich viele Lösungen (falls kein Widerspruch auftritt). Man setzt zuerst eine Variable als Parameter t fest und rechnet dann die anderen Variablen aus.

a) $$\begin{array}{rcrcrcr} x_1 & + & 2x_2 & - & x_3 & = & 8 \\ -x_1 & + & x_2 & + & 2x_3 & = & 0 \\ -x_1 & - & 5x_2 & - & 4x_3 & = & -12 \end{array}$$

b) $$\begin{array}{rcrcrcr} x_1 & + & 2x_2 & - & 2x_3 & = & 7 \\ x_1 & - & x_2 & - & 4x_3 & = & -9 \\ x_1 & + & 4x_2 & + & 3x_3 & = & 25 \end{array}$$

c) $$\begin{array}{rcrcrcr} x_1 & + & x_2 & + & 7x_3 & = & 2 \\ 2x_1 & - & x_2 & - & 3x_3 & = & -5 \\ 4x_1 & - & x_2 & + & 4x_3 & = & -7 \end{array}$$

d) $$\begin{array}{rcrcrcr} x_1 & + & 2x_2 & - & x_3 & = & 4 \\ -x_1 & + & 2x_2 & - & 3x_3 & = & 6 \\ 2x_1 & + & 4x_2 & - & 2x_3 & = & 8 \end{array}$$

e) $$\begin{array}{rcrcrcr} x & + & 2y & + & z & = & 4 \\ -x & - & 4y & + & z & = & 7 \\ 2x & + & 8y & - & 2z & = & 18 \end{array}$$

f) $$\begin{array}{rcrcrcr} x & - & y & + & 2z & = & 6 \\ -2x & + & 2y & - & 4z & = & -12 \\ 2x & + & y & + & z & = & 3 \end{array}$$

6 Eigenschaften von Kurven

Tipps ab Seite 100, Lösungen ab Seite 147

In diesem Kapitel geht es darum, Eigenschaften von Kurven zu erkennen. Man kann sowohl die Ableitung zeichnen, als auch Aussagen über die Funktion und ihre Ableitung treffen, ohne dass der Funktionsterm bekannt sein muss.

Graph der Ableitungsfunktion

Man kann den Graph einer Funktion zeichnen, ohne den Funktionsterm zu kennen.

Dabei gilt, dass die Steigungswerte der Tangente der Funktion in jedem Punkt genau die Werte der Ableitung sind. Verläuft die Funktion flach, sind die Werte der Ableitung nahe Null, verläuft die Funktion steil, besitzt die Ableitung große Funktionswerte.

Für die charakteristischen Punkte der Kurve gilt:

Funktion	**Ableitung**
Hochpunkt	Nullstelle mit VZW von $+$ nach $-$
Tiefpunkt	Nullstelle mit VZW von $-$ nach $+$
Wendepunkt mit Drehsinnänderung von rechts nach links	Tiefpunkt
Wendepunkt mit Drehsinnänderung von links nach rechts	Hochpunkt

Um den Graph der Ableitungsfunktion zu skizzieren, ist es nötig, den wesentlichen Verlauf der Steigung der Funktion zu erfassen. Dazu betrachten Sie z.B. die

- Lage der Extrem- und Wendepunkte
- Die «Steigungsentwicklung» für $x \to -\infty$ und $x \to +\infty$

Beispiel:

Gesucht ist der Graph der Ableitungsfunktion der linken Kurve (siehe nächste Seite).
An der linken Zeichnung liest man ab:

- Hochpunkt bei $x = 1$, also Nullstelle der Ableitung mit VZW von + nach − bei $x = 1$
- Wendepunkt bei $x \approx 2$ mit Drehsinnänderung von rechts nach links, also Tiefpunkt der Ableitung bei $x \approx 2$
- Für $x \to -\infty$ gehen die Funktionswerte gegen $-\infty$, also werden die Steigungswerte immer größer, die Werte der Ableitung müssen also auch immer größer werden.
- Für $x \to +\infty$ gehen die Funktionswerte gegen Null, also werden die Steigungswerte immer kleiner, die Werte der Ableitung müssen also auch immer kleiner werden.

In der rechten Zeichnung ist dann der ungefähre Verlauf der Ableitungsfunktion gezeichnet.

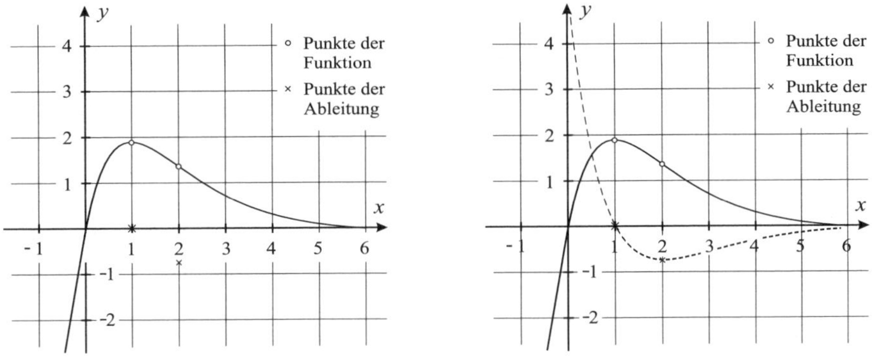

6.1 Graph der Ableitungsfunktion, Aussagen bewerten

Nachfolgend finden Sie Graphen von Funktionen. Skizzieren Sie zu jeder Funktion den Graph der Ableitungsfunktion in das Koordinatensystem und bewerten Sie die angegeben Aussagen (Aufgaben auf der folgenden Seite).

6.1.1 f_1 bis f_4

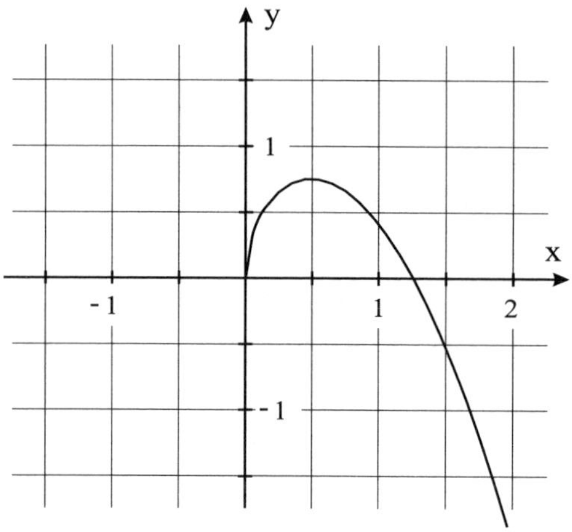

f_1

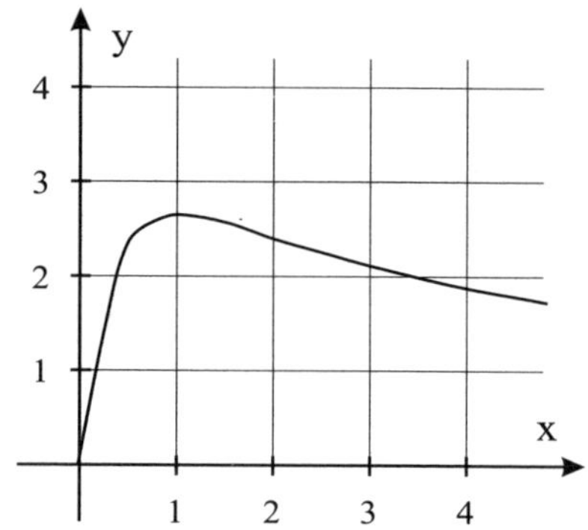

f_2

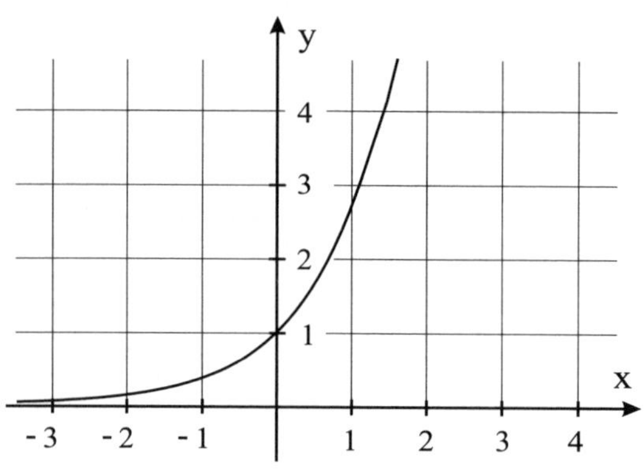

f_3

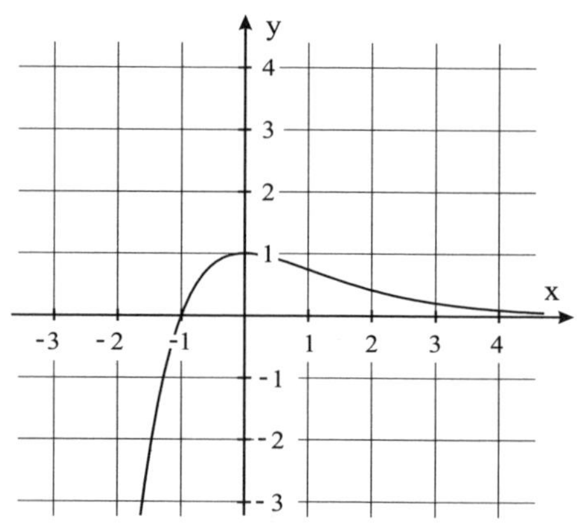

f_4

a) Zeichnen Sie die Graphen der ersten Ableitung in das Koordinatensystem.

b) Nebenstehend finden Sie mehrere Aussagen. Streichen Sie die Funktionen aus, auf die die Aussagen nicht zutreffen.

f' hat für $x = 1$ ein relatives Maximum	f_1	f_2	f_3	f_4
f' ist für $x > 0$ monoton fallend	f_1	f_2	f_3	f_4
f' ist für $x > 0$ monoton steigend	f_1	f_2	f_3	f_4
f' ist für $x > 1$ negativ	f_1	f_2	f_3	f_4

6.1.2 f_5 bis f_8

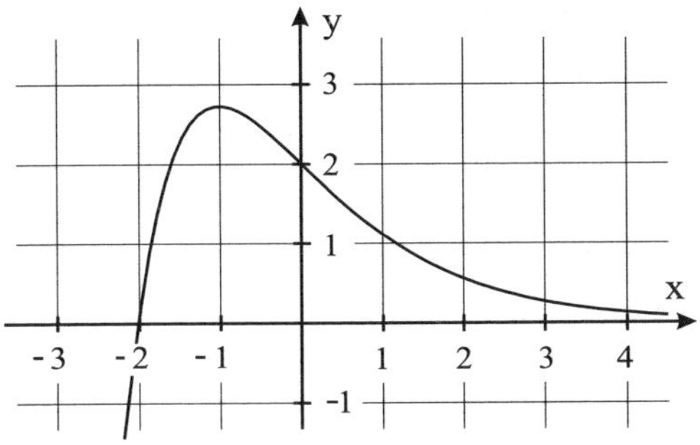

f_5

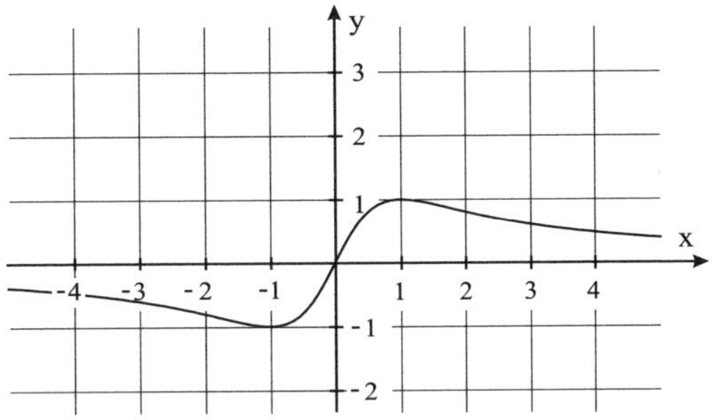

f_6

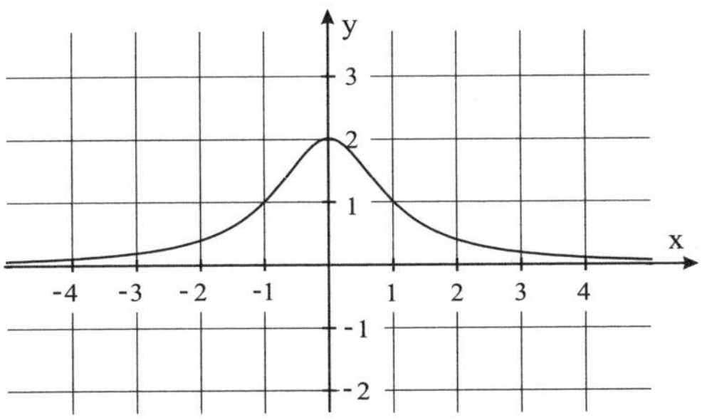

f_7

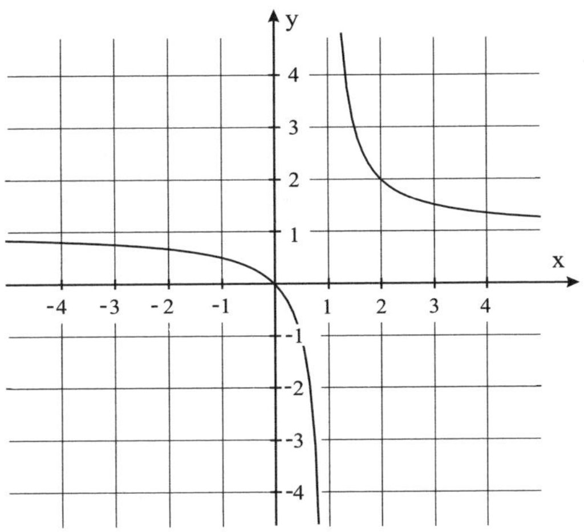

f_8

a) Zeichnen Sie die Graphen der ersten Ableitung in das Koordinatensystem.

b) Nebenstehend finden Sie mehrere Aussagen. Streichen Sie die Funktionen aus, auf die die Aussagen nicht zutreffen.

$f'(x) < 0$	f_5	f_6	f_7	f_8
$f''(0) = 0$	f_5	f_6	f_7	f_8
$f'(1) = f'(-1)$	f_5	f_6	f_7	f_8

6.2 Aussagen über die Funktion bei gegebener Ableitungsfunktion treffen

Die Vorgehensweise ist ähnlich wie bei der Bestimmung des Graphen der Ableitungsfunktion, nur gehen Sie umgekehrt vor: Hat der angegebene Graph der Ableitungsfunktion $f'(x)$ z.B. für $x = 1$ den Wert 0 mit Vorzeichenwechsel von + nach −, dann hat der Graph der Funktion an dieser Stelle einen Hochpunkt usw.

Bei den folgenden Aufgaben ist der Graph der Ableitungsfunktion f' einer Funktion f gegeben.

Entscheiden Sie, ob die folgenden Aussagen über f richtig, falsch oder unentscheidbar sind. Begründen Sie dabei Ihre Entscheidung.

Aufgabe I

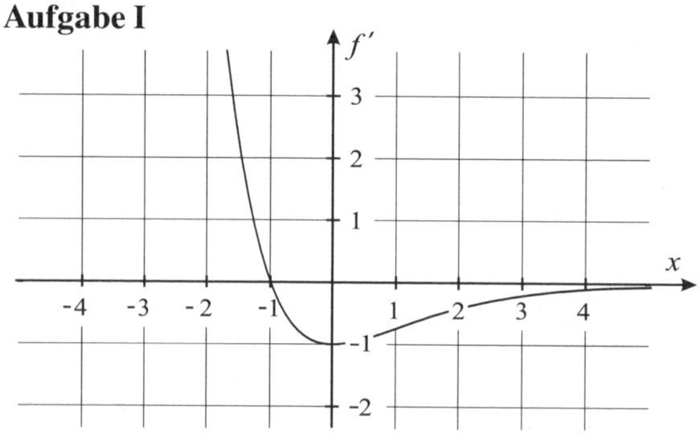

a) Bei $x = 0$ besitzt der Graph von f einen Extrempunkt.

b) Bei $x = -1$ besitzt der Graph von f eine waagerechte Tangente.

c) Der Graph der Funktion f besitzt keine Wendepunkte.

d) $f(x) > 0$ für $x > -1$.

Aufgabe II

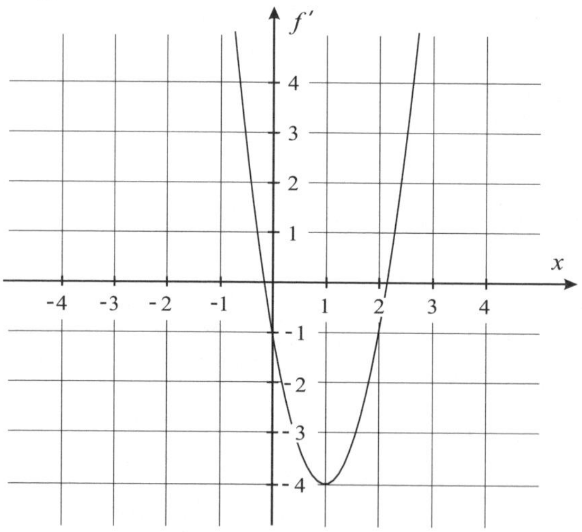

a) An der Stelle $x = 1$ besitzt der Graph von f einen Extrempunkt.

b) An der Stelle $x \approx -0,2$ hat der Graph von f einen Hochpunkt.

c) Der Grad von f ist mindestens gleich 2.

d) Bei $x \approx 2,4$ besitzt der Graph der Funktion f eine Tangente, die parallel zur Geraden $y = 2x$ ist.

Aufgabe III

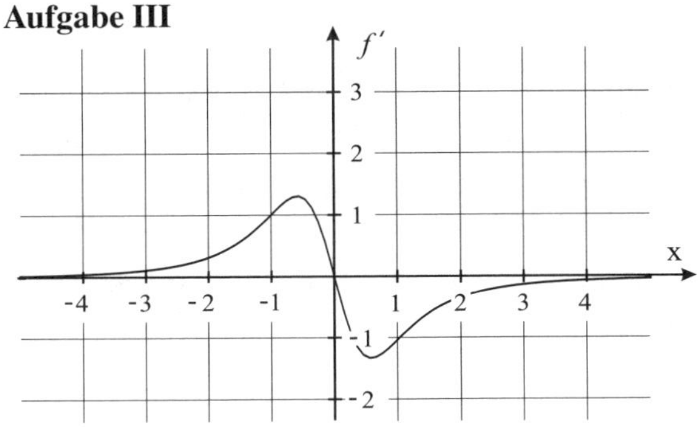

a) Der Graph von f ist achsensymmetrisch.

b) Der Graph von f schneidet die x-Achse in zwei Punkten.

c) Der Graph von f besitzt bei $x = 0$ einen Tiefpunkt.

d) Der Graph von f besitzt 2 Extrempunkte.

6.3 Interpretation von Graphen

In diesem Kapitel geht es darum, einige Kurven zu interpretieren. Dabei ist es wichtig, sich die besonderen Punkte des Graphen genau anzusehen. Diese sind z.B. Wende- und Extrempunkte. Diese müssen dann wieder in Bezug auf die Situation interpretiert werden, z.B. kann ein Hochpunkt der Punkt der höchsten Temperatur oder des stärksten Verkaufs sein.
Wichtig ist noch, darauf zu achten, ob in der Kurve eine absolute Zahl «verkaufte Artikel» wie in Aufgabe I oder eine Rate «Besucher *pro Tag*», wie in den Aufgaben II und III angegeben ist.

Aufgabe I

Die Kurve gibt die Gesamtverkaufszahlen eines neuen Produktes an.

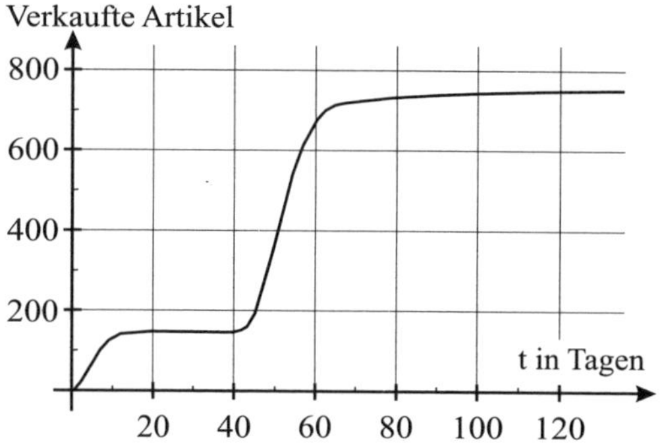

a) Welches sind besondere Punkte im Graph?
b) Wieviele Produkte hat die Firma zwischen der 3. und 4. Woche verkauft?
c) Wieviele Artikel hat die Firma in der Zeit vom 40. bis zum 60. Tag durchschnittlich pro Tag verkauft?
d) Wie hoch ist die Verkaufsrate am 50. Tag?
e) Welche Zukunftsprognose bezüglich der Absatzchancen würden Sie aussprechen?

Aufgabe II

Die Abbildung gibt die Besucherzahl einer Ausstellung an.

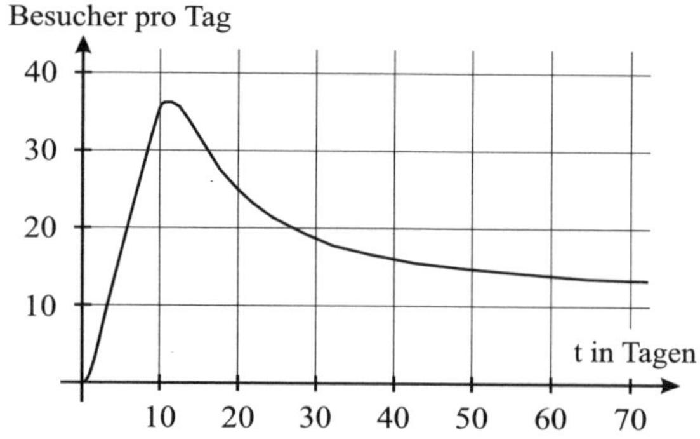

a) Welches sind besondere Punkte im Graph?
b) Welche Bedeutung haben diese besonderen Punkte für die Ausstellung?
c) Schildern Sie einen Weg, um herauszufinden, wie viele Besucher die Ausstellung in den ersten 10 Tagen ungefähr besucht haben.
d) Welche tägliche Besucherzahl erwarten Sie nach 80 Tagen?

Aufgabe III

Die untenstehende Grafik gibt die Anzahl der Besuche der Homepage der Firma XY an. Der Internetauftritt wurde begleitet durch zwei Werbeaktionen: Zuerst wurden Flyer eingesetzt, als dies nicht zu dem gewünschten Erfolg führte, wurden für einen gewissen Zeitraum Fernsehspots gesendet.

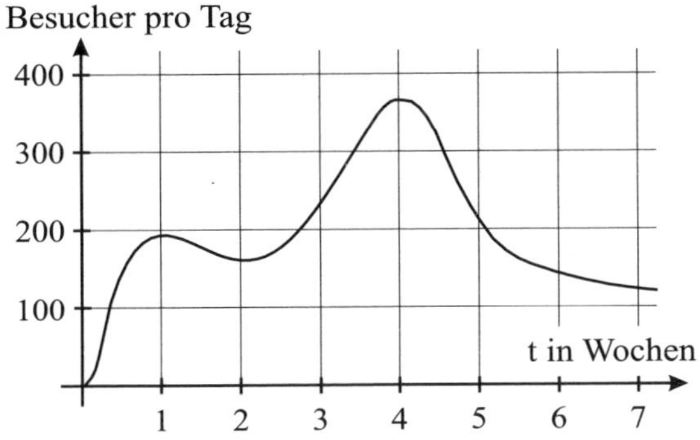

a) In welchen Zeiträumen haben die Werbeaktionen vermutlich stattgefunden?

b) Erläutern Sie anhand des Graphen den Begriff der lokalen Extremstelle.

c) Nennen Sie zwei Funktionen, die keine lokalen Extremstellen besitzen.

7 Kurvendiskussion

Tipps ab Seite 103, Lösungen ab Seite 153

In diesem Kapitel geht es um Aufgaben aus der Kurvendiskussion. Die «klassische» Kurvendiskussion wird als Ganzes im Abitur meist nicht mehr verlangt, doch die einzelnen Elemente sind oft Bestandteil anderer Aufgaben. Meist geht es dabei um das Bestimmen von Extrem- und Wendepunkten, um Symmetrieuntersuchungen, um Definitionslücken und Polstellen und um das Verhalten der Funktion, wenn x gegen $\pm\infty$ geht (waagerechte/ schiefe Asymptoten).

Elemente der Kurvendiskussion

Die wichtigsten Elemente einer Kurvendiskussion sind:

- Schnittpunkte mit der x-Achse: $f(x) = 0$
- Schnittpunkte mit der y-Achse: $x = 0$ in die Funktionsgleichung einsetzen
- (Lokales) Minimum: $f'(x) = 0$ und $f''(x) > 0$ oder $f'(x) = 0$ und Vorzeichenwechsel von $f'(x)$ von $-$ nach $+$
- (Lokales) Maximum: $f'(x) = 0$ und $f''(x) < 0$ oder $f'(x) = 0$ und Vorzeichenwechsel von $f'(x)$ von $+$ nach $-$
- Wendepunkt: $f''(x) = 0$ und $f'''(x) \neq 0$ oder $f''(x) = 0$ und Vorzeichenwechsel von $f''(x)$
- Bei der Untersuchung für $x \longrightarrow \pm\infty$ müssen Sie untersuchen, wie sich die Funktionswerte verhalten, wenn die Werte für x gegen $+\infty$ oder $-\infty$ gehen, bzw. ob Asymptoten existieren.

7.1 Elemente der Kurvendiskussion

a) Zeigen Sie, dass der Graph von f mit $f(x) = x^2 \cdot e^x$; $x \in \mathbb{R}$ bei $x = 0$ einen Tiefpunkt besitzt.

b) Zeigen Sie, dass der Graph von $f(x) = 3x^3 + 4$; $x \in \mathbb{R}$ an der Stelle $x = 0$ einen Sattelpunkt besitzt.

c) Begründen Sie, dass der Graph von $f(x) = x^2e^{-x} + 1$; $x \in \mathbb{R}$ die Gerade $y = 1$ als Asymptote für $x \longrightarrow +\infty$ besitzt.

d) Prüfen Sie, ob der Graph von $f(x) = \frac{1}{4}x^4 - x^3 + 4x - 2$; $x \in \mathbb{R}$ an der Stelle $x = 2$ einen Tiefpunkt hat.

e) Zeigen Sie, dass der Graph der Funktion f mit $f(x) = x^2e^{-x}$ zwei Punkte mit waagerechter Tangente hat. Bestimmen Sie die Gleichung der Geraden durch diese beiden Punkte.

f) Zeigen Sie, dass der Graph der Funktion f mit $f(x) = x \cdot e^{-x}$ genau einen Wendepunkt hat.

g) Gegeben ist eine Funktion f und ihre Ableitung $f'(x) = (x-2)^3$. Prüfen Sie, ob der Graph von f einen Tiefpunkt besitzt.

7.2 Funktionenscharen/ Funktionen mit Parameter

Als Funktionenscharen werden Funktionen bezeichnet, die einen Parameter enthalten. Die dazugehörigen Graphen nennt man Kurvenscharen.

a) Gegeben ist die Funktionenschar $f_t(x) = \frac{1}{2}x + t$ mit $t \in \mathbb{R}$.

  I) Skizzieren Sie die Graphen für einige Werte von t. Beschreiben Sie die Veränderung der Graphen bei der Variation von t.

  II) Für welche Werte des Parameters t geht der Graph von f_t durch $P_1(2 \mid 3)$ bzw. durch $P_2(1 \mid 2)$?

b) Gegeben ist die Funktionenschar $f_t(x) = tx + 2$ mit $t \in \mathbb{R}$.

  I) Skizzieren Sie die Graphen für einige Werte von t. Beschreiben Sie die Veränderung der Graphen bei der Variation von t.

  II) Für welche Werte des Parameters t geht der Graph von f_t durch $P_1(1 \mid 5)$ bzw. durch $P_2(1 \mid 1{,}5)$?

c) Gegeben ist die Funktionenschar $f_t(x) = tx - 2t$ mit $t \in \mathbb{R}$.

  I) Skizzieren Sie die Graphen für einige Werte von t. Beschreiben Sie die Veränderung der Graphen bei der Variation von t.

  II) Für welche Werte des Parameters t geht der Graph von f_t durch $P_1(3 \mid 2)$ bzw. durch $P_2(1 \mid \frac{1}{2})$?

d) Gegeben ist die Funktionenschar $f_t(x) = tx^2$ mit $t \in \mathbb{R}$.

  I) Skizzieren Sie die Graphen für einige Werte von t. Beschreiben Sie die Veränderung der Graphen bei der Variation von t.

  II) Für welche Werte des Parameters t geht der Graph von f_t durch $P_1(2 \mid 2)$ bzw. durch $P_2(-1 \mid -2)$?

e) Gegeben sind die Funktionen $f(x) = -x^2 + 2$ und $g_t(x) = tx^2 - 1$ mit $t \in \mathbb{R}$. Für welchen Wert von t stehen die Graphen der beiden Funktionen in ihrem Schnittpunkt senkrecht aufeinander?

f) Gegeben sind die Funktionen $f(x) = 2x^2$ und $g_t(x) = -tx^2 + 4$ mit $t \in \mathbb{R}$. Für welchen Wert von t stehen die Graphen der beiden Funktionen in ihrem Schnittpunkt senkrecht aufeinander?

g) Gegeben ist die Funktionenschar f_t mit $f_t(x) = (2x+t) \cdot e^{-x}$ mit $x \in \mathbb{R}$ und $t \geqslant 0$.
Ordnen Sie den abgebildeten Graphen von f_t die zugehörigen Parameter t zu.

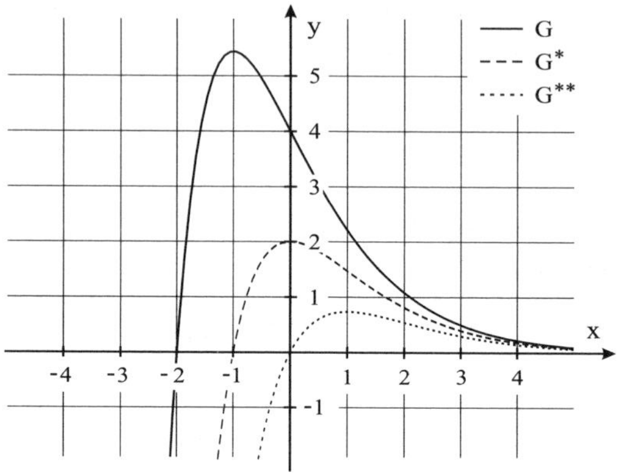

h) Bestimmen Sie t so, dass der Graph der Funktionenschar f_t mit $f_t(x) = x \cdot e^{tx}$; $x \in \mathbb{R}$; $t < 0$ an der Stelle $x = 2$ einen Extrempunkt hat.

7.3 Krümmungsverhalten von Kurven

Eine Kurve kann links- oder rechtsgekrümmt sein. Eine Kurve ist linksgekrümmt, wenn die Steigung streng monoton zunehmend ist. Das bedeutet, dass die Ableitung der Steigung positiv sein muss: $\left(f'(x)\right)' > 0 \Rightarrow f''(x) > 0$. Entsprechend gilt: Eine Kurve ist rechtsgekrümmt, wenn gilt: $f''(x) < 0$.

Für welche Werte von x ist der Graph der Funktion f links- bzw. rechtsgekrümmt?

a) $f(x) = \frac{1}{3}x^3 - x$ b) $f(x) = (x-1)^5$ c) $f(x) = (2x-3) \cdot e^{-x}$

7.4 Tangenten und Normalen

Um die Gleichung einer Tangente t an eine Kurve in einem Punkt $P_1\,(x_1 \mid f(x_1))$ zu bestimmen, benutzt man meist die Punkt-Steigungsform

$$y - y_1 = m \cdot (x - x_1)$$

Dabei gilt: $y_1 = f(x_1)$ und für die Steigung $m = f'(x_1)$, d.h. der Wert der Ableitung an der Stelle x_1. Die Normale steht senkrecht auf der Tangente; für die Steigungen gilt $m_n \cdot m_t = -1$ bzw. $m_n = -\frac{1}{m_t}$ (negativer Kehrwert).

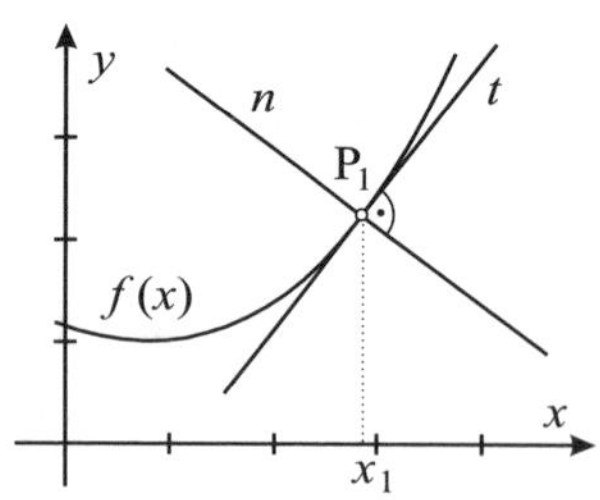

a) Bestimmen Sie die Gleichung der Tangente und der Normalen im Punkt $(1 \mid -1)$ an den Graphen der Funktion f mit $f(x) = x^2 - 4x + 2$.

b) Bestimmen Sie die Gleichung der Tangente und der Normalen im Wendepunkt an den Graphen der Funktion f mit $f(x) = x^3 + x + 1$.

c) Gegeben ist die Funktion f mit $f(x) = x^2 + 4x - 3$. Gesucht ist:

   I) Die Gleichung der Tangente mit Steigung $m = -2$.

   II) Die Gleichung der Tangente, welche orthogonal ist zur Geraden mit der Gleichung $y = -\frac{1}{3}x + 4$.

   III) Die Gleichung der Tangente, welche parallel ist zur Geraden $y = 4x - \frac{7}{2}$.

d) Gegeben ist die Funktion f mit der Gleichung $f(x) = 2x^2 - 5x + 1$. Gesucht ist:

   I) Die Gleichung der Tangente, welche parallel ist zur Geraden durch $A\,(0 \mid 3)$ und $B\,(-4 \mid 7)$.

   II) Die Gleichung der Normalen, welche parallel ist zur Geraden mit der Gleichung $y = -\frac{1}{3}x + 2$.

   III) Die Gleichung der Normalen, welche orthogonal ist zur Geraden mit der Gleichung $y = 7x + 5$.

e) Gegeben ist die Funktion f mit $f(x) = x^2 - 2x + 3$. Ihr Graph sei G.

   I) Vom Punkt $P\,(0 \mid -6)$, welcher nicht auf der Kurve liegt, werden Tangenten an G gelegt. Bestimmen Sie die Koordinaten der Berührpunkte sowie die Tangentengleichungen.

   II) Wie lauten die Koordinaten der Berührpunkte, wenn von $Q\,(1 \mid -7)$ Tangenten an G gelegt werden?

7.5 Berührpunkte zweier Kurven

Wenn sich zwei Kurven schneiden, dann müssen ihre Funktionswerte im Schnittpunkt gleich sein. Wenn sie sich berühren, dann müssen nicht nur die Funktionswerte im Berührpunkt gleich sein, sondern auch die Steigungen. Für einen Berührpunkt $B\,(x_B \mid y_B)$ muss also gelten:

1. B ist ein gemeinsamer Punkt beider Kurven: $f(x_B) = g(x_B)$.
2. Im Punkt B haben die Graphen eine gemeinsame Tangente, also die gleiche Tangentensteigung: $f'(x_B) = g'(x_B)$.

a) Zeigen Sie, dass sich die Graphen der Funktion f mit $f(x) = \frac{1}{5}x^3 - 2x^2 + 5x + 3$ und der Funktion g mit $g(x) = -x^2 + 5x + 3$ im Punkt $B\,(0 \mid 3)$ berühren.

b) Zeigen Sie, dass sich die Graphen der Funktion f mit $f(x) = x^2 + \frac{1}{2}$ und der Funktion g mit $g(x) = -4x^4 + 4x^3 + \frac{1}{2}$ im Punkt $B\left(\frac{1}{2} \mid \frac{3}{4}\right)$ berühren.

c) Berechnen Sie den Berührpunkt der Graphen der Funktion f mit $f(x) = \frac{1}{3}x^3 - 2x^2 + 3x + 4$ und der Funktion g mit $g(x) = -x^2 + 3x + 4$.

d) Berechnen Sie die Berührpunkte der Graphen der Funktion f mit $f(x) = x^2 + 1$ und der Funktion g mit $g(x) = -\frac{1}{4}x^4 + x^3 + 1$.

7.6 Ortskurven

Eine Ortskurve beschreibt den Verlauf eines speziellen Punktes einer Kurvenschar, z.B. des Hochpunktes oder des Wendepunktes.
Um eine Ortskurve zu bestimmen, gehen Sie wie folgt vor:

1. Zuerst wird der spezielle Punkt bestimmt, falls er nicht schon vorliegt, z.B. H $\left(\frac{4}{t} \mid t^2\right)$.

2. Der x-Wert des Punktes wird so umgeformt, dass der Parameter alleine steht:
$x = \frac{4}{t} \Rightarrow t = \frac{4}{x}$.

3. Der Parameter (in Abhängigkeit von x) wird in den y-Wert des Punktes eingesetzt:
$y = t^2 = \left(\frac{4}{x}\right)^2$.

4. Durch Ausrechnen erhalten Sie den y-Wert in Abhängigkeit von x: $y = \left(\frac{4}{x}\right)^2 = \frac{16}{x^2}$ und damit die Gleichung der Ortskurve.

Aufgaben:

a) Bei einer Kurvenschar haben die Extrempunkte die Koordinaten E $\left(\frac{2}{3}t \mid \frac{2}{9}t^3\right)$; $t \in \mathrm{IR}$. Bestimmen Sie die Gleichung der Ortskurve, auf der alle Extrempunkte liegen.

b) Bei einer Kurvenschar haben die Hochpunkte die Koordinaten H $\left(\frac{2}{3}t \mid \frac{9}{2t}\right)$; $t \neq 0$. Bestimmen Sie die Gleichung der Ortskurve, auf der alle Hochpunkte liegen.

c) Bei einer Kurvenschar haben die Hochpunkte die Koordinaten H$\left(\frac{t}{2} \mid \frac{t^3}{4} - t\right)$; $t \in \mathrm{IR}$. Bestimmen Sie die Gleichung der Ortskurve, auf der alle Hochpunkte liegen.

d) Bestimmen Sie die Gleichung der Ortskurve, auf der alle Tiefpunkte der Kurvenschar f_t mit $f_t(x) = x^3 - 3tx^2$; $t > 0$ liegen.

e) Bestimmen Sie die Gleichung der Ortskurve, auf der alle Wendepunkte der Kurvenschar f_a mit $f_a(x) = (x-a) \cdot e^x$; $a \in \mathrm{IR}$ liegen.

7.7 Symmetrie

Graphen von Funktionen können achsen- oder punktsymmetrisch sein. Handelt es sich bei der Achse um die y-Achse, so spricht man von y-Achsensymmetrie; handelt es sich beim Punkt, zu dem die Funktion symmetrisch ist, um den Ursprung, spricht man von Ursprungssymmetrie.

- Für y-Achsensymmetrie gilt $f(-x) = f(x)$

- Für Ursprungssymmetrie gilt $f(-x) = -f(x)$.

Sie können die Symmetrie zeigen, indem Sie $(-x)$ für x einsetzen und dann umformen. Dabei ist zu beachten, dass gilt: $(-x)^2 = x^2$ und $(-x)^3 = -x^3$.

Allgemeine Symmetrie:

- Für die Achsensymmetrie zu einer Achse $x = a$ muss gelten: $f(a-h) = f(a+h)$ mit $h \neq 0$.
- Für die Punktsymmetrie zu einem allgemeinen Punkt $\mathrm{P}(a \mid b)$ muss für jedes $h \neq 0$ gelten: $\frac{f(a-h)+f(a+h)}{2} = b$.

Dazu setzen Sie den Wert von a ein und prüfen, ob eine wahre Aussage ensteht. Zur Beachtung: Sie können mit diesen Verfahren nicht berechnen, wo sich die Symmetrieachse oder der Symmetriepunkt befindet, sondern nur untersuchen, ob eine mögliche Symmetrie vorliegt.

a) Begründen Sie, dass der Graph von $f(x) = \frac{1}{x^2} + 3;\ x \in \mathbb{R} \setminus \{0\}$ achsensymmetrisch zur y-Achse ist.

b) Begründen Sie, dass der Graph von $f(x) = 3x^5 - 7{,}2x^3 + x;\ x \in \mathbb{R}$ punktsymmetrisch zum Ursprung ist.

c) Zeigen Sie, dass der Graph von $f(x) = 4 \cdot e^{-\frac{x^2}{2}};\ x \in \mathbb{R}$ achsensymmetrisch zur y-Achse ist.

d) Zeigen Sie, dass der Graph von $f(x) = x \cdot \ln\left(x^2\right);\ x \in \mathbb{R} \setminus \{0\}$ punktsymmetrisch zum Ursprung ist.

8 Integralrechnung

Tipps ab Seite 105, Lösungen ab Seite 163

Für eine Stammfunktion F einer Funktion f gilt: $F'(x) = f(x)$.
Das Bilden einer Stammfunktion kann man daher als die Umkehrung des Ableitens bezeichnen. Die Stammfunktion ist nur bis auf den konstanten Faktor c bestimmt, da dieser beim Ableiten wieder wegfällt. Folgende Regeln zum Bestimmen der Stammfunktion sollten Sie kennen:

$f(x)$	$F(x)$
$x^n;\ n \neq -1$	$\frac{1}{n+1} \cdot x^{n+1} + c$
$\frac{1}{x}$	$\ln x + c$
e^x	$e^x + c$
$\sin x$	$-\cos x + c$
$\cos x$	$\sin x + c$

$f(x)$	$F(x)$
$a \cdot x^n;\ n \neq -1$	$\frac{1}{n+1} \cdot a \cdot x^{n+1} + c$
$\frac{1}{k \cdot x + b}$	$\frac{1}{k} \ln(k \cdot x + b) + c$
$a \cdot e^{k \cdot x + b}$	$\frac{a}{k} \cdot e^{k \cdot x + b} + c$
$a \cdot \sin(b \cdot x)$	$-\frac{a}{b} \cdot \cos(b \cdot x) + c$
$a \cdot \cos(b \cdot x)$	$\frac{a}{b} \cdot \sin(b \cdot x) + c$

8.1 Stammfunktionen

Geben Sie eine Stammfunktion für alle folgenden Funktionen an, es gilt $a, t, k \in \mathbb{R}$:

8.1.1 Ganzrationale Funktionen

a) $f(x) = 2x^3 - \frac{4}{3}x^2 + 2$

b) $f(x) = ax^4 + 2ax^3 - x$

c) $f(x) = t^2x^3 - tx^2$

d) $f(x) = 4x^4 - 2tx^2 + tx$

e) $f(x) = -12\,(2x-3)^2$

f) $f(x) = 6\,(3x-1)^3$

g) $f(x) = 5\,(ax-4)^4;\ a \neq 0$

8.1.2 Exponentialfunktionen

a) $f(x) = 3e^x$

b) $f(x) = 4e^{-x}$

c) $f(x) = t \cdot e^{-tx}$

d) $f(x) = a \cdot e^{3x+2}$

e) $f(x) = 2\left(x^2 - 6e^{3x}\right)$

f) $f(x) = a\left(x^2 - 4e^{4x}\right)$

8.2 Flächeninhalt zwischen zwei Kurven

Um den Flächeninhalt zwischen zwei Kurven zu bestimmen, berechnet man das Integral der Differenz der Funktionen über dem Intervall der beiden Schnittstellen, dabei gilt «obere Kurve minus untere Kurve»

$$A = \int_{x_1}^{x_2} (f(x) - g(x))\,dx$$

Sind die Schnittpunkte nicht bekannt, müssen diese zuerst bestimmt werden.

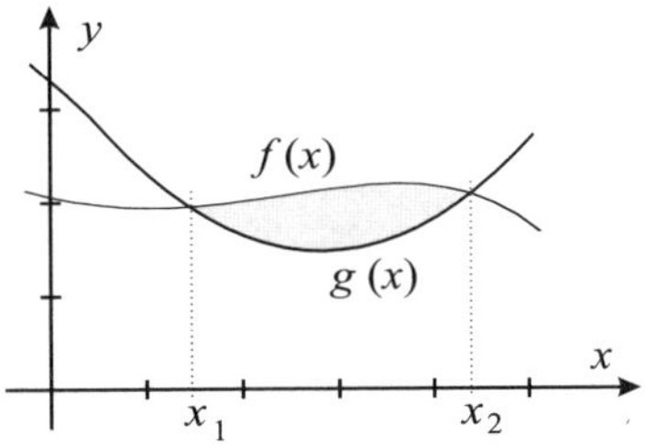

Berechnen Sie den Flächeninhalt zwischen den zwei Kurven:

a) $f(x) = -x+2$, $g(x) = x^2$
b) $f(x) = 4 - x^2$, $g(x) = x^2 - 4$
c) $f(x) = x^2 + 1$, $g(x) = x + 1$
d) $f(x) = e^x - \frac{1}{2}x^2$, $g(x) = e^x - x$

8.3 Ins Unendliche reichende Flächen

Wenn Sie die Fläche unter einer Kurve berechnen wollen, die sich ins Unendliche erstreckt, können Sie dies nicht direkt durchführen. In diesem Fall berechnen Sie zuerst die Fläche bis zu einer Grenze z. Anschließend untersuchen Sie, ob es einen Grenzwert gibt, wenn z gegen Unendlich läuft. Dieser Grenzwert ist dann genau der Flächeninhalt.

a) Berechnen Sie die ins Unendliche reichende Fläche im 1. Quadranten zwischen der Kurve und den beiden Koordinatenachsen:

   I) $f(x) = e^{-x}$ II) $f(x) = e^{-3x+1}$ III) $f(x) = 2e^{-4x-2}$

b) Gegeben sei die Funktion f durch $f(x) = e - e^x$ mit $x \in \mathbb{R}$, ihr Graph sei G.

   I) Der Graph schließt mit der x- und der y-Achse eine Fläche ein. Berechnen Sie dessen Inhalt.

   II) Bestimmen Sie die waagerechte Asymptote von G.

   III) Die y-Achse, die waagerechte Asymptote und G schließen ein ins Unendliche reichendes Flächenstück ein. Berechnen Sie den Inhalt dieses Flächenstücks und prüfen Sie nach, ob dieses Flächenstück so groß ist wie das Flächenstück aus Aufgabe I.

8.4 Angewandte Integrale

Bei diesen Aufgaben kommt es darauf an, aus der Aufgabenstellung die Rechnung zu entwickeln.

a) Die Niederschlagsrate während eines Monsunregens kann modellhaft beschrieben werden durch die Funktion r mit $r(t) = 23 - 0{,}02 \cdot e^t$ (t in Tagen seit dem Einsetzen des Regens und $r(t)$ in Liter pro Quadratmeter und Tag gemessen).

I) Wann hört der Regen auf?

II) Welche Wassermenge geht insgesamt auf jeden Quadratmeter Fläche des betroffenen Gebiets nieder?

III) Geben Sie die mittlere Regenmenge pro Quadratmeter an, die während des Regens gefallen ist.

b) Der Zu- und Abfluss eines Wasserbeckens kann durch die Funktion f mit $f(t) = -0,5t + 3$ (t in Stunden $f(t)$ in Liter pro Stunde) beschrieben werden. Am Anfang ist das Becken mit 10 Litern gefüllt.
Wieviel Wasser enthält das Becken nach 9 Stunden?

8.5 Rotationskörper

Lässt man eine Kurve um die x-Achse rotieren, entsteht ein sog. «Rotationskörper». Die Formel zur Berechnung eines solchen Rotationskörpers ist

$$\mathrm{V} = \pi \cdot \int_{x_1}^{x_2} \left(f\,(x)\right)^2 \mathrm{d}x$$

a) Der Graph der Funktion f mit $f(x) = \frac{1}{4}e^{2x}$ über dem Intervall $[0;1]$ rotiert um die x-Achse. Berechnen Sie das Volumen des Rotationskörpers.

b) Der Graph der Funktion f mit $f(x) = x^2 + 1$ über dem Intervall $[1;2]$ rotiert um die x-Achse. Berechnen Sie das Volumen des Rotationskörpers.

c) Die Fläche zwischen dem Graph der Funktion f mit $f(x) = e^x$ und der Geraden $y = e$ sowie der y-Achse rotiert um die x-Achse. Berechnen Sie das Volumen des Rotationskörpers.

d) Erläutern Sie die Grundidee zur Berechnung des Volumens eines Rotationskörpers, der entsteht, wenn ein Kurvenstück über dem Intervall $[a;b]$ um die x-Achse rotiert.

8.6 Vermischte Aufgaben

a) Bestimmen Sie zu $f(x) = 8x + 3e^{-x}$ diejenige Stammfunktion, deren Graph durch den Punkt $\mathrm{P}(0 \mid 5)$ geht.

b) Bestimmen Sie zu $f(x) = \frac{4}{(2x-1)^3}$ diejenige Stammfunktion, deren Graph durch den Punkt $\mathrm{Q}(1 \mid 3)$ geht.

c) Bestimmen Sie zu $f(x) = \frac{1}{2} \cdot \cos(2x)$ diejenige Stammfunktion, deren Graph durch den Punkt $\mathrm{R}\left(\frac{\pi}{4} \mid 1\right)$ geht.

9 Extremwertaufgaben / Wachstums- und Zerfallsprozesse

Tipps ab Seite 107, Lösungen ab Seite 168

Tipp: Für alle Anwendungsaufgaben ist es sehr hilfreich, eine Skizze der Aufgabenstellung anzufertigen.

Bei Extremwertaufgaben geht es darum, dass das Maximum oder Minimum einer Größe (meist eine Fläche oder ein Volumen) gesucht ist. Dabei muss in der Regel zuerst eine Funktion aufgestellt werden, die diese Größe beschreibt. Der Extremwert wird dann mit Hilfe der ersten und zweiten Ableitung dieser Funktion bestimmt.

9.1 Extremwertaufgaben

a) Ein Draht der Länge 20 cm soll eine rechteckige Fläche mit maximalem Flächeninhalt umrahmen. Berechnen Sie die Länge der Rechteckseiten.

b) Ein rechteckiger Spielplatz soll eingezäunt werden. Dafür stehen 40 m Zaun zur Verfügung. Wie lang sind die Seitenlängen des Spielplatzes, wenn dieser möglichst groß sein soll und außerdem noch eine 2 m breite Einfahrt besitzt?

c) Ein Gedenkstein, der die Form eines Rechtecks mit einem aufgesetzten Halbkreis besitzt, soll errichtet werden. Für den Umfang gilt: $U = 10\,\text{m}$. Die vordere Fläche des Gedenksteins soll maximal groß sein. Wie groß sind die Breite und die Gesamthöhe h des Gedenksteins?

d) Ein Sportplatz hat die Form eines Rechtecks mit rechts und links angesetzten Halbkreisen. Der Gesamtumfang beträgt 400 m. Welche Werte haben Breite und Höhe des Rechtecks, wenn

   I) die Fläche des Rechtecks maximal sein soll?

   II) die Fläche des gesamten Sportplatzes maximal sein soll?

e) Gegeben sei eine Funktion f mit $f(x) = 6 - \frac{1}{4}x^2$; $x \in \mathbb{R}$. Zwischen Kurve und x-Achse ist im 1. und 2. Quadranten ein Rechteck einzuschreiben

   I) mit maximalem Umfang

   II) mit maximaler Fläche

   Berechnen Sie den maximalen Umfang bzw. die maximale Fläche.

f) In einen Halbkreis mit Radius 1 m soll ein Rechteck mit maximalem Flächeninhalt einbeschrieben werden. Wie breit bzw. wie hoch muss dieses sein? Berechnen Sie die Fläche dieses Rechtecks.

g) Gegeben ist die Funktion f durch $f(x) = -(x+2)e^{-x}$; $x \in \mathbb{R}$. Ihr Graph sei G. Bestimmen Sie die Gleichung der Normalen im Punkt $W(0 \mid -2)$.
Die Normale schneidet G in einem weiteren Punkt Q. Berechnen Sie dessen Koordinaten.
$P(u \mid v)$ mit $-2 < u < 0$ sei ein Punkt auf G. Der Ursprung O und die Punkte P und Q sind die Eckpunkte eines Dreiecks OPQ. Für welchen Wert von u wird die Fläche $A(u)$ maximal?

h) Gegeben sind die Funktion f durch $f(x) = (2x+3) \cdot e^{-x}$; $x \in \mathbb{R}$ und die Funktion g durch $g(x) = e^{-x}$; $x \in \mathbb{R}$. Ihre Graphen seien G_f bzw. G_g.
Die Gerade $x = u$ mit $u > -1$ schneidet G_f im Punkt P und G_g im Punkt Q.
Für welchen Wert von u wird die Länge der Strecke PQ maximal?
Berechnen Sie die maximale Länge der Strecke PQ.

9.2 Wachstums- und Zerfallsprozesse

Wachstumsprozesse können in der Regel mit Exponentialfunktionen beschrieben werden. Je nach Wachstum unterscheidet man zwischen natürlichem exponentiellen Wachstum, das unbeschränkt ist und beschränktem exponentiellen Wachstum.
Die Gleichung für natürliches exponentielles Wachstum lautet: $B(t) = a \cdot e^{k \cdot t}$; $k \in \mathbb{R}$.
a wird als Startwert bezeichnet, k als Wachstumskonstante.
Für das beschränkte Wachstum gilt: $B(t) = S - a \cdot e^{-k \cdot t}$. S ist die obere Schranke und k die Wachstumskonstante.

a) Eine Population besteht heute aus 30 000 Individuen. Vor zwei Jahren waren es noch 90 000. Man geht davon aus, dass ihr Bestand exponentiell nach folgendem Gesetz abnimmt:
$B(t) = B_0 \cdot e^{k \cdot t}$; $k \in \mathbb{R}$
($B(t)$ = Bestand der Population, t = Zeit in Jahren.)
   I) Bestimmen Sie das Zerfallsgesetz für $t = 0$ vor zwei Jahren.
   II) Wie viele Individuen gibt es in 10 Jahren?
   III) Bestimmen Sie den Zeitpunkt t_E, an dem vom Anfangsbestand nur noch 10 % übrig sind.

b) Eine Materialprobe wird in einem Labor erhitzt. Die Erwärmung wird durch die Funktion T mit $T(t) = 80 - 60e^{-0,1 \cdot t}$ (t in Minuten, $T(t)$ in Grad Celsius) beschrieben.
   I) Bestimmen Sie die Gleichung der Asymptote des Graphen der Funktion.
   Welche Bedeutung hat diese Asymptote für das Experiment bzw. die Erwärmung?
   II) Zu welchem Zeitpunkt ist die Geschwindigkeit, mit der sich die Probe erwärmt, am größten?

c) In einer Stadt verbreitet sich ein Gerücht. Die Zahl der Personen, die davon gehört haben, nimmt im Laufe einer Woche um 20 % zu. Anfangs kennen 1000 Einwohner das Gerücht.

I) Bestimmen Sie eine Funktionsgleichung, die die Ausbreitung des Gerüchts beschreibt (t in Tagen).

II) Wieviele Menschen kennen das Gerücht nach 10 Tagen?

III) Wie lange dauert es, bis alle Freiburger (200 000 Einwohner) das Gerücht kennen?

d) Im Jahre 1975 gab es auf der Erde ca. 4,033 Milliarden Menschen. Das jährliche Wachstum wird auf 2 % geschätzt.

I) Wie viele Menschen gibt es voraussichtlich im Jahr 2030?

II) In welchen Zeiträumen verdoppelt sich die Weltbevölkerung?

Lineare Algebra/ Analytische Geometrie

In der Geometrie sind die Einsatzmöglichkeiten von GTR und CAS sehr unterschiedlich. Aus diesem Grund ist der Lösungsweg in der Regel «mit der Hand» angegeben, je nach Gerät können Sie an einzelnen Stellen abkürzen.

10 Rechnen mit Vektoren

Tipps ab Seite 110, Lösungen ab Seite 176

In diesem Kapitel geht es darum, die Grundkenntnisse des Rechnens mit Vektoren zu wiederholen. Dazu gehören die Addition und Subtraktion von Vektoren. Neben diesen Rechenoperationen ist es wichtig, das Skalarprodukt zu kennen und zu wissen, dass es genau dann gleich Null ist, wenn zwei Vektoren senkrecht aufeinander stehen.

Da mit den Vektoren geometrische Objekte wie Dreiecke, Parallelogramme und verschiedene Körper beschrieben werden können, sollten Sie die grundlegenden Eigenschaften dieser Objekte kennen, z.B. dass in einem gleichschenklichen Dreieck zwei Seiten die gleiche Länge haben. Rechenregeln für das Rechnen mit Vektoren finden Sie bei den Tipps auf Seite *110*. Wenn nicht anders angegeben gilt für alle Parameter: $r, s, t, \ldots \in \mathbb{R}$.

10.1 Addition und Subtraktion von Vektoren

Gegeben sind die Vektoren $\vec{a} = \begin{pmatrix} -1 \\ 2 \\ 4 \end{pmatrix}$ und $\vec{b} = \begin{pmatrix} 3 \\ 1 \\ 2 \end{pmatrix}$. Berechnen Sie:

a) $\vec{a}+\vec{b}$ b) $\vec{a}-\vec{b}$ c) $2\cdot\vec{a}$ d) $-\vec{a}$ e) $2\vec{a}+3\vec{b}$

f) $\vec{a}\cdot\vec{b}$ g) $|\vec{a}|$ h) $|\vec{b}|$ i) $|\vec{a}+\vec{b}|$

10.2 Orthogonalität von Vektoren

Prüfen Sie, ob folgende Vektoren senkrecht (orthogonal) aufeinander stehen.

a) $\vec{a} = \begin{pmatrix} -1 \\ 0 \\ 1 \end{pmatrix}$, $\vec{b} = \begin{pmatrix} 2 \\ 2 \\ 0 \end{pmatrix}$, b) $\vec{r} = \begin{pmatrix} 5 \\ -1 \\ 3 \end{pmatrix}$, $\vec{n} = \begin{pmatrix} 2 \\ 1 \\ -3 \end{pmatrix}$, c) $\vec{z} = \begin{pmatrix} 2 \\ -2 \\ 4 \end{pmatrix}$, $\vec{w} = \begin{pmatrix} 1 \\ 3 \\ 1 \end{pmatrix}$

10.3 Auffinden von orthogonalen Vektoren

Geben Sie drei verschiedene Vektoren an, die zu $\vec{n} = \begin{pmatrix} 1 \\ 2 \\ -3 \end{pmatrix}$ orthogonal sind.

10.4 Orts- und Verbindungsvektoren

Gegeben sind die Punkte $A\,(2 \mid 3 \mid 2)$, $B\,(7 \mid 4 \mid 3)$ und $C\,(1 \mid 5 \mid -2)$.

a) Bestimmen Sie die Ortsvektoren $\vec{a}$, $\vec{b}$, und $\vec{c}$.

b) Bestimmen Sie die Verbindungsvektoren $\overrightarrow{AB}$, $\overrightarrow{AC}$ und $\overrightarrow{BC}$.

c) Ist jeder Verbindungsvektor ein Ortsvektor? Begründen Sie Ihre Antwort.

10.5 Verschiedene Aufgaben

Tipp: Fertigen Sie eine Skizze zu den jeweiligen Aufgabenstellungen an und stellen Sie Vektorketten auf.

a) Prüfen Sie, ob das Dreieck ABC gleichschenklig ist:

I) $A\,(3 \mid 7 \mid 2)$, $B\,(-1 \mid 5 \mid 1)$, $C\,(2 \mid 3 \mid 0)$

II) $A\,(-5 \mid 2 \mid -1)$, $B\,(0 \mid 5 \mid -3)$, $C\,(-1 \mid 6 \mid -3)$

b) Prüfen Sie, ob das Dreieck ABC rechtwinklig ist:

$A\,(5 \mid 1 \mid 0)$, $B\,(1 \mid 5 \mid 2)$, $C\,(-1 \mid 1 \mid 6)$

c) I) Bestimmen Sie den Mittelpunkt M von $A\,(4 \mid 1 \mid 3)$ und $B\,(-2 \mid 5 \mid -5)$.

II) Bestimmen Sie die Koordinaten des Punktes P so, dass $B\,(4 \mid 2 \mid 5)$ der Mittelpunkt von $A\,(3 \mid -1 \mid -4)$ und P ist.

d) Bestimmen Sie jeweils den Schwerpunkt des Dreiecks:

I) $A\,(4 \mid 1 \mid 2)$, $B\,(5 \mid 3 \mid 0)$, $C\,(0 \mid 2 \mid 1)$

II) $P\,(-3 \mid 2 \mid 4)$, $Q\,(5 \mid 1 \mid 2)$, $R\,(-5 \mid 3 \mid 6)$

e) Gegeben sind die Punkte $A\,(4 \mid 2 \mid 3)$, $B\,(1 \mid 8 \mid 5)$ und $C\,(-2 \mid 1 \mid -3)$.

I) Bestimmen Sie den Punkt D so, dass das Viereck ABCD ein Parallelogramm ist.

II) Bestimmen Sie den Punkt D^* so, dass das Viereck ABD^*C ein Parallelogramm ist.

III) Bestimmen Sie den Punkt D' so, dass das Viereck $AD'BC$ ein Parallelogramm ist.

f) Von einem Spat (Körper mit jeweils 4 parallelen Kanten) sind die Punkte $A(3 \mid 1 \mid 4)$, $B(-2 \mid 1 \mid -3)$, $C(5 \mid -2 \mid 3)$ und $F(9 \mid 2 \mid 6)$ gegeben.

I) Bestimmen Sie die Koordinaten der übrigen Punkte des Spats.

II) Berechnen Sie die Länge der Raumdiagonalen AG.

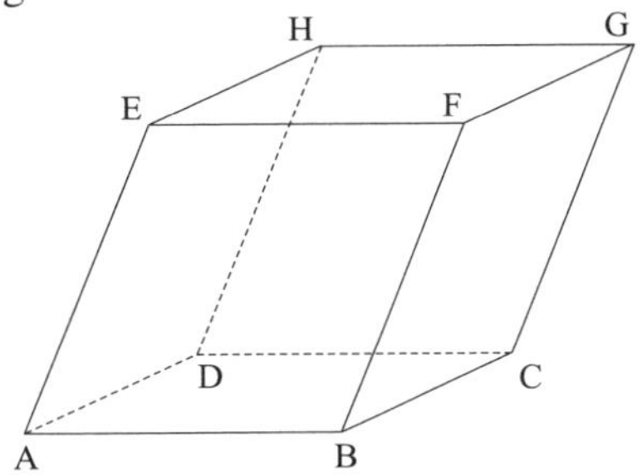

g) Ein schiefes Dreiecksprisma ist gegeben durch die Punkte $A(4 \mid 1 \mid -3)$, $B(5 \mid -2 \mid -1)$, $C(-1 \mid 3 \mid -2)$ und $D(7 \mid 4 \mid 2)$.
Bestimmen Sie die Koordinaten der Punkte E und F sowie die Länge der Kante EF.

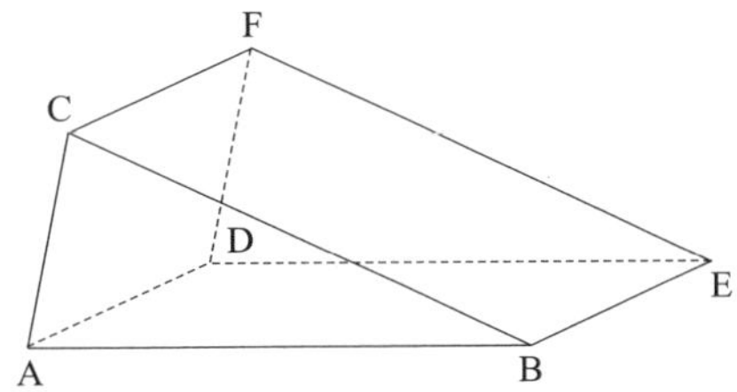

10.6 Lineare Abhängigkeit

Wenn zwei Vektoren $\vec{a}$ und $\vec{b}$ linear abhängig sind, bedeutet das, dass sie ein Vielfaches voneinander sind: $\vec{a} = k \cdot \vec{b}$ mit $k \in \mathbb{R}$, es muss also immer einen Faktor geben, mit dem man einen der beiden Vektoren multiplizieren kann, so dass sich der andere ergibt.

Prüfen Sie, ob die beiden Vektoren linear abhängig (kollinear) oder unabhängig sind:

a) $\vec{a} = \begin{pmatrix} 2 \\ 1 \\ -3 \end{pmatrix}, \vec{b} = \begin{pmatrix} -4 \\ -2 \\ 6 \end{pmatrix}$

b) $\vec{a} = \begin{pmatrix} 2 \\ 0 \\ 3 \end{pmatrix}, \vec{b} = \begin{pmatrix} -2 \\ 1 \\ -3 \end{pmatrix}$

c) $\vec{a} = \begin{pmatrix} 6 \\ 3 \\ -9 \end{pmatrix}, \vec{b} = \begin{pmatrix} 2 \\ 1 \\ -3 \end{pmatrix}$

d) $\vec{a} = \begin{pmatrix} 4 \\ -2 \\ 3 \end{pmatrix}, \vec{b} = \begin{pmatrix} 5 \\ 1 \\ 9 \end{pmatrix}$

11 Geraden

Tipps ab Seite 111, Lösungen ab Seite 181

Die Parameterform der Geradengleichung in der vektoriellen Geometrie lautet

$$g: \vec{x} = \vec{a} + t \cdot \overrightarrow{r_g} \text{ mit } t \in \mathbb{R}$$

Dabei wird der Vektor $\vec{a}$ als Stützvektor bezeichnet, weil er die Gerade «stützt», der Vektor $\overrightarrow{r_g}$ ist der Richtungsvektor der Geraden, da er die Richtung der Geraden angibt. t ist der Parameter.

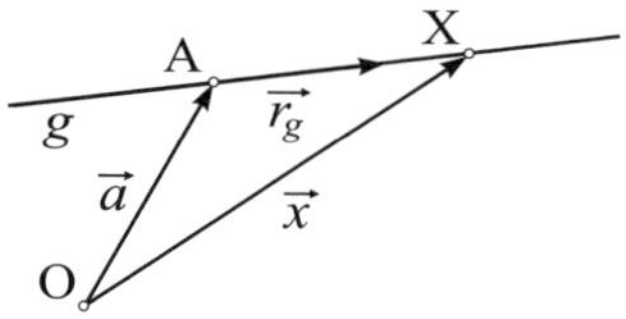

11.1 Aufstellen von Geradengleichungen

Stellen Sie jeweils die Gleichung der Gerade auf, die durch die beiden Punkte geht:

a) $A(1 \mid 0 \mid 2), B(3 \mid 1 \mid 3)$ b) $C(2 \mid 1 \mid -4), D(4 \mid 0 \mid 1)$ c) $E(1 \mid 1 \mid 0), F(0 \mid 0 \mid 1)$

11.2 Punktprobe

Liegen die gegebenen Punkte A, B, C auf der Geraden $g: \vec{x} = \begin{pmatrix} 1 \\ 3 \\ -2 \end{pmatrix} + r \cdot \begin{pmatrix} 1 \\ 4 \\ 2 \end{pmatrix}$?

a) $A(2 \mid 7 \mid 0)$ b) $B(3 \mid 11 \mid 3)$ c) $C(-2 \mid -9 \mid -8)$

11.3 Projektion von Geraden

Projizieren Sie die Gerade g auf die entsprechende Koordinatenebene:

a) $g: \vec{x} = \begin{pmatrix} 3 \\ 1 \\ 2 \end{pmatrix} + r \cdot \begin{pmatrix} 4 \\ 6 \\ 2 \end{pmatrix}$, Projektionsebene: x_1x_2-Ebene

b) $h: \vec{x} = \begin{pmatrix} 1 \\ 3 \\ 4 \end{pmatrix} + t \cdot \begin{pmatrix} 2 \\ 4 \\ -1 \end{pmatrix}$, Projektionsebene: x_2x_3-Ebene

11.4 Parallele Geraden

Zeigen Sie, dass folgende Geraden jeweils parallel zueinander sind:

$$g:\ \vec{x}=\begin{pmatrix}2\\1\\-3\end{pmatrix}+r\cdot\begin{pmatrix}2\\-1\\-3\end{pmatrix};\quad h:\ \vec{x}=\begin{pmatrix}4\\0\\7\end{pmatrix}+s\cdot\begin{pmatrix}4\\-2\\-6\end{pmatrix};$$

$$i:\ \vec{x}=\begin{pmatrix}3\\-2\\9\end{pmatrix}+t\cdot\begin{pmatrix}-6\\3\\9\end{pmatrix}$$

11.5 Gegenseitige Lage von Geraden

Zwei Geraden können auf vier verschiedene Weise zueinander liegen: Sie können parallel liegen, identisch sein, sich schneiden oder windschief sein. Die genauen Rechenwege zur Bestimmung der gegenseitigen Lage sind in den Tipps auf Seite **??** beschrieben.

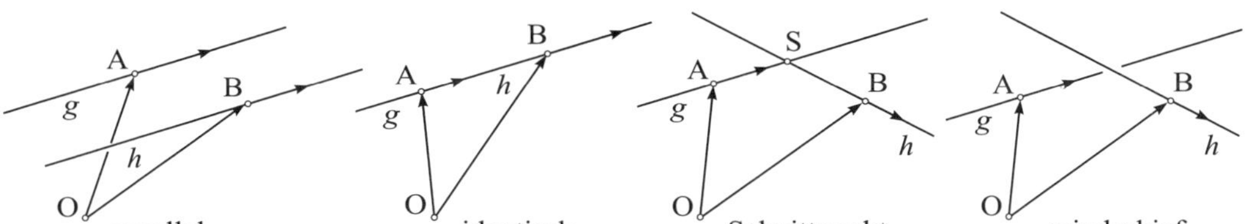

parallel identisch Schnittpunkt windschief

Bestimmen Sie die gegenseitige Lage der beiden gegebenen Geraden:

a) $g_1:\ \vec{x}=\begin{pmatrix}4\\2\\5\end{pmatrix}+t\cdot\begin{pmatrix}1\\1\\2\end{pmatrix}$ $\qquad g_2:\ \vec{x}=\begin{pmatrix}0\\0\\0\end{pmatrix}+r\cdot\begin{pmatrix}2\\0\\1\end{pmatrix}$

b) $g_1:\ \vec{x}=\begin{pmatrix}2\\0\\0\end{pmatrix}+r\cdot\begin{pmatrix}1\\1\\1\end{pmatrix}$ $\qquad g_2:\ \vec{x}=\begin{pmatrix}3\\2\\3\end{pmatrix}+t\cdot\begin{pmatrix}3\\4\\5\end{pmatrix}$

c) $g:\ \vec{x} = \begin{pmatrix} 1 \\ -3 \\ 5 \end{pmatrix} + s \cdot \begin{pmatrix} 2 \\ 1 \\ -3 \end{pmatrix}$ $\qquad h:\ \vec{x} = \begin{pmatrix} 5 \\ 1 \\ -3 \end{pmatrix} + t \cdot \begin{pmatrix} 4 \\ -5 \\ -1 \end{pmatrix}$

d) $g:\ \vec{x} = \begin{pmatrix} 1 \\ 2 \\ 1 \end{pmatrix} + t \cdot \begin{pmatrix} 2 \\ 0 \\ 1 \end{pmatrix}$ $\qquad h:\ \vec{x} = \begin{pmatrix} 2 \\ 3 \\ 4 \end{pmatrix} + r \cdot \begin{pmatrix} 0 \\ 1 \\ -1 \end{pmatrix}$

e) $g:\ \vec{x} = \begin{pmatrix} 4 \\ 0 \\ 1 \end{pmatrix} + s \cdot \begin{pmatrix} 2 \\ -1 \\ 3 \end{pmatrix}$ $\qquad h:\ \vec{x} = \begin{pmatrix} 6 \\ -1 \\ 4 \end{pmatrix} + t \cdot \begin{pmatrix} -2 \\ 1 \\ -3 \end{pmatrix}$

f) $g:\ \vec{x} = \begin{pmatrix} 1 \\ 2 \\ 3 \end{pmatrix} + r \cdot \begin{pmatrix} 1 \\ -1 \\ 2 \end{pmatrix}$ $\qquad h:\ \vec{x} = \begin{pmatrix} -1 \\ 4 \\ -1 \end{pmatrix} + s \cdot \begin{pmatrix} -3 \\ 3 \\ -6 \end{pmatrix}$

g) $g:\ \vec{x} = \begin{pmatrix} 1 \\ 4 \\ -2 \end{pmatrix} + t \cdot \begin{pmatrix} -2 \\ -1 \\ 3 \end{pmatrix}$ $\qquad h:\ \vec{x} = \begin{pmatrix} -1 \\ 3 \\ -1 \end{pmatrix} + r \cdot \begin{pmatrix} 4 \\ 2 \\ -6 \end{pmatrix}$

h) $g:\ \vec{x} = \begin{pmatrix} 0 \\ 1 \\ 4 \end{pmatrix} + s \cdot \begin{pmatrix} 4 \\ 6 \\ -8 \end{pmatrix}$ $\qquad h:\ \vec{x} = \begin{pmatrix} 4 \\ 8 \\ -4 \end{pmatrix} + t \cdot \begin{pmatrix} 2 \\ 3 \\ -4 \end{pmatrix}$

11.6 Parallele Geraden mit Parameter

Für welchen Wert des Parameters $t \in \mathbb{R}$ sind die Geraden g_t und h bzw. g_t und h_t parallel?

a) $g_t: \vec{x} = \begin{pmatrix} 1 \\ 1 \\ 1 \end{pmatrix} + s \cdot \begin{pmatrix} 0 \\ 2 \\ 2t \end{pmatrix}$ $\quad h: \vec{x} = \begin{pmatrix} 4 \\ 1 \\ 7 \end{pmatrix} + r \cdot \begin{pmatrix} 0 \\ 4 \\ 4 \end{pmatrix}$

b) $g_t: \vec{x} = \begin{pmatrix} 2 \\ 1 \\ 3 \end{pmatrix} + s \cdot \begin{pmatrix} 0,5t \\ t \\ 4 \end{pmatrix}$ $\quad h: \vec{x} = \begin{pmatrix} 3 \\ 4 \\ 5 \end{pmatrix} + r \cdot \begin{pmatrix} 1 \\ 2 \\ -2 \end{pmatrix}$

c) $g_t: \vec{x} = \begin{pmatrix} 0 \\ 0 \\ 1 \end{pmatrix} + r \cdot \begin{pmatrix} t \\ 2t \\ -3 \end{pmatrix}$ $\quad h_t: \vec{x} = \begin{pmatrix} 0 \\ 1 \\ 0 \end{pmatrix} + s \cdot \begin{pmatrix} 3 \\ 6 \\ -t \end{pmatrix}$

11.7 Allgemeines Verständnis von Geraden

Gegeben seien die Geraden g und h durch $g: \vec{x} = \vec{a} + s \cdot \vec{r}$ und $h: \vec{x} = \vec{b} + t \cdot \vec{v}$.

a) Welche Beziehungen müssen zwischen den genannten Vektoren gelten, damit:

   I) g (echt) parallel zu h ist

   II) $g = h$

   III) g senkrecht auf h steht.

b) Wie bestimmt man den Winkel zwischen g und h, falls sich g und h schneiden?

c) Erläutern Sie eine Strategie, wie man die gegenseitige Lage zweier Geraden überprüfen kann.

12 Ebenen

Tipps ab Seite 112, Lösungen ab Seite 187

Um eine Ebene zu beschreiben, gibt es verschiedene Gleichungen: Ähnlich wie für die Gerade gibt es eine *Parametergleichung*, diese lautet:

$$\text{E: } \vec{x} = \vec{a} + r \cdot \overrightarrow{v_1} + s \cdot \overrightarrow{v_2}$$

Der Vektor $\vec{a}$ ist auch hier der Stützvektor, die Vektoren $\overrightarrow{v_1}$ und $\overrightarrow{v_2}$ sind die Spannvektoren, da sie die Ebene «aufspannen».

Bei der *Punkt-Normalenform* der Ebene wird die Ebene durch einen Stützpunkt und einen Normalenvektor beschrieben. Der Normalenvektor $\vec{n}$ steht immer senkrecht auf der Ebene. Die dazugehörige Gleichung ist

$$\text{E: } (\vec{x} - \vec{a}) \cdot \vec{n} = 0$$

Anschaulich gesprochen bedeutet die Gleichung, dass das Skalarprodukt zwischen dem Normalenvektor $\vec{n}$ und jedem Vektor in der Ebene immer Null sein muss.

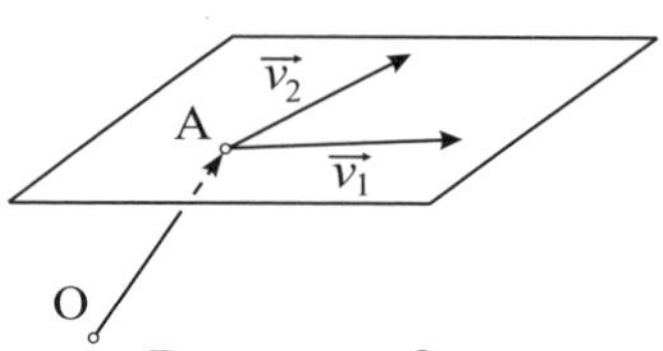

Parameterform

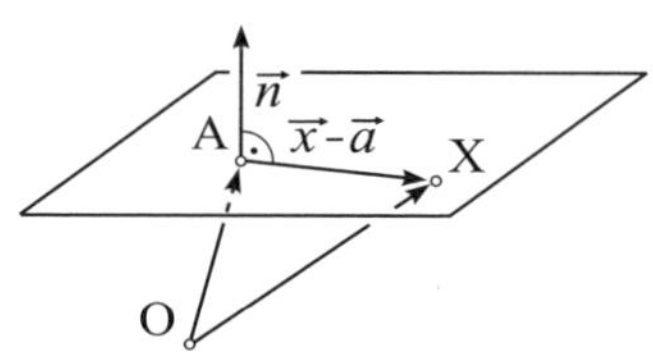

Punkt-Normalenform

Die Koordinatenform erhalten Sie durch Ausrechnen der Punkt-Normalenform. Sie lautet

$$\text{E: } n_1 \cdot x_1 + n_2 \cdot x_2 + n_3 \cdot x_3 = d$$

Dabei sind n_1, n_2 und n_3 die Komponenten des Normalenvektors $\vec{n}$.

Ist eine Ebene in Parameterform gegeben und suchen Sie die Koordinatenform, so stellen Sie zuerst die Punkt-Normalenform auf und rechnen diese anschließend aus. Dazu ist ein Normalenvektor gesucht, der senkrecht auf den beiden Spannvektoren $\overrightarrow{v_1}$ und $\overrightarrow{v_2}$ stehen muss. Diesen können Sie mit Hilfe des Skalarprodukts berechnen, indem Sie benutzen, dass $\vec{n} \cdot \overrightarrow{v_1} = 0$ und $\vec{n} \cdot \overrightarrow{v_2} = 0$ sein muss. Sie erhalten so ein Gleichungssystem aus zwei Gleichungen mit dessen Hilfe Sie den Vektor $\vec{n}$ bestimmen können. Ein weiterer Weg führt über das Kreuzprodukt, siehe die nächste Seite.

Tipp: Wenn man einen Vektor $\vec{n}$ sucht, der senkrecht auf zwei gegebenen Vektoren $\vec{a}$ und $\vec{b}$ steht, geschieht dies einfach und schnell mit dem **Vektorprodukt**:

$$\vec{n} = \left(\vec{a} \times \vec{b}\right) = \begin{pmatrix} a_2b_3 & - & a_3b_2 \\ a_3b_1 & - & a_1b_3 \\ a_1b_2 & - & a_2b_1 \end{pmatrix}$$

Die Merkhilfe dazu:

1. Beide Vektoren werden je zweimal untereinandergeschrieben, dann werden die erste und die letzte Zeile gestrichen.
2. Anschließend wird «über Kreuz» multipliziert. Dabei erhalten die abwärts gerichteten Pfeile ein positives und die aufwärts gerichteten Pfeile ein negatives Vorzeichen.
3. Die einzelnen Komponenten werden subtrahiert – fertig!

$$\begin{array}{cc} \not{a_1} & \not{b_1} \\ a_2 & b_2 \\ a_3 & b_3 \\ a_1 & b_1 \\ a_2 & b_2 \\ \not{a_3} & \not{b_3} \end{array} \Rightarrow \begin{array}{cc} a_2 & b_2 \\ a_3 & b_3 \\ a_1 & b_1 \\ a_2 & b_2 \end{array} \Rightarrow \begin{pmatrix} a_2b_3 - a_3b_2 \\ a_3b_1 - a_1b_3 \\ a_1b_2 - a_2b_1 \end{pmatrix}$$

Anmerkung: Der Betrag des senkrecht stehenden Vektors entspricht genau der Flächenmaßzahl des Parallelogramms, das von den beiden Vektoren aufgespannt wird.

Beispiel: Sind $\vec{a} = \begin{pmatrix} 1 \\ 3 \\ 2 \end{pmatrix}$ und $\vec{b} = \begin{pmatrix} -1 \\ 4 \\ 0 \end{pmatrix}$, ergibt sich für den gesuchten Vektor:

$$\begin{array}{cc} \not{1} & \not{-1} \\ 3 & 4 \\ 2 & 0 \\ 1 & -1 \\ 3 & 4 \\ \not{2} & \not{0} \end{array} \Rightarrow \begin{array}{cc} 3 & 4 \\ 2 & 0 \\ 1 & -1 \\ 3 & 4 \end{array} \Rightarrow \begin{pmatrix} 3 \cdot 0 - 2 \cdot 4 \\ 2 \cdot (-1) - 1 \cdot 0 \\ 1 \cdot 4 - 3 \cdot (-1) \end{pmatrix} = \begin{pmatrix} -8 \\ -2 \\ 7 \end{pmatrix}$$

12.1 Parameterform der Ebenengleichung

Im Folgenden sind jeweils drei Punkte bzw. eine Gerade und ein Punkt gegeben, die eine Ebene festlegen. Geben Sie zu diesen Ebenen jeweils eine Ebenengleichung in Parameterform an.

a) $A(1 \mid 4 \mid 3), B(2 \mid 7 \mid -3), C(3 \mid 5 \mid 1)$ b) $P(3 \mid 1 \mid 2), Q(4 \mid 7 \mid 3), R(4 \mid 0 \mid -1)$

c) $A(1 \mid 3 \mid 6),\ g\colon \vec{x} = \begin{pmatrix} -1 \\ 2 \\ 4 \end{pmatrix} + t \cdot \begin{pmatrix} 3 \\ 6 \\ -1 \end{pmatrix}$ d) $B(0 \mid 1 \mid 2),\ g\colon \vec{x} = \begin{pmatrix} 7 \\ 3 \\ 2 \end{pmatrix} + t \cdot \begin{pmatrix} 1 \\ 2 \\ 1 \end{pmatrix}$

12.2 Koordinatengleichung einer Ebene

Bestimmen Sie eine Koordinatengleichung der Ebene E. Es sind entweder drei Punkte, ein Punkt und eine Gerade oder zwei Geraden, die die Ebene aufspannen, gegeben.

a) $A(2 \mid 2 \mid 2), B(4 \mid 1 \mid 3), C(8 \mid 4 \mid 5)$ b) $P(1 \mid 3 \mid 5), Q(2 \mid 7 \mid 3), R(5 \mid 1 \mid 3)$

c) $A(4 \mid 1 \mid 2),\ g\colon \vec{x} = \begin{pmatrix} 3 \\ 5 \\ 7 \end{pmatrix} + t \cdot \begin{pmatrix} 1 \\ 1 \\ 1 \end{pmatrix}$ d) $C(4 \mid 3 \mid 4),\ g\colon \vec{x} = \begin{pmatrix} 7 \\ 2 \\ 3 \end{pmatrix} + t \cdot \begin{pmatrix} 1 \\ -3 \\ -3 \end{pmatrix}$

e) $g_1\colon \vec{x} = \begin{pmatrix} 1 \\ 2 \\ 3 \end{pmatrix} + t \cdot \begin{pmatrix} 1 \\ 3 \\ 4 \end{pmatrix}$ $g_2\colon \vec{x} = \begin{pmatrix} 1 \\ 2 \\ 3 \end{pmatrix} + s \cdot \begin{pmatrix} 2 \\ -1 \\ 3 \end{pmatrix}$

f) $g_1\colon \vec{x} = \begin{pmatrix} 1 \\ 2 \\ 4 \end{pmatrix} + s \cdot \begin{pmatrix} 1 \\ 3 \\ 2 \end{pmatrix}$ $g_2\colon \vec{x} = \begin{pmatrix} 3 \\ 3 \\ 7 \end{pmatrix} + t \cdot \begin{pmatrix} 2 \\ 1 \\ 3 \end{pmatrix}$

g) $g_1\colon \vec{x} = \begin{pmatrix} 3 \\ 1 \\ 6 \end{pmatrix} + s \cdot \begin{pmatrix} 2 \\ 1 \\ 4 \end{pmatrix}$ $g_2\colon \vec{x} = \begin{pmatrix} -1 \\ -8 \\ 4 \end{pmatrix} + t \cdot \begin{pmatrix} 1 \\ 4 \\ -1 \end{pmatrix}$

h) $g_1: \vec{x} = \begin{pmatrix} 1 \\ 0 \\ 2 \end{pmatrix} + s \cdot \begin{pmatrix} 3 \\ 1 \\ 2 \end{pmatrix}$ $\quad g_2: \vec{x} = \begin{pmatrix} 4 \\ 1 \\ 1 \end{pmatrix} + t \cdot \begin{pmatrix} 6 \\ 2 \\ 4 \end{pmatrix}$

i) $g: \vec{x} = \begin{pmatrix} 0 \\ 1 \\ 0 \end{pmatrix} + s \cdot \begin{pmatrix} 2 \\ 1 \\ 2 \end{pmatrix}$ $\quad h: \vec{x} = \begin{pmatrix} 2 \\ 0 \\ 2 \end{pmatrix} + t \cdot \begin{pmatrix} -4 \\ -2 \\ -4 \end{pmatrix}$

j) Die Ebene E ist Spiegelebene zwischen A (1 | 4 | 7) und A* (3 | 2 | 3).

k) Die Ebene E enthält die Gerade $g: \vec{x} = \begin{pmatrix} 3 \\ 1 \\ 2 \end{pmatrix} + t \cdot \begin{pmatrix} 2 \\ 0 \\ -1 \end{pmatrix}$ und ist orthogonal zur Ebene F: $-x_1 + x_2 + 2x_3 + 2 = 0$.

l) Prüfen Sie, ob die vier Punkte A (2 | 1 | 2), B (4 | 3 | 4), C (7 | 2 | 3) und D (8 | −1 | 0) in einer Ebene liegen.

12.3 Ebenen im Koordinatensystem

Es sind verschiedene Ebenen angegeben. Zeichnen Sie diese mit Hilfe ihrer Spurgeraden in ein kartesisches Koordinatensystem ein:

Tipp: Bestimmen Sie zuerst die Spurpunkte. Das sind die Punkte, in denen die Ebene die Koordinatenachsen schneidet.

a) E: $3x_1 + 4x_2 + 3x_3 = 12$

b) E: $4x_1 - 8x_2 + 4x_3 = 16$

c) E: $3x_1 - 3x_2 - 3x_3 = 9$

d) E: $2x_1 + 4x_2 = 8$

e) E: $x_1 + 2x_3 = 4$

f) E: $3x_2 + x_3 = 3$

g) E: $x_2 = 3$

12.4 Bestimmen von Geraden und Ebenen in einem Quader

In der Abbildung ist ein Quader dargestellt, M und N seien die Mittelpunkte der beiden Kanten $\overline{BE}$ bzw. $\overline{CF}$.

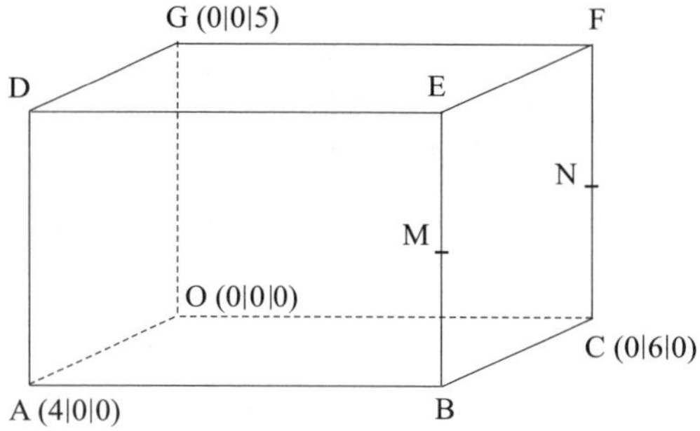

a) Bestimmen Sie die Koordinaten der übrigen Punkte.
b) Geben Sie eine Koordinatengleichung der Ebene durch B, E und F an.
c) Geben Sie eine Geradengleichung der Geraden durch A und N sowie G und M an.
d) Bestimmen Sie die Koordinatengleichung der Ebene durch A, O, E und F.

12.5 Bestimmen von Geraden und Ebenen in einer Pyramide

Gegeben ist die senkrechte Pyramide mit quadratischer Grundfläche wie in der nebenstehenden Abbildung dargestellt. Ihr Mittelpunkt ist $O(0 \mid 0 \mid 0)$.

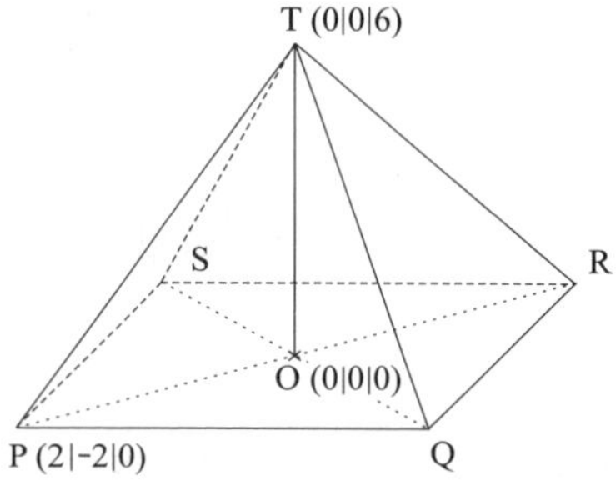

a) Geben Sie die Koordinaten der übrigen Punkte an.
b) Geben Sie eine Gleichung der Geraden durch die Kante PT an.
c) Bestimmen Sie eine Koordinatengleichung der Ebene E, in der die Seitenfläche QRT liegt.

13 Gegenseitige Lage von Geraden und Ebenen

Tipps ab Seite 114, Lösungen ab Seite 195

Eine Gerade und eine Ebene können auf drei verschiedene Weisen zueinander liegen: Die Gerade kann die Ebene schneiden, sie kann parallel zu ihr liegen und sie kann in der Ebene liegen. Liegt die Ebene in der Parameterform vor, werden Geraden- und Ebenengleichung gleichgesetzt. Liegt sie in der Punkt-Normalenform oder der Koordinatenform vor, schreiben Sie die Gerade als «allgemeinen Punkt» um und setzten diesen in die Ebenengleichung ein.

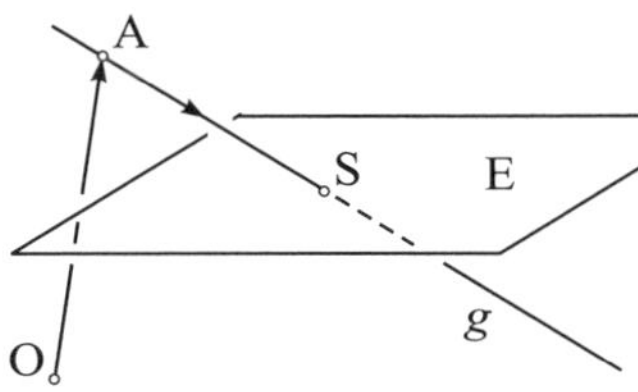

g schneidet E

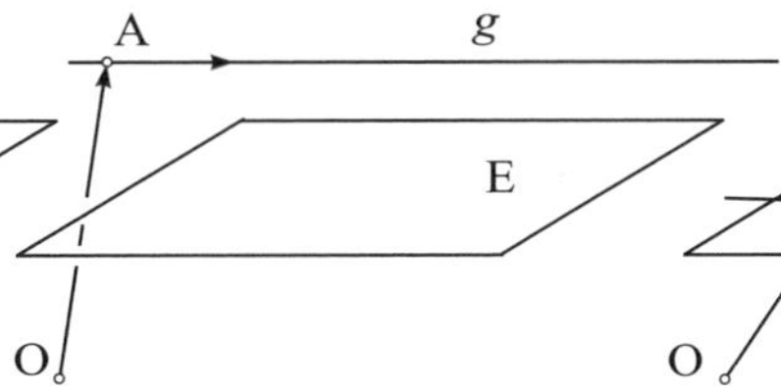

g ist parallel zu E

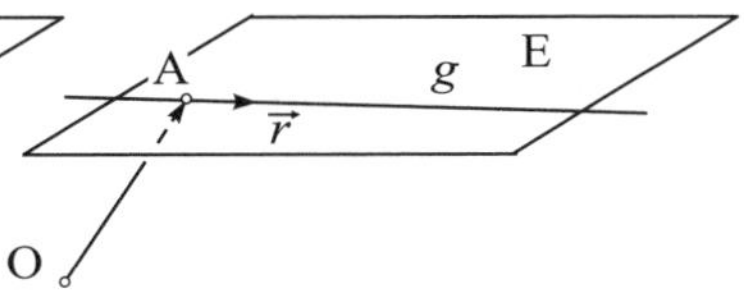

g liegt in E

13.1 Gegenseitige Lage

Bestimmen Sie die gegenseitige Lage der Gerade und der Ebene:

a) $g:\ \vec{x} = \begin{pmatrix} 4 \\ 6 \\ 2 \end{pmatrix} + t \cdot \begin{pmatrix} 1 \\ 2 \\ 3 \end{pmatrix}$ $\qquad$ $E:\ 2x_1 + 4x_2 + 6x_3 + 12 = 0$

b) $g:\ \vec{x} = \begin{pmatrix} 3 \\ 2 \\ 2 \end{pmatrix} + s \cdot \begin{pmatrix} 2 \\ 5 \\ 7 \end{pmatrix}$ $\qquad$ $E:\ 2x_1 + x_2 - 3x_3 = 4$

c) $g:\ \vec{x} = \begin{pmatrix} 4 \\ 1 \\ 3 \end{pmatrix} + t \cdot \begin{pmatrix} 2 \\ -1 \\ 1 \end{pmatrix}$ $\qquad$ $E:\ \vec{x} = \begin{pmatrix} 1 \\ -2 \\ -2 \end{pmatrix} + r \cdot \begin{pmatrix} 3 \\ 6 \\ -3 \end{pmatrix} + s \cdot \begin{pmatrix} 8 \\ -4 \\ 4 \end{pmatrix}$

d) $g:\ \vec{x} = \begin{pmatrix} 3 \\ 4 \\ 7 \end{pmatrix} + t \cdot \begin{pmatrix} 1 \\ 0 \\ 1 \end{pmatrix}$ $\qquad$ $E:\ \vec{x} = \begin{pmatrix} 4 \\ 6 \\ 8 \end{pmatrix} + r \cdot \begin{pmatrix} 3 \\ 8 \\ 9 \end{pmatrix} + s \cdot \begin{pmatrix} 10 \\ 5 \\ 4 \end{pmatrix}$

e) $g:\ \vec{x} = \begin{pmatrix} 1 \\ -2 \\ 3 \end{pmatrix} + s \cdot \begin{pmatrix} 2 \\ 1 \\ 2 \end{pmatrix}$ $\qquad$ $E:\ x_1 - x_3 = 0$

f) $g:\ \vec{x} = \begin{pmatrix} 1 \\ 2 \\ 3 \end{pmatrix} + t \cdot \begin{pmatrix} 1 \\ 3 \\ 4 \end{pmatrix}$ $\qquad$ $E:\ 13x_1 + 5x_2 - 7x_3 - 2 = 0$

13.2 Gerade und Ebene parallel

Bestimmen Sie den Parameter $t \in \mathbb{R}$ so, dass $g_t \parallel E$ bzw. $g_t \parallel E_t$ ist:

a) $g_t:\ \vec{x} = \begin{pmatrix} 1 \\ 4 \\ -2 \end{pmatrix} + s \cdot \begin{pmatrix} 2 \\ 1 \\ t \end{pmatrix}$ $\qquad$ $E:\ x_1 + 2x_2 + 4x_3 = 2$

b) $g_t:\ \vec{x} = \begin{pmatrix} 2 \\ 1 \\ 2 \end{pmatrix} + s \cdot \begin{pmatrix} 1 \\ t \\ 2 \end{pmatrix}$ $\qquad$ $E_t:\ tx_1 + 2x_2 - x_3 = 7$

c) $g_t:\ \vec{x} = \begin{pmatrix} 1 \\ 0 \\ -1 \end{pmatrix} + s \cdot \begin{pmatrix} 1 \\ t \\ 2 \end{pmatrix}$ $\qquad$ $E_t:\ 2tx_1 + tx_2 - 1{,}5x_3 - 8 = 0$

13.3 Allgemeines Verständnis von Geraden und Ebenen

a) Gegeben seien die Gerade g und die Ebene E durch:

$g:\ \vec{x} = \vec{a} + t \cdot \vec{r};\quad t \in \mathbb{R} \qquad E:\ n_1x_1 + n_2x_2 + n_3x_3 = b$

Welche Beziehung muss zwischen den Vektoren gelten, damit

I) g (echt) parallel zu E liegt

II) g senkrecht auf E steht

III) g in E liegt

b) Wie kann man nachweisen, dass eine Gerade in einer Ebene enthalten ist?

13.4 Vermischte Aufgaben

a) Gegeben ist die Ebene $E: 2x_1 + x_2 - 2x_3 = 12$. Bestimmen Sie die Gleichung einer Geraden, welche parallel zu E ist und durch den Punkt $P(4 \mid 9 \mid 7)$ verläuft.

b) Die Ebene E hat die Gleichung $E: 4x_1 - 3x_2 + 5x_3 = 17$. Bestimmen Sie die Gleichung der Geraden, die orthogonal zu E ist und durch den Punkt $Q(4 \mid -1 \mid 3)$ verläuft.

14 Gegenseitige Lage zweier Ebenen

Tipps ab Seite 115, Lösungen ab Seite 198

Zwei Ebenen können auf drei verschiedene Arten zueinander liegen: Die beiden Ebenen können sich schneiden, sie können identisch sein oder parallel zueinander liegen. Wenn sich die beiden Ebenen schneiden, entsteht eine Schnittgerade s.

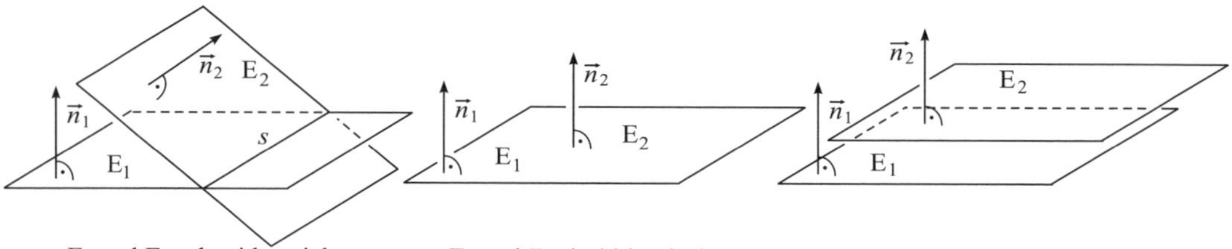

E_1 und E_2 schneiden sich — E_1 und E_2 sind identisch — E_1 und E_2 sind parallel

Liegen die Ebenen in Koordinatenform vor, so läßt sich die Aufgabe relativ einfach dadurch lösen, dass Sie die beiden Gleichungen als Gleichungssystem mit drei Unbekannten auffassen. Sie lösen dieses Gleichungssystem und können die Lösung als Geradengleichung schreiben, indem der Parameter der Lösung zum Geradenparameter wird. Liegen die Ebenen in Parametergleichung vor, setzen Sie diese gleich und benutzen das Gaußverfahren um nach einem Parameter aufzulösen. Sie erhalten so einen Ausdruck in Abhängigkeit vom anderen Parameter, setzen diesen in die Ebenengleichung ein und erhalten so die Schnittgerade.

14.1 Schnitt von zwei Ebenen

Bestimmen Sie eine Gleichung der Schnittgerade der beiden Ebenen, es gilt für alle Parameter: $r,\ s,\ t,\ u \in \mathbb{R}$

a) $E_1:\ x_1 - x_2 + 2x_3 = 7$
$E_2:\ 6x_1 + x_2 - x_3 + 7 = 0$

b) $E_1:\ x_1 + 5x_3 = 8$
$E_2:\ x_1 + x_2 + x_3 = 1$

c) $E_1:\ 4x_2 = 5$
$E_2:\ 6x_1 + 5x_3 = 0$

d) $E_1:\ \vec{x} = \begin{pmatrix} 5 \\ 6 \\ -4 \end{pmatrix} + r \cdot \begin{pmatrix} 0 \\ -4 \\ 7 \end{pmatrix} + s \cdot \begin{pmatrix} 2 \\ -3 \\ 4 \end{pmatrix}$, $E_2:\ 2x_1 - x_2 + x_3 = 0$

e) $E_1:\ \vec{x} = \begin{pmatrix} 2 \\ 2 \\ 2 \end{pmatrix} + r \cdot \begin{pmatrix} -1 \\ 2 \\ 1 \end{pmatrix} + s \cdot \begin{pmatrix} 1 \\ -1 \\ 2 \end{pmatrix}$, $E_2:\ x_1 + x_2 - 2x_3 = -4$

f) $E_1\colon \vec{x} = \begin{pmatrix} -4 \\ 1 \\ 6 \end{pmatrix} + r \cdot \begin{pmatrix} 5 \\ -3 \\ -2 \end{pmatrix} + s \cdot \begin{pmatrix} 2 \\ 2 \\ -1 \end{pmatrix}$, $E_2\colon \vec{x} = \begin{pmatrix} 4 \\ 5 \\ -3 \end{pmatrix} + t \cdot \begin{pmatrix} 0 \\ -2 \\ 1 \end{pmatrix} + u \cdot \begin{pmatrix} -3 \\ 1 \\ 3 \end{pmatrix}$

g) $E_1 : \vec{x} = \begin{pmatrix} 4 \\ 5 \\ 7 \end{pmatrix} + r \cdot \begin{pmatrix} 1 \\ 1 \\ 2 \end{pmatrix} + s \cdot \begin{pmatrix} 2 \\ 3 \\ 6 \end{pmatrix}$, $E_2 : \vec{x} = \begin{pmatrix} 3 \\ 2 \\ 11 \end{pmatrix} + t \cdot \begin{pmatrix} 1 \\ -1 \\ 2 \end{pmatrix} + u \cdot \begin{pmatrix} 2 \\ -5 \\ 8 \end{pmatrix}$

14.2 Parallele Ebenen

Zeigen Sie, dass die beiden Ebenen parallel sind, bzw. bestimmen Sie t so, dass die beiden Ebenen parallel sind:

a) $E: \; 4x_1 + 3x_2 - 2x_3 = -7$
$F: \; 8x_1 + 6x_2 - 4x_3 + 15 = 0$

b) $E: \; -x_1 + x_2 + 2x_3 = 0$
$F: \; 2x_1 - 2x_2 - 4x_3 = 5$

c) $E: \; 3x_1 + 6x_2 = 5$
$F: \; -x_1 - 2x_2 = 2$

d) $E_t: \; tx_1 - 2tx_2 - 4x_3 = 6$
$F: \; -2x_1 + 4x_2 - 4x_3 = 7$

e) $E_t: \; 2tx_1 + x_2 + 3x_3 = 8$
$F: \; 8x_1 - 2x_2 - 6x_3 = 7$

14.3 Verschiedene Aufgaben zur Lage zweier Ebenen

a) Zeigen Sie, dass die Ebene $E: \; 4x_1 + x_2 - 2x_3 = -8$ identisch ist mit der Ebene $F: \; -6x_1 - 1{,}5x_2 + 3x_3 = 12$.

b) Für welchen Wert von d ist $E_d: \; 2x_1 + x_2 - 3x_3 = d$ identisch mit der Ebene $F: \; -4x_1 - 2x_2 + 6x_3 = 9$?

c) Zeigen Sie, dass die Ebene $E: \; 3x_1 + 4x_2 - 2x_3 = 7$ orthogonal zur Ebene $F: \; 2x_1 + x_2 + 5x_3 = 9$ ist.

d) Für welchen Wert von t ist $E: \; 2x_1 - x_2 + 3x_3 = 7$ orthogonal zur Ebene $E_t: \; tx_1 - 2tx_2 - 4x_3 = 6$?

15 Matrizen

Tipps ab Seite 116, Lösungen ab Seite 203

In diesem Kapitel geht es um das grundlegende Rechnen mit Matrizen. Matrizen haben folgende Eigenschaften:

1. Matrizen werden als $n \times m$ (gelesen «n kreuz m») Matrizen bezeichnet, wobei n die Anzahl der Zeilen und m die Anzahl der Spalten ist (Merkhilfe: ZVS = Zeile vor Spalte).
2. Die Zahlen, die in der Matrix stehen, heißen Elemente oder Einträge, sie werden in der Regel durch zwei Indices gekennzeichnet. Dabei gibt der erste Index die jeweilige Zeile und der zweite die jeweilige Spalte an.

$$\mathrm{A} = \begin{pmatrix} a_{11} & a_{12} \\ a_{21} & a_{22} \end{pmatrix}$$

Manchmal werden 2×2 Matrizen auch als $\begin{pmatrix} a_1 & b_1 \\ a_2 & b_2 \end{pmatrix}$ dargestellt. Bei dieser Darstellung kann man leichter den Überblick behalten, da nur ein Index vorhanden ist.
Die *Einheitsmatrix* besteht nur aus Einsen und Nullen. Die Einsen stehen dabei auf der *Hauptdiagonale*:

$$\mathrm{E} = \begin{pmatrix} 1 & 0 \\ 0 & 1 \end{pmatrix}$$

3. Vektoren haben eine Spalte und können daher beim Rechnen als 3×1 (oder 2×1) Matrizen behandelt werden.
4. Matrizen werden mit Großbuchstaben gekennzeichnet, die Einträge mit Kleinbuchstaben.

Die Regeln zum «konkreten» Rechnen mit Matrizen finden Sie bei den Tipps auf Seite **??**.

In der Prüfung müssen Sie entweder die Aufgaben der Alternative 1 (Abbildungsmatrizen) oder die Aufgaben der Alternative 2 (Übergangsmatrizen) bearbeiten.

15.1 Rechnen mit Matrizen

a) Gegeben sind $\mathrm{A} = \begin{pmatrix} 2 & 1 \\ 3 & 2 \end{pmatrix}$, $\mathrm{B} = \begin{pmatrix} 4 & 0 \\ 1 & 3 \end{pmatrix}$, $\vec{x} = \begin{pmatrix} 3 \\ 1 \end{pmatrix}$ und $\vec{y} = \begin{pmatrix} 4 \\ -1 \end{pmatrix}$.

Berechnen Sie:

I) $\mathrm{A} + \mathrm{B}$ II) $3 \cdot \mathrm{A}$ III) $(-2) \cdot \mathrm{B}$ IV) $\vec{x} \cdot \vec{y}$

V) $\mathrm{A} \cdot \vec{x}$ VI) $\mathrm{B} \cdot \vec{y}$ VII) $\mathrm{A} \cdot \mathrm{B}$ VIII) $\mathrm{B} \cdot \mathrm{A}$

b) Gegeben sind:

$$A = \begin{pmatrix} 3 & 2 & -1 \\ 1 & 0 & 1 \\ 2 & 1 & 2 \end{pmatrix},\ B = \begin{pmatrix} 4 & 1 & 0 \\ 2 & -1 & 1 \\ 3 & 0 & -2 \end{pmatrix},\ \vec{x} = \begin{pmatrix} 1 \\ 4 \\ -2 \end{pmatrix} \text{ und } \vec{y} = \begin{pmatrix} 0 \\ -2 \\ 1 \end{pmatrix}.$$

Berechnen Sie:

I) $\vec{x} \cdot \vec{y}$ II) $A \cdot \vec{x}$ III) $B \cdot \vec{y}$ IV) $A \cdot B$

V) $B \cdot A$

c) Berechnen Sie: I) $\begin{pmatrix} 2 & 4 \\ 9 & 0 \\ 3 & -1 \end{pmatrix} \cdot \begin{pmatrix} 1 \\ 3 \end{pmatrix}$ II) $\begin{pmatrix} 2 & 1 \\ 4 & 2 \\ 1 & 5 \end{pmatrix} \cdot \begin{pmatrix} 4 & 2 & 1 \\ 1 & 3 & 2 \end{pmatrix}$ A

15.2 Alternative 1: Matrizen bei Abbildungen

Eine affine Abbildung ist eine geradentreue und umkehrbare Abbildung; das Bild einer Geraden ist also wieder eine Gerade. Außerdem ist sie parallelen- und teilverhältnistreu; das bedeutet, dass parallele Geraden parallele Bildgeraden besitzen und sich die Teilverhältnisse von Punkten auf der Geraden durch die affine Abbildung nicht ändern.

Die Matrixdarstellung einer affinen Abbildung α hat die Gestalt:

$$\alpha : \begin{pmatrix} x_1{}' \\ x_2{}' \end{pmatrix} = \begin{pmatrix} a_1 & b_1 \\ a_2 & b_2 \end{pmatrix} \cdot \begin{pmatrix} x_1 \\ x_2 \end{pmatrix} + \begin{pmatrix} c_1 \\ c_2 \end{pmatrix}$$

Dabei bewirkt die Multiplikation mit der Matrix eine Spiegelung bzw. Drehstreckung und die Addition des Vektors $\vec{c}$ eine Verschiebung. Die Koordinatendarstellung der Abbildung als Gleichungssystem hat folgende Gestalt:

$$\begin{aligned} x_1{}' &= a_1x_1 + b_1x_2 + c_1 \\ x_2{}' &= a_2x_1 + b_2x_2 + c_2 \end{aligned}$$

a) Gegeben ist die affine Abbildung $\alpha : \vec{x}\,' = \begin{pmatrix} 1 & 2 \\ 5 & -4 \end{pmatrix} \cdot \vec{x} + \begin{pmatrix} -4 \\ 7 \end{pmatrix}$.

Berechnen Sie die Koordinaten der Bilder der Punkte $P(2 \mid 3)$, $Q(-1 \mid 4)$ sowie der Geraden $g : \vec{x} = \begin{pmatrix} 4 \\ -3 \end{pmatrix} + t \cdot \begin{pmatrix} 1 \\ 2 \end{pmatrix}$.

b) Bestimmen Sie die Matrixdarstellung der affinen Abbildung α, welche $O(0 \mid 0)$ auf $O'(2 \mid 5)$, $E_1(1 \mid 0)$ auf $E_1'(7 \mid 2)$ und $E_2(0 \mid 1)$ auf $E_2'(-2 \mid 6)$ abbildet.

c) Die affine Abbildung α bildet $A(2 \mid 3)$ auf $A'(7 \mid -6)$, $B(5 \mid 1)$ auf $B'(11 \mid -2)$ und $C(-2 \mid -3)$ auf $C'(-7 \mid 6)$ ab.

Bestimmen Sie die Matrixdarstellung von α.

d) Die affine Abbildung α bildet $A(3 \mid 0)$ auf $A'(-1 \mid -2)$, $B(0 \mid -3)$ auf $B'(-7 \mid -5)$ und $C(-2 \mid 0)$ auf $C'(-1 \mid -2)$ ab.

Bestimmen Sie die Matrixdarstellung von α.

e) Bestimmen Sie jeweils die Matrixdarstellung folgender Abbildungen:

α: Verschiebung um $\begin{pmatrix} -1 \\ 3 \end{pmatrix}$

β: Drehung um O um 60°

γ: Zentrische Streckung von O aus mit Streckfaktor $k = -\frac{2}{5}$

δ: Spiegelung an der Geraden $g : \vec{x} = t \cdot \begin{pmatrix} 2 \\ 3 \end{pmatrix}$.

f) Prüfen Sie, ob es sich bei α bzw. β um eine Drehung oder um eine Spiegelung handelt.

$\alpha : \vec{x}' = \begin{pmatrix} \frac{12}{13} & \frac{5}{13} \\ \frac{5}{13} & -\frac{12}{13} \end{pmatrix} \cdot \vec{x}$ $\qquad$ $\beta : \vec{x}' = \begin{pmatrix} \frac{12}{13} & -\frac{5}{13} \\ \frac{5}{13} & \frac{12}{13} \end{pmatrix} \cdot \vec{x}$

15.3 Alternative 1: Verkettete Abbildungen

Die Verkettung von Abbildungen bedeutet die Hintereinanderausführung von mehreren Abbildungen. Dabei ist zu beachten, die die Verkettung «von rechts» abgearbeitet wird. Es bedeutet daher $\beta \circ \alpha$ «erst α, dann β», damit hat die zugehörige Verkettungsmatrix M folgende Gestalt: $M = B \cdot A$.

Bestimmen Sie zuerst die Matrizen für die einzelnen Abbildungen und anschließend die Verkettungsmatrix als Matrizenprodukt (Reihenfolge beachten).

a) Gegeben sind die Abbildungen $\alpha : \vec{x}' = \begin{pmatrix} 2 & 3 \\ 0 & 4 \end{pmatrix} \cdot \vec{x}$ und $\beta : \vec{x}' = \begin{pmatrix} 0 & -2 \\ -2 & 0 \end{pmatrix} \cdot \vec{x}$.

Bestimmen Sie die Matrixdarstellung folgender Verkettungen:

I) «erst α, dann β»: $\beta \circ \alpha$ (gelesen «β nach α»)

II) «erst β, dann α»: $\alpha \circ \beta$

b) Bestimmen Sie jeweils die Matrixdarstellung folgender zusammengesetzter Abbildungen:

I) Zuerst um $O(0 \mid 0)$ um $30°$ drehen, dann an der Geraden $g: \vec{x} = t \cdot \begin{pmatrix} 1 \\ 1 \end{pmatrix}$ spiegeln.

II) Zuerst von $O(0 \mid 0)$ aus um den Faktor $k = 3$ strecken, dann an der x_2-Achse spiegeln.

15.4 Alternative 2: Übergangsmatrizen

Im Unterschied zu Verflechtungsmatrizen gibt es bei Übergangsmatrizen keine Input- und Outputvektoren, sondern sogenannte «Zustandsvektoren» des Systems. Diese beschreiben den Zustand zu einem gewissen Zeitpunkt, z. B. wie viele Vögel sich nach einem Tag im Wald und auf der Lichtung befinden, oder wie viele Schüler auf die verschiedenen Schulen gehen. Durch Anwenden der Matrix auf den Zustandsvektor (d. h. Multiplikation mit dem Zustandsvektor) geht das System von einem Zustand in den nächsten über. Übergangsmatrizen sind stets quadratisch, sie haben also immer genauso viele Zeilen wie Spalten.
Die Tabelle, die den Übergang beschreibt, wird von links nach rechts ausgefüllt. In jeder Spalte stehen alle Übergangswahrscheinlichkeiten, die von dem entsprechenden Element ausgehen. In jeder Zeile stehen entsprechend die Übergangswahrscheinlichkeiten zu dem entsprechenden Element. Auf der Hauptdiagonalen stehen daher die Wahrscheinlichkeiten dafür, dass sich ein Element nicht ändert. Der Übergang findet also von «Spalten zu Zeilen» statt.
Die Reihenfolge der Einträge im Zustandsvektor muss dabei gleich sein wie bei den Einträgen in der Tabelle bzw. Matrix.

Aufgaben:

a) Eine Vogelart, die im Rahmen eines Forschungsprojekts beobachtet wird, lebt im Wald und auf einer Lichtung. Im Laufe des Tages wechseln manche der Vögel ihren Aufenthaltsort. Dabei wechseln 45 % aller Vögel aus dem Wald auf die Lichtung, und 40 % aller Vögel auf der Lichtung wechseln wieder zum Wald. Dieses Verhalten war an allen beobachteten Tagen gleich. Am Anfang der Beobachtung wurden 200 Vögel auf der Lichtung ausgesetzt.

   I) Zeichnen Sie ein Zustandsdiagramm und stellen Sie eine Tabelle auf, die den Prozess beschreibt.

   II) Bestimmen Sie die Übergangsmatrix und berechnen Sie, wieviele Vögel sich nach einem Tag im Wald bzw. auf der Lichtung aufhalten.

b) In einem Land gibt es drei verschiedene Schularten: Hauptschule, Realschule und Gymnasium. In einem Jahr wechseln 10 % der Hauptschüler an die Realschule und 2 % ans Gymnasium. 12 % der Realschüler wechseln an das Gymnasium und 7 % an die Hauptschule. 6 % der Gymasiasten wechseln an die Realschule und 1 % an die Hauptschule.

I) Stellen Sie die Schülerwechsel in einem Übergangsgraphen und in einer Tabelle dar.

II) Bestimmen Sie eine Übergangsmatrix des Prozesses.

III) Geben Sie die Verteilung der Schüler für das folgende Jahr an, wenn es 60 000 Gymnasiasten, 50 000 Realschüler und 40 000 Hauptschüler gibt.

c) Die Exemplare einer speziellen Pflanzenart leben maximal zwei Jahre, vermehren sich und sterben dann ab. Dabei überleben 80 % das erste Jahr und davon wiederum 40 % das zweite Jahr. Aus jeder überlebenden Pflanze entstehen nach dem 2. Jahr 5 Neupflanzen.

I) Zeichnen Sie ein Entwicklungsdiagramm und eine Tabelle, die die Entwicklung beschreibt. Bestimmen Sie die Übergangsmatrix der Entwicklung.

II) Am Anfang gibt es 10 Neupflanzen, 15 einjährige und 20 zweijährige Pflanzen. Wieviele Pflanzen gibt es nach einem Jahr?

15.5 Alternative 2: Verkettete Übergänge

Verkettete Prozesse entstehen, wenn man bei Übergangsmatrizen den Zustand des Systems nach mehreren Zeiteinheiten bestimmen möchte. In diesem Fall werden die Matrizen mehrfach hintereinander angewendet, d. h. miteinander multipliziert.

a) Gegeben ist Aufgabenstellung a) aus Kapitel 15.4:
Berechnen Sie die Verteilung der Vögel nach 2 bzw. nach 5 Tagen (5 Tage: nur GTR und CAS).

b) Gegeben ist Aufgabenstellung b) aus Kapitel 15.4:
Geben Sie an, wieviele Schüler die einzelnen Schularten nach 4 Jahren besuchen (nur GTR und CAS).

c) Gegeben ist Aufgabenstellung c) aus Kapitel 15.4:
Berechnen Sie die Anzahl der Pflanzen nach 2 und 7 Jahren (7 Jahre: nur GTR und CAS).

15.6 Alternative 2: Fixvektoren[1]

Ein Fixvektor beschreibt einen stabilen Zustand, d.h. einen Zustand, der auch nach mehrfacher Anwendung der Übergangsmatrix unverändert bleibt. Das System hat dann einen «Gleichgewichtszustand» erreicht, der sich nicht mehr ändert. Er wird auch als «stationärer Zustand» bezeichnet.
In der Matrixdarstellung bedeutet das: Wenn es zu einer Übergangsmatrix A einen Vektor $\vec{v}$ gibt, so dass

$$A \cdot \vec{v} = \vec{v}$$

[1] Das Thema «Fixvektoren» gehört laut Lehrplan zum Leistungskurs. In den vergangenen Prüfungen waren aber auch Aufgaben mit Fixvektoren in den Grundkurs-Aufgaben enthalten.

gilt und dieser Vektor $\vec{v}$ nicht der Nullvektor $\vec{0}$ ist, wird dieser Vektor als Fixvektor bezeichnet. Der Fixvektor wird berechnet, indem man die Gleichung $A \cdot \vec{v} = \vec{v}$ als Gleichungssystem schreibt und löst. Dabei muss eine Gleichung ein Vielfaches von einer anderen sein, die Lösungsmenge enthält also immer einen Parameter. Diese Lösungsmenge ist der sogenannte «allgemeine Fixvektor».

Oft ist eine prozentuale Verteilung gesucht. Diese erhält man, indem man das Gleichungssystem um eine Gleichung wie $v_1 + v_2 = 1$ bzw. $v_1 + v_2 + v_3 = 1$ ergänzt, da ja alle Anteile zusammen 1 (d. h. 100 %) ergeben müssen (Ist eine konkrete Verteilung und keine Anteile gesucht, setzt man statt 1 die Gesamtanzahl der Elemente ein).
Alternativ kann man die jeweiligen Komponenten des allgemeinen Fixvektors auch durch die Summe aller Komponenten teilen. Multipliziert man diesen Vektor mit der Gesamtanzahl der Elemente des Systems, erhält man den Fixvektor, der zu dem konkreten Zustandsvektor gehört.
Wenn es keinen stabilen Zustand gibt, erhält man für das Gleichungssystem nur die sogenannte triviale Lösung des Gleichungssystems, die aus lauter Nullen besteht (der Nullvektor). Daraus folgt, dass es keinen Fixvektor gibt.

a) Gegeben ist die Übergangsmatrix A und der Zustandsvektor $\overrightarrow{v_0}$ (außer bei III). Berechnen Sie sowohl den «allgemeinen Fixvektor» $\vec{v}$, als auch den zu $\overrightarrow{v_0}$ gehörigen Fixvektor, falls $\overrightarrow{v_0}$ angegeben ist.

I) Es ist $A = \begin{pmatrix} 0,7 & 0,8 \\ 0,3 & 0,2 \end{pmatrix}$ und der Zustandsvektor $\overrightarrow{v_0} = \begin{pmatrix} 150 \\ 10 \end{pmatrix}$.

II) Es ist $A = \begin{pmatrix} 0,55 & 0,85 \\ 0,45 & 0,15 \end{pmatrix}$ und der Zustandsvektor $\overrightarrow{v_0} = \begin{pmatrix} 135 \\ 15 \end{pmatrix}$.

III) Es ist $A = \begin{pmatrix} 0,6 & 0,4 & 0,2 \\ 0,2 & 0,5 & 0,4 \\ 0,2 & 0,1 & 0,4 \end{pmatrix}$.

b) Gegeben ist die Übergangsmatrix A. Untersuchen Sie, ob es einen stabilen Zustand gibt:

I) $A = \begin{pmatrix} 0,7 & 0,6 \\ 0,2 & 0,4 \end{pmatrix}$ II) $A = \begin{pmatrix} 0,1 & 0,2 & 0,1 \\ 0 & 0,5 & 0,3 \\ 0 & 0,1 & 0,4 \end{pmatrix}$

Stochastik

16 Grundlegende Begriffe

Tipps ab Seite 121, Lösungen ab Seite 215

In diesem Kapitel geht es um grundlegende Definitionen und Begriffe der Stochastik und um deren einfache Anwendung. Als *Ergebnismenge* oder *Ergebnisraum* bezeichnet man die Menge aller möglichen Ausgänge (Ergebnisse) eines *Zufallsexperiments*. Man verwendet zur Notation den griechischen Buchstaben Ω. Für das einmalige Werfen eines Würfels kann die Ergebnismenge sein:

$$\Omega = \{1;2;3;4;5;6\} \quad \text{oder auch} \quad \Omega = \{\text{k gerade; k ungerade} \mid 1 \leqslant k \leqslant 6\}$$

Eine beliebige Teilmenge der Ergebnismenge wird gewöhnlich als *Ereignis* bezeichnet. Man verwendet meist große Druckbuchstaben zur Notation. Ereignisse beim einmaligen Werfen eines Würfels können sein:

$$A = \{3\} \quad \text{oder} \quad B = \{4;5;6\} \quad \text{oder} \quad C = \{k \mid k\,\text{gerade}, 1 \leqslant k \leqslant 6\}$$

Beim Ereignis $A = \{3\}$ handelt es sich um ein sogenanntes *Elementarereignis*.
Das Ereignis $A = \{\Omega\} = \{1;2;3;4;5;6\}$ heißt *sicheres Ereignis* (da es auf jeden Fall eintritt), das Ereignis $A = \emptyset$ wird als *unmögliches Ereignis* bezeichnet (da es niemals eintritt).
Das Gegenereignis zu einem Ereignis A wird mit $\overline{A}$ notiert und es gilt:

$$P\left(\overline{A}\right) = 1 - P(A)$$

Zum Beispiel kann man beim einmaligen Würfeln eines Würfels die Wahrscheinlichkeit des Ereignisses B, dass eine Zahl größer als «1» geworfen wird, berechnen als:

$$P(B) = 1 - P(\{1\}) = 1 - \frac{1}{6} = \frac{5}{6}$$

Tritt bei insgesamt n Beobachtungen eines Zufallsexperiments ein Ereignis gerade k-mal auf, $0 \leqslant k \leqslant n$, so entspricht der Wert k der *absoluten Häufigkeit* des Ereignisses.
Aussagekräftiger ist jedoch meist die *relative Häufigkeit* n, bei der die Dimension des Stichprobenumfangs (d.i. die Anzahl der Beobachtungen n) berücksichtigt wird. Man teilt zur Berechnung der relativen Häufigkeit eines Ereignisses die absolute Häufigkeit des Ereignisses, k, durch die Gesamtzahl der Beobachtungen, n. Der Wert der relativen Häufigkeit liegt folglich immer zwischen Null und Eins: $0 \leqslant h_n = \frac{k}{n} \leqslant 1$
Die *Wahrscheinlichkeit eines Ereignisses* entspricht dem Grenzwert seiner relativen Häufigkeit bei (theoretisch) unendlich vielen Wiederholungen des Zufallsexperiments:

$$p = \lim_{n \to \infty} h_n$$

Bei einem *Laplace-Versuch* treten alle möglichen Elementarereignisse mit der gleichen Wahrscheinlichkeit ein. Beispiele für Laplace-Versuche sind das Werfen einer fairen Münze (die Warscheinlichkeit für «Kopf» bzw. «Zahl» beträgt jeweils $\frac{1}{2}$) oder das Würfeln mit einem fairen Würfel (die Wahrscheinlichkeit für das Ereignis «1» bzw. «2» bzw. «6» beträgt jeweils $\frac{1}{6}$).
Laplace-Wahrscheinlichkeiten sind besonders einfach zu berechnen. Bei einer Ergebnismenge der Mächtigkeit n hat dann jedes Elementarereignis gerade die Wahrscheinlichkeit $p = \frac{1}{n}$. Ist A ein Ereignis der Mächtigkeit m, so gilt für die Wahrscheinlichkeit von A:

$$P(A) = \frac{|A|}{|\Omega|} = \frac{m}{n}$$

Merkregel: «Anzahl der günstigen Fälle durch Anzahl aller möglichen Fälle»
Beispiel: Sind in einer Urne 14 rote Kugeln und 6 blaue Kugeln, so ergibt sich die Wahrscheinlichkeit, bei einmaligem Ziehen eine rote Kugel zu ziehen, als $p = \frac{14}{20} = \frac{7}{10} = 0,7$.

16.1 Zufallsexperimente und Ereignisse

a) Geben Sie jeweils eine sinnvolle Ergebnismenge Ω für die folgenden Zufallsexperimente an:

I) Eine Münze wird dreimal geworfen (benutzen Sie w für Wappen und z für Zahl).

II) Ein Würfel wird zu Beginn des Mensch-ärgere-dich-nicht-Spiels geworfen. Dabei kommt es nur darauf an, eine Sechs zu würfeln.

III) Für eine Meinungsumfrage unter Jugendlichen (14 bis 18 Jahre einschließlich) werden in einer Fußgängerzone Passanten zunächst nach ihrem Alter gefragt.

b) Ein Würfel wird einmal geworfen. Geben Sie folgende Ereignisse jeweils als Menge an:
A: Die Augenzahl ist gerade.
B: Die Augenzahl ist kleiner als 3.
C: Die Augenzahl ist eine Primzahl.
D: Die Augenzahl ist eine ganze Zahl. Wie nennt man dieses Ereignis?
E: Die Augenzahl ist durch 7 teilbar. Wie nennt man dieses Ereignis?

c) Eine Münze wird dreimal geworfen.

I) Beschreiben Sie die folgenden Ereignisse in Worten:

$A = \{www; zzz\}$ $B = \{www; wwz; wzw; zww\}$

$C = \{zzz; zzw; zwz; zww\}$

II) Geben Sie für A, B und C jeweils das Gegenereignis $\overline{A}$, $\overline{B}$ und $\overline{C}$ als Menge und in Worten an.

16.2 Absolute und relative Häufigkeit

a) Bestimmen Sie die absolute und die relative Häufigkeit, mit der jeweils die Ziffern 1, 2 und 3 in der folgenden Zeile vorkommen:
11321 31122 12221 33111

b) Bestimmen Sie die relative Häufigkeit, mit der die Noten 1 bis 6 bei einer Klassenarbeit mit folgendem Notenspiegel aufgetreten sind:

Note	1	2	3	4	5	6
Anzahl	3	5	10	8	3	1

c) Welche Werte kann die relative Häufigkeit eines Ergebnisses bei einem Zufallsexperiment annehmen?
Was ergibt sich, wenn man die relativen Häufigkeiten aller möglichen Ergebnisse addiert?

16.3 Wahrscheinlichkeit bei Laplace-Versuchen

a) Wie lässt sich die Wahrscheinlichkeit eines Ergebnisses durch eine empirische Untersuchung bestimmen?

b) In einer Urne befinden sich 20 Kugeln mit den Zahlen 1 bis 20. Es wird eine Kugel gezogen. Wie groß ist die Wahrscheinlichkeit der folgenden Ereignisse?

A: Die gezogene Zahl ist durch 4 teilbar. B: Die gezogene Zahl ist größer als 13.

C: Die gezogene Zahl ist eine Quadratzahl.

c) Ein Würfel wird zweimal geworfen. Wie groß ist die Wahrscheinlichkeit der folgenden Ereignisse?

A: Es wird zweimal eine 6 geworfen. B: Die Summe der Augenzahlen ist 5.

C: Beide Augenzahlen sind gerade.

d) Anke, Britta, Christine und Doris wollen ein Tennis-Doppel spielen. Die Teams werden ausgelost, indem 4 Zettel mit den jeweiligen Namen gemischt werden und dann nacheinander 2 Zettel gezogen werden; diese beiden bilden ein Team. Wie groß ist die Wahrscheinlichkeit, dass Anke und Britta in einem Team spielen?

17 Berechnung von Wahrscheinlichkeiten

Tipps ab Seite 121, Lösungen ab Seite 217

In diesem Kapitel geht es darum, mithilfe bereits bekannter Wahrscheinlichkeiten von Ereignissen die Wahrscheinlichkeiten weiterer, oft «komplizierterer» Ereignisse zu bestimmen. Dabei werden folgende Operatoren verwendet:

$A \cup B$ bedeutet: entweder A oder B oder A und B tritt ein

$A \cap B$ bedeutet: A und B treten ein

Ein wichtiges Hilfsmittel sind *Vierfeldertafeln*. Mit Hilfe einer Vierfeldertafel kann man beispielsweise in folgendem Beispiel arbeiten:
In einer Eisdiele wurde über längere Zeit das Kaufverhalten der Kunden beobachtet. Bei Kunden, die genau zwei Kugeln Eis bestellten, konnte folgende Regelmäßigkeit festgestellt werden: Die Wahrscheinlichkeit, dass die 1. der genannten Sorten Vanille ist, liegt bei $p = 0{,}4$. Für die Wahrscheinlichkeit, dass die 2. genannte Sorte Schokolade ist, gilt $p = 0{,}3$.

A bezeichnet dann das Ereigniss «Die 1. bestellte Sorte ist Vanille», $\overline{A}$ entsprechend «Die 1. bestellte Sorte ist nicht Vanille». Dabei werden zuerst die Werte in den Randspalten bzw. Zeilen eingetragen; die Werte in der Mitte ergeben sich durch Multiplikation.

	A	$\overline{A}$	
B	$0{,}12$	$0{,}18$	$0{,}3$
$\overline{B}$	$0{,}28$	$0{,}42$	$0{,}7$
	$0{,}4$	$0{,}6$	

Baumdiagramme sind insbesondere bei mehrstufigen Zufallsexperimenten hilfreich. Eine Verzweigung entspricht dabei den möglichen Versuchausgängen der jeweiligen Stufe; längs der «Äste» werden die zugehörigen Wahrscheinlichkeiten notiert. Ein Beispiel für ein Baumdiagramm, das sich auf das obere Beispiel bezieht, ist:

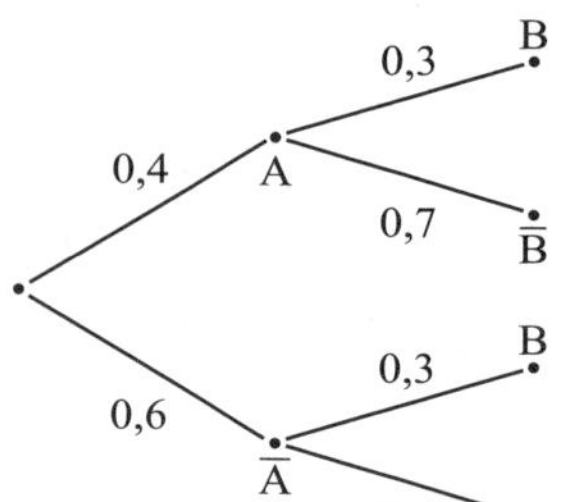

Wichtige Rechenregeln für Baumdiagramme sind die 1. *Pfadregel* und die 2. *Pfadregel*:
Die 1. Pfadregel (auch: Produktregel der Stochastik) besagt, dass man die Wahrscheinlichkeit längs eines Pfades berechnet, indem man die Wahrscheinlichkeiten der zugehörigen Äste miteinander multipliziert.
Mit der 2. Pfadregel (auch: Summenregel der Stochastik) kann man die Wahrscheinlichkeit eines Ereignisses berechnen, indem man die Wahrscheinlichkeiten aller zugehörigen Pfade addiert.

Ein Beispiel zum abgebildeten Baumdiagramm ist: $P(A \cap B) = 0{,}4 \cdot 0{,}3 = 0{,}12$

17.1 Additionssatz, Vierfeldertafel

a) Ergänzen Sie die folgenden Vierfeldertafeln:

I)

	A	$\overline{A}$	
B	0,3		
$\overline{B}$		0,1	
	0,8		

II)

	A	$\overline{A}$	
B			
$\overline{B}$	$\frac{1}{4}$		$\frac{3}{8}$
		$\frac{5}{8}$	

b) In einer Schule begeistern sich 70 % der Schüler für Fußball, 60 % für Schwimmen, 10 % mögen keine der beiden Sportarten.

I) Stellen Sie eine Vierfeldertafel auf und bestimmen Sie daraus den Anteil der Schüler, die sich für beide Sportarten begeistern.

II) Prüfen Sie den Additionssatz an diesem Beispiel nach.

17.2 Baumdiagramme und Pfadregeln

a) In einer Urne befinden sich 2 grüne, 3 rote und 5 blaue Kugeln. Es werden nacheinander ohne Zurücklegen 2 Kugeln gezogen.

I) Stellen sie ein Baumdiagramm auf.

II) Bestimmen Sie die Wahrscheinlichkeiten der folgenden Ereignisse:
A: Es werden die beiden grünen Kugeln gezogen.
B: Es wird zuerst eine rote und dann eine blaue Kugel gezogen.
C: Es werden eine rote und eine grüne Kugel gezogen.
D: Es werden 2 gleichfarbige Kugeln gezogen.
E: Es wird keine blaue Kugel gezogen.

b) Ein ungewöhnlicher Würfel trägt auf einer Seite die Zahl 1, auf vier anderen Seiten die Zahl 2 und auf einer Seite die Zahl 3. Er wird zweimal nacheinander geworfen und das Ergebnis als zweistellige Zahl notiert.

I) Stellen Sie ein Baumdiagramm auf.

II) Bestimmen Sie die Wahrscheinlichkeiten der folgenden Ereignisse:
A: Das Ergebnis ist 12.
B: Das Ergebnis ist eine gerade Zahl.
C: Das Ergebnis ist kleiner als 20.
D: Die Quersumme des Ergebnisses ist 4.
E: Das Ergebnis ist eine Primzahl.

c) Ein Fertigungsteil durchläuft mehrmals dieselbe Kontrolle, da mit einer Wahrscheinlichkeit von 20 % ein Fehler übersehen wird.

I) Bestimmen Sie mit Hilfe eines Baumdiagramms die Wahrscheinlichkeit, dass ein vorhandener Fehler zweimal übersehen und beim 3. Mal erkannt wird.

II) Wie groß ist die Wahrscheinlichkeit, dass ein vorhandener Fehler spätestens beim 3. Mal erkannt wird?

d) Mit einem Glücksrad, das drei gleich große Sektoren mit den Zahlen 0, 1 und 2 besitzt, und einem Würfel wird folgendermaßen gespielt:
Zunächst wird das Glücksrad gedreht. Anschließend darf so oft gewürfelt werden, wie das Glücksrad anzeigt. Sobald man eine Sechs würfelt, hat man gewonnen.
Wie groß ist die Wahrscheinlichkeit, bei diesem Spiel zu gewinnen?

e) In einer Urne befinden sich 2 rote und 2 weiße Kugeln. Es werden so lange einzelne Kugeln ohne Zurücklegen herausgenommen, bis die beiden weißen Kugeln gezogen sind. Wie groß ist die Wahrscheinlichkeit, dass man dabei alle 4 Kugeln aus der Urne nehmen muss?

f) Berechnen Sie die Gewinnwahrscheinlichkeit bei folgendem Spiel: Ein Würfel wird so oft geworfen, bis die Summe der gewürfelten Augenzahlen 3 oder mehr beträgt.
Man gewinnt, wenn die Summe genau 3 beträgt.

17.3 Unabhängigkeit von zwei Ereignissen

Zwei Ereignisse A und B heißen *(stochastisch) unabhängig* genau dann, wenn der *spezielle Multiplikationssatz* gilt:

$$P(A \cap B) = P(A) \cdot P(B)$$

Die *bedingte Wahrscheinlichkeit* $P_B(A)$ ist die Wahrscheinlichkeit dafür, dass das Ereignis A eintritt, unter der Bedingung, dass B bereits eingetreten ist. Dafür gilt:

$$P_B(A) = \frac{P(A \cap B)}{P(B)}$$

Beispiel:

Geworfen werden ein roter und ein schwarzer Würfel, die jeweils mit den Zahlen 1 bis 6 beschriftet sind. Berechnet werden soll die Wahrscheinlichkeit dafür, dass der schwarze Würfel «6» ergibt (Ereignis A), wenn die Gesamtaugenzahl «11» beträgt (Ereignis B). Da der rote Würfel dann ja 5 anzeigen «muss» und die beiden Würfe unabhängig voneinander sind. Man erhält:

$$P(A \cap B) = P(\{5; 6\}) = \frac{1}{6} \cdot \frac{1}{6} = \frac{1}{36}$$

Weiter ist:

$$P(B) = P(\{5; 6\}; \{6; 5\}) = \frac{2}{36} = \frac{1}{18}$$

(da es nur diese beiden Möglichkeiten gibt, insgesamt auf «11» zu kommen). Somit folgt:

$$P_B(A) = \frac{P(A \cap B)}{P(B)} = \frac{\frac{1}{36}}{\frac{1}{18}} = \frac{18}{36} = \frac{1}{2}$$

Die gesuchte bedingte Wahrscheinlichkeit beträgt hier also gerade 0,5.
Im allgemeinen – wenn der spezielle Multiplikationssatz nicht gilt – berechnet man die Wahrscheinlichkeit, dass die Ereignisse A und B beide eintreten, mit Hilfe der bedingten Wahrscheinlichkeit:

$$P(A \cap B) = P(B) \cdot P_B(A)$$

Beispiel:
Die Wahrscheinlichkeit, an einer gewissen Infektion zu erkranken, ist für Männer und Frauen unterschiedlich (die Merkmale «Geschlecht» und «Infektion positiv/negativ» sind also *nicht* unabhängig). Die Wahrscheinlichkeit, eine infizierte Person anzutreffen, liegt bei 2 %. Trifft man auf eine infizierte Person, so beträgt die Wahrscheinlichkeit, dass es sich dabei um einen Mann handelt, etwa 53 %. Bezeichne A die Merkmalsausprägung «Mann», und bezeichne «B» die Merkmalsausprägung «Infektion positiv». Es ist damit $P(B) = 0,02$ und $P_B(A) = 0,53$.
Die Wahrscheinlichkeit, eine infizierte männliche Person zu treffen, beträgt demnach etwas mehr als 1 %:

$$P(A \cap B) = P(B) \cdot P_B(A) = 0,02 \cdot 0,53 = 0,0106 = 1,06\,\%$$

a) Vervollständigen Sie die folgenden Vierfeldertafeln unter der Bedingung, dass A und B unabhängige Ereignisse sind.

I)

	A	$\overline{A}$	
B			0,4
$\overline{B}$			
	0,8		

II)

	A	$\overline{A}$	
B	$\frac{3}{5}$		
$\overline{B}$			
		$\frac{1}{10}$	

III)

	A	$\overline{A}$	
B	$\frac{1}{20}$		
$\overline{B}$			
	$\frac{1}{5}$		

b) Ein Fragebogen enthält die Zeilen

männlich	☐	weiblich	☐
Raucher	☐	Nichtraucher	☐

Von 200 befragten Personen waren 90 männlich (m), 80 waren Raucher (R). Es gab 36 männliche Raucher. Ist auf Grund der Umfrage zu schließen, dass Geschlecht und Rauchverhalten der befragten Personen unabhängig voneinander sind?

17.4 Bedingte Wahrscheinlichkeit

a) In einem Stadtteil sind 30 % der Einwohner über 70 Jahre alt, davon sind 40 % Männer. Unter den jüngeren Einwohnern (bis 70 Jahre) beträgt der Anteil der Männer 50 %. Wieviel Prozent der Männer sind höchstens 70 Jahre alt?

b) Eine Frauenzeitschrift machte eine Umfrage unter 250 Frauen. 65 Frauen waren über 40 Jahre alt. Insgesamt gaben 100 Frauen an, die Zeitschrift zu lesen. Unter den Leserinnen

waren 32 Frauen über 40 Jahre alt.
Wie groß war der Anteil der Leserinnen unter den über 40-jährigen?
Wie groß war der Anteil der Leserinnen unter den jüngeren Befragten (bis 40 Jahre)?
Welche Tendenz über das Alter der Leserinnen lässt sich erkennen?

c) In einer Stadt sind 20 % der Bevölkerung an Aids erkrankt. Von einem Aids-Test weiß man, dass er nicht ganz sicher ist. Es können zwei Fehler auftreten:
1. Bei 96 % der Erkrankten fällt der Test positiv aus, beim Rest wird die Krankheit nicht erkannt.
2. Bei 94 % der Gesunden fällt der Test negativ aus, beim Rest wird fälschlicherweise ein Aidsverdacht ausgesprochen.

I) Wie groß ist die Wahrscheinlichkeit, dass eine Person, bei der der Test positiv ausfällt, wirklich an Aids erkrankt ist?
Wie groß ist die Wahrscheinlichkeit, dass eine Person, bei der der Test negativ ausfällt, wirklich gesund ist?

II) Beantworten Sie die Fragen aus Aufgabe I), wenn der Anteil der Aidskranken in der Bevölkerung auf 50 % steigt.
Beschreiben Sie die Veränderung.

18 Kombinatorische Zählprobleme

Tipps ab Seite 123, Lösungen ab Seite 223

Bei mehrstufigen Zählproblemen werden die Baumdiagramme oft sehr unübersichtlich, so dass es einfacher ist, kombinatorische Methoden anzuwenden. Man unterscheidet *geordnete Stichproben* (sogenannte Variationen) von *ungeordneten Stichproben* (sogenannte Kombinationen); beide Stichprobenarten können *mit oder ohne Zurücklegen* durchgeführt werden.
Es ist hilfreich, die im Folgenden genannten Formeln zur Berechnung der «günstigen Fälle» auswendig zu können, da man dann mithilfe der Idee «Anzahl der günstigen Fälle geteilt durch Anzahl aller möglichen Fälle» oft schnell die gesuchte Wahrscheinlichkeit angeben kann (unter der Voraussetzung, dass Laplace-Bedingungen vorliegen).

Geordnete Stichproben mit Zurücklegen

Bei geordneten Stichproben (der Größe k) mit Zurücklegen gilt für die Anzahl der möglichen Ausfälle (bei einem Grundraum der Größe n): n^k
Beispiel:
Bei 5-maligem Ziehen mit Zurücklegen aus einer Urne mit 20 verschiedenen Kugeln gibt es insgesamt $20^5 = 3\,200\,000$ verschiedene Variationen.

Geordnete Stichproben ohne Zurücklegen

Bei geordneten Stichproben (der Größe k) ohne Zurücklegen gilt für die Anzahl der möglichen Ausfälle (bei einem Grundraum der Größe n):

$$n \cdot (n-1) \cdot (n-2) \cdot \ldots \cdot (n-k+1) = \frac{n \cdot (n-1) \cdot \ldots \cdot 1}{(n-k) \cdot (n-k-1) \cdot \ldots \cdot 1} = \frac{n!}{(n-k)!}$$

Dabei steht n! (sprich: *n-Fakultät*) für $n \cdot (n-1) \cdot (n-2) \cdot \ldots \cdot 1$, bzw. $1 \cdot 2 \cdot 3 \cdot \ldots \cdot (n-1) \cdot n$
Beispiel:
bei 5-maligem Ziehen ohne Zurücklegen aus einer Urne mit 20 verschiedenen Kugeln gibt es insgesamt $20 \cdot 19 \cdot \ldots \cdot 16 = 1\,860\,480$ verschiedene Variationen.

Ungeordnete Stichproben ohne Zurücklegen

Bei ungeordneten Stichproben (der Größe k) ohne Zurücklegen gilt für die Anzahl der möglichen Ausfälle (bei einem Grundraum der Größe n):

$$\binom{n}{k} = \frac{n!}{(n-k)! \cdot k!} = \frac{n \cdot (n-1) \cdot \ldots \cdot (n-k+1)}{k!}$$

Dabei ist $\binom{n}{k}$ ein sogenannter *Binomialkoeffizient.*

Beispiel: verschiedene Spielarten von Lotto, beispielsweise «3 aus 20»: Beim Ziehen von 3 Kugeln ohne Zurücklegen aus insgesamt 20 durchnummerierten Kugel gibt es

$$\binom{20}{3} = \frac{20 \cdot 19 \cdot 18}{3 \cdot 2 \cdot 1} = 1140$$

verschiedene Kombinationen.

18.1 Geordnete Stichproben mit Zurücklegen

a) Ein Kilometerzähler zeigt 4 Ziffern an. Wie groß ist die Wahrscheinlichkeit für folgende Ereignisse?
A: Alle Ziffern sind ungerade.
B: Es kommen nur die Ziffern 0 und 1 vor.
C: Die Zahl ist eine «Spiegelzahl», d.h. die erste und die letzte sowie die zweite und die dritte Ziffer sind gleich.

b) Zum Auffädeln einer Kette stehen rote, blaue und grüne Perlen zur Verfügung. Es werden 6 Perlen aufgefädelt.
Wie groß ist die Wahrscheinlichkeit für folgende Ereignisse, wenn die Farben zufällig gewählt werden?
A: Es kommt keine rote Perle vor.
B: Die ersten 3 Perlen sind grün.
C: Es kommen immer abwechselnd nur rote und grüne Perlen vor.

c) Aus schwarzen und weißen Mühlesteinen werden Türme gebaut, indem immer 8 Steine übereinander gestapelt werden. Wie groß ist die Wahrscheinlichkeit für folgende Ereignisse, wenn die Farbe jedesmal zufällig gewählt wird?
A: Alle Steine haben dieselbe Farbe.
B: Nur ein Stein ist weiß.
C: Der erste und der letzte Stein haben dieselbe Farbe.

d) In einer Urne sind 5 nummerierte Kugeln (von 1 bis 5). Man zieht dreimal nacheinander eine Kugel, notiert die Ziffer und legt sie zurück in die Urne. Die Ergebnisse sind dreistellige Zahlen.
Wie groß ist die Wahrscheinlichkeit folgender Ereignisse?
A: Die Zahl ist durch 5 teilbar.
B: Es kommen nur die Ziffern 1 und 5 vor.
C: Es kommt keine 1 vor.

e) Aus den Buchstaben des Wortes TIGER werden nacheinander mit Zurücklegen 4 Buchstaben gezogen und der Reihe nach notiert.
Wie groß ist die Wahrscheinlichkeit folgender Ereignisse?

A: Man erhält das Wort TEIG.

B: Man erhält das Wort TEER.

C: Man erhält eine Buchstabenkombination, die mit T beginnt.

D: Man erhält eine Buchstabenkombination die mit einem doppelten T endet.

E: T kommt genau dreimal vor.

F: Ein Buchstabe kommt dreimal, ein anderer einmal vor.

f) Aus den Buchstaben HANNA werden nacheinander mit Zurücklegen 3 Buchstaben gezogen und notiert.
Wie groß ist die Wahrscheinlichkeit folgender Ereignisse?

A: Es entsteht das Wort NAH.

B: Es entsteht das Wort AHA.

C: Man zieht dreimal H.

D: Man zieht dreimal N.

E: Man zieht kein H.

18.2 Geordnete Stichproben ohne Zurücklegen

a) In einer Urne sind 6 rote und 4 weiße Kugeln. Es werden nacheinander 5 Kugeln ohne Zurücklegen gezogen.
Wie groß ist die Wahrscheinlichkeit der folgenden Ereignisse?

A: Man zieht nur rote Kugeln.

B: Man zieht zuerst alle weißen, dann eine rote Kugel.

C: Die erste Kugel ist weiß.

D: Man zieht abwechselnd weiße und rote Kugeln.

b) Auf einer Geburtstagsfeier werden unter 10 Mädchen ein 1., ein 2. und ein 3. Preis verlost.
Wie groß ist die Wahrscheinlichkeit der folgenden Ereignisse?

A: Anja gewinnt den 1., Inge den 2. und Karin den 3. Preis.

B: Anja, Inge und Karin gewinnen je einen Preis.

C: Anja gewinnt keinen Preis.

D: Keines der drei Mädchen Anja, Inge und Karin gewinnt einen Preis.

c) Für eine Varietee-Veranstaltung stehen 5 Nummern zur Verfügung, darunter eine Jonglier-Nummer. Die Reihenfolge des Programms wird ausgelost.
Wie groß ist die Wahrscheinlichkeit folgender Ereignisse?

A: Die Jongliernummer steht an der 3. Stelle im Programm.

B: Die Jongliernummer steht nicht am Schluss.

d) Bei dem Spiel «Reise nach Jerusalem» scheidet in jeder Runde eine Person aus. Es nehmen 8 Personen teil. Bestimmen Sie die Wahrscheinlichkeit der folgenden Ereignisse:

A: Hans bleibt als letzter übrig.

B: Klaus und Peter bestreiten die letzte Runde.

e) Die Buchstaben des Wortes ANANAS werden geschüttelt und neu angeordnet.
Wie groß ist die Wahrscheinlichkeit der folgenden Ereignisse?
A: Es entsteht wieder das Wort ANANAS.
B: Die Buchstabenkombination beginnt mit AAA.
C: Es entsteht ein Wort mit dreifachem A direkt hintereinander.

18.3 Ungeordnete Stichproben ohne Zurücklegen

a) Beschreiben Sie, wie das Pascalsche Dreieck aufgebaut ist. Wie findet man $\binom{n}{k}$?

b) In einer Urne befinden sich 25 nummerierte Kugeln (Zahlen 1 bis 25). Es werden gleichzeitig 4 Kugeln aus der Urne gezogen.
Wie groß ist die Wahrscheinlichkeit für folgende Ereignisse?
A: Alle Zahlen sind durch 5 teilbar.
B: Alle Zahlen sind gerade.
C: Die Summe der vier Zahlen ist kleiner als 12.
D: Das Produkt der vier Zahlen ist 12.

c) In einer Urne sind 7 weiße, 5 schwarze und 3 rote Kugeln. Es werden 3 Kugeln gleichzeitig gezogen.
Wie groß ist die Wahrscheinlichkeit der folgenden Ereignisse?
A: Alle Kugeln sind weiß.
B: Alle Kugeln haben dieselbe Farbe.
C: Eine Kugel ist weiß, zwei sind schwarz.
D: Es ist keine rote Kugel dabei.
E: Von jeder Farbe ist eine Kugel dabei.
F: Es ist mindestens eine weiße Kugel dabei.

d) In einer Packung sind 10 Glühbirnen, davon sind zwei defekt.
Wie groß ist die Wahrscheinlichkeit für folgende Ereignisse, wenn drei Glühbirnen «blind» herausgegriffen werden?
A: Alle 3 Glühbirnen sind in Ordnung.
B: Genau eine Glühbirne ist defekt.
C: Genau 2 Glühbirnen sind defekt.

e) Wie groß ist die Wahrscheinlichkeit, beim Lotto 6 aus 49 mit einem Tipp genau 4 Richtige zu treffen?

f) Vier Paare wollen einen Ausflug machen. Es steht nur ein Auto mit 4 Plätzen zur Verfügung, die anderen müssen auf den Bus warten. Es wird ausgelost, wer mit dem Auto fahren darf.

I) Wie groß ist die Wahrscheinlichkeit, dass 2 Frauen und 2 Männer mit dem Auto fahren dürfen?

II) Wie groß ist die Wahrscheinlichkeit, dass die 4 Frauen mit dem Auto fahren?

III) Beim nächsten Mal haben die 4 Paare zwei Autos mit je 4 Plätzen zur Verfügung. Die Verteilung auf die Wagen wird wieder ausgelost.
Wie groß ist die Wahrscheinlichkeit, dass die vier Frauen in einem Auto fahren?

18.4 Vermischte Aufgaben

In der Stochastik gibt es für viele Aufgaben mehrere verschiedene Lösungswege. Die folgenden Aufgaben lassen sich u.a. mit Hilfe der in den vorangegangenen Abschnitten geübten Gedankengänge lösen.

a) 4 Freunde gehen ins Kino, sie haben in einer Reihe 4 nummerierte Plätze nebeneinander und verteilen die Karten zufällig.
Wie groß ist die Wahrscheinlichkeit der folgenden Ereignisse?
A: Horst sitzt zwischen 2 Freunden.
B: Horst und Peter sitzen außen.
C: Horst und Peter sitzen nebeneinander.

b) Für eine Prüfung werden 10 mögliche Themen vereinbart, 3 davon werden in der Prüfung abgefragt. Ein Prüfling lernt nur 6 der 10 Themen.
Wie groß ist die Wahrscheinlichkeit, dass keines (eines, zwei, alle drei) der Prüfungsthemen von ihm vorbereitet wurden?

c) Bei einem Multiple-Choice-Test gibt es 10 Fragen mit je drei möglichen Antworten, von denen jeweils genau eine richtig ist. Jemand kreuzt nach dem Zufallsprinzip bei jeder Frage eine Antwort an.
Wie groß ist die Wahrscheinlichkeit der folgenden Ereignisse?
A: Alle Antworten sind falsch.
B: Die ersten 5 sind richtig, die letzten 5 sind falsch angekreuzt.
C: Genau die Hälfte der Antworten sind richtig.
D: 4 Antworten sind richtig, 6 sind falsch.

d) In einer Ebene sind 6 Punkte markiert, von denen nie mehr als 2 auf einer Geraden und nie mehr als 3 auf einem Kreis liegen.

I) Wie viele Verbindungsgeraden lassen sich durch die 6 Punkte ziehen?

II) Wie viele Kreise lassen sich ziehen, die jeweils durch 3 der 6 Punkte gehen?

e) Wie groß ist die Wahrscheinlichkeit, dass unter 8 Personen mindestens 2 Personen im selben Monat Geburtstag haben? Nehmen Sie näherungsweise an, dass alle Monate gleich lang sind.

19 Wahrscheinlichkeitsverteilung von Zufallsgrößen

Tipps ab Seite 124, Lösungen ab Seite 229

In diesem Kapitel geht es um *Zufallsvariablen*. Bei Zufallsvariablen handelt es sich nicht wirklich um Variablen, sondern um Funktionen. Eine Zufallsvariable ordnet den konkreten Beobachtungen eines Zufallsexperiments Werte zu.

Beispiel:

Bei der Ziehung von 4 Kugeln aus einer Urne mit 15 grünen und 5 gelben Kugeln kann man X definieren als Zufallsvariable für die Anzahl der gezogenen gelben Kugeln. Für den Versuchsausgang $\omega = \{\text{grün; gelb; gelb; gelb}\}$ gilt dann $X(\omega) = 3$, weil gelb drei Mal gezogen wurde. Eine weitere Zufallsvariable Y kann beispielsweise definiert werden für die Anzahl der gezogenen grünen Kugeln. Es ist dann $Y(\omega) = 1$.

Der *Erwartungswert* einer Zufallsvariablen wird häufig für die Gewinnerwartung eines Spiels oder für die Beurteilung der «Fairness» eines Spiels herangezogen. Anschaulich ergibt sich der Erwartungswert einer Zufallsvariable X bei genügend häufiger Wiederholung eines Zufallsexperiments als Mittelwert der Realisierungen von X.

Kann eine Zufallsvariable X bei jeder Durchführung des Zufallsexperiments k verschiedene Werte $x_1; x_2; \ldots x_k$ annehmen und sind die zugehörigen Wahrscheinlichkeiten gerade $p_1; p_2; \ldots p_k$ (mit $\sum_{j=1}^{k} p_j = 1$), so ergibt sich als Erwartungswert von X:

$$E[X] = \sum_{j=1}^{k} x_j \cdot p_j$$

Beispiel:

Bei einem Spiel mit einem fairen Würfel erhält der Spieler die von ihm erwürfelte Augenzahl in Euro ausgezahlt. Der zu erwartende Gewinn beträgt mit X als Zufallsvariable für die Höhe des Gewinns:

$$E[X] = \sum_{j=1}^{6} j \cdot \frac{1}{6} = \frac{1}{6} + \frac{2}{6} + \ldots + \frac{6}{6} = \frac{7}{2}$$

Ein Spieler hat also mit einem durchschnittlichen Gewinn von 3,50 Euro zu rechnen. Soll das Spiel fair sein, so müsste der Einsatz des Spielers ebenfalls 3,50 Euro betragen. Zahlt er einen höheren Einsatz, so begünstigt das Spiel die Bank; zahlt er einen geringeren Einsatz, so wird der Spieler begünstigt.

Die *Varianz* und *Standardabweichung* einer Zufallsvariablen sind Maße für die Streuung der Zufallsvariablen, das heißt, Maße für die mittlere quadratische Abweichung der Zufallsvariablen von ihrem Erwartungswert. Ist μ der Erwartungswert der Zufallsvariable X, so gilt für die zugehörige Varianz:

$$\text{Var}(X) = V(X) = E\left[(X-\mu)^2\right]$$

Die Quadratwurzel der Varianz wird als Standardabweichung bezeichnet. Es ist:

$$\sigma(X) = \sqrt{V(X)} \text{ bzw. } \sigma^2(X) = V(X) = E\left[(X-\mu)^2\right]$$

Beispiel:
Bei einem Glücksspiel zieht ein Spieler pro Runde eine von insgesamt 30 Kugeln aus einer Urne. 18 dieser Kugeln sind mit dem Wert 1 , die übrigen 12 sind mit dem Wert -2 beschriftet. Im ersten Fall bekommt der Spieler einen Euro von der Bank; im zweiten Fall muss er zwei Euro an die Bank zahlen. Die Zufallsgröße X für den «Gewinn» des Spielers in einer gewissen Runde kann die Werte -1 und 2 annehmen. Es ist $\mathrm{P}(\mathrm{X}=1)=\frac{18}{30}=\frac{3}{5}$ und $\mathrm{P}(\mathrm{X}=-2)=\frac{12}{30}=\frac{2}{5}$.
Der Erwartungswert von X ist:

$$\mathrm{E}[\mathrm{X}]=1\cdot\frac{3}{5}-2\cdot\frac{2}{5}=-\frac{1}{5}$$

Das Spiel ist also nicht fair; die Bank wird bevorzugt, da der Spieler durchschnittlich 0,20 Euro pro Spiel verliert.
Für die zugehörige Varianz ergibt sich:

$$\begin{aligned}\mathrm{V}(\mathrm{X})&=\mathrm{E}\left[\left(\mathrm{X}-\left(-\frac{1}{5}\right)\right)^2\right]=\mathrm{E}\left[\left(\mathrm{X}+\frac{1}{5}\right)^2\right]\\&=\left(-1+\frac{1}{5}\right)^2\cdot\frac{3}{5}+\left(2+\frac{1}{5}\right)^2\cdot\frac{2}{5}\\&=\frac{16}{25}\cdot\frac{3}{5}+\frac{121}{25}\cdot\frac{2}{5}=\frac{290}{125}=\frac{58}{5}\end{aligned}$$

Die Varianz von X beträgt demnach $\mathrm{V}(\mathrm{X})=11,6$. Als Standardabweichung von X erhält man damit direkt:

$$\sigma(\mathrm{X})=\sqrt{\mathrm{V}(\mathrm{X})}=\sqrt{11,6}\approx 3,406$$

19.1 Erwartungswert

a) Aus einer Urne mit 2 weißen und 8 roten Kugeln werden nacheinander ohne Zurücklegen so lange einzelne Kugeln entnommen, bis die erste rote Kugel auftritt.
Wie oft muss man durchschnittlich ziehen?

b) Es wird folgendes Spiel vereinbart: Zwei Würfel werden gleichzeitig geworfen und ihre Augensumme betrachtet. Beträgt sie 2, werden 4 Euro ausgezahlt, beträgt sie 3 oder 4, wird 1 Euro ausgezahlt, in allen anderen Fällen erfolgt keine Auszahlung. Wie viel Geld wird durchschnittlich ausgezahlt?

c) In einer Schachtel sind sechs 50-Cent-Münzen, drei 1-Euro-Münzen und eine 2-Euro-Münze.

I) Es wird blindlings eine Münze entnommen. Mit wieviel Geld kann man durchschnittlich rechnen?

II) Es werden blindlings zwei Münzen entnommen. Wieviel Geld erhält man jetzt im Durchschnitt?

d) In einer Urne sind 6 schwarze und 4 weiße Kugeln. Es werden 3 Kugeln auf einmal entnommen. Für jede schwarze Kugel erhält man einen Punkt, für jede weiße zwei Punkte. Wieviele Punkte erhält man durchschnittlich?

19.2 Varianz und Standardabweichung

a) I) In einer Urne sind 10 Kugeln: 1 weiße, 1 rote und 8 schwarze. Es wird eine Kugel gezogen. Bei «weiß» erhält man 4 Euro, bei «rot» 8 Euro und bei «schwarz» nichts. Bestimmen Sie den Erwartungswert, die Varianz und die Standardabweichung für den Gewinn.

II) In einer anderen Urne sind ebenfalls 10 Kugeln: 4 weiße, 4 rote und 2 schwarze. Es wird eine Kugel gezogen. Diesmal erhält man bei «weiß» 1 Euro, bei «rot» 2 Euro und bei «schwarz» wieder nichts.
Bestimmen Sie ebenfalls den Erwartungswert, die Varianz und die Standardabweichung für den Gewinn.

III) Vergleichen Sie die beiden Spiele in Bezug auf Erwartungswert und Standardabweichung und geben Sie eine anschauliche Erklärung. Welches Spiel würden Sie aus welchen Gründen bevorzugen?

b) In einer Klasse mit 30 Schülern wurden zwei Klassenarbeiten mit folgenden Ergebnissen geschrieben:

I)

Note	1	2	3	4	5	6
Anzahl	3	7	11	6	2	1

II)

Note	1	2	3	4	5	6
Anzahl	5	8	5	8	2	2

Bestimmen Sie jeweils den Notendurchschnitt und die Standardabweichung.

20 Binomialverteilung

Tipps ab Seite 125, Lösungen ab Seite 233

Eine *Wahrscheinlichkeitsverteilung* gibt an, mit welchen Wahrscheinlichkeiten eine Zufallsvariable die möglichen Werte annimmt. In diesem Kapitel geht es um eine sehr häufige Wahrscheinlichkeitsverteilung, die sogenannte *Binomialverteilung*. Immer dann, wenn das einer Zufallsvariable zugrunde liegende Zufallsexperiment eine *Bernoullikette* ist, liegt eine Binomialverteilung vor.

Ein *Bernoulliexperiment* ist ein Zufallsexperiment, das genau zwei mögliche Ausgänge hat (bspw. Münzwurf mit Ausgängen «Kopf» und «Zahl», Wurf eines Würfels mit Ausgängen «Zahl gerade» und «Zahl ungerade» oder «1» und «Zahl größer als 1») .

Bernoulliketten sind Versuchsreihen, bei denen jeder Versuch ein Bernoulliexperiment ist, also genau zwei mögliche Ausgänge hat (bspw. mehrmaliger Münzwurf). Bernoulliketten sind charakterisiert durch ihre *Länge* n («Anzahl der Versuche/Beobachtungen») und durch die sogenannte *Trefferwahrscheinlichkeit* p. Ist X Zufallsvariable für die «Anzahl der Treffer» in insgesamt n Bernoulliversuchen und ist «$X_i = 1$» gleichbedeutend mit «Treffer im i-ten Versuch» und «$X_i = 0$» gleichbedeutend mit «kein Treffer im i-ten Versuch», $1 \leqslant i \leqslant n$, so gilt für die Wahrscheinlichkeit, genau k, $0 \leqslant k \leqslant n$, Treffer zu erzielen:

$$P(X = k) = P\left(\sum_{i=1}^{n} X_i = k\right) = \binom{n}{k} \cdot p^k \cdot (1-p)^{n-k}$$

Beispiel:

Die Wahrscheinlichkeit, dass eine bestimmte Person in einem gewissen Jahr an einem Wochenende Geburtstag hat, liegt bei $\frac{2}{7}$. Es halten sich 12 Personen in einem Raum auf. Die Wahrscheinlichkeit dafür, dass genau die Hälfte der Personen im kommenden Jahr an einem Wochenende Geburtstag haben, bestimmt man folgendermaßen:

Man stellt sich die «Befragung» der 12 Personen als Bernoullikette der Länge $n = 12$ vor, denn jede Einzelbefragung nach dem Wochentag erlaubt die beiden Ausgänge «Wochenende» (Treffer, $X_i = 1$, $1 \leqslant i \leqslant 12$) und «nicht Wochenende» (kein Treffer, $X_i = 0$, $1 \leqslant i \leqslant 12$). X ist dabei Zufallsvariable für die Anzahl derjenigen unter den Anwesenden, welche im kommenden Jahr an einem Samstag oder Sonntag Geburtstag haben. Gesucht ist also $P(X = 6)$. Es ist:

$$P(X = 6) = P\left(\sum_{i=1}^{12} X_i = 6\right) = \binom{12}{6} \cdot \left(\frac{2}{7}\right)^6 \cdot \left(\frac{5}{7}\right)^6 \approx 0{,}503$$

Mit einer Wahrscheinlichkeit von etwas mehr als 50 % tritt also das Ereignis ein, dass genau 6 der 12 Anwesenden im nächsten Jahr an einem Wochenende Geburtstag haben werden.

Oft ist von Interesse, mit welcher Wahrscheinlichkeit eine Zufallsvariable einen Wert kleiner oder größer als ein vorgegebenes k erzielt. Dafür müssen die einzelnen Wahrscheinlichkeiten addiert werden:

$$P(X \leqslant k) = \sum_{j=1}^{k} \binom{n}{j} \cdot p^j \cdot (1-p)^{n-j}$$

bzw.

$$P(X > k) = 1 - P(X \leqslant k) = 1 - \sum_{j=1}^{k} \binom{n}{j} \cdot p^j \cdot (1-p)^{n-j}$$

Beispiel:
Betrachtet man im obigen Beispiel den Fall, dass höchstens 2 der 12 Anwesenden im kommenden Jahr an einem Samstag oder Sonntag Geburtstag haben, so erhält man als zugehörige Wahrscheinlichkeit:

$$\begin{aligned} P(X \leqslant 2) &= \sum_{j=0}^{2} \binom{12}{j} \cdot \left(\frac{2}{7}\right)^{j} \cdot \left(\frac{5}{7}\right)^{12-j} \\ &= \underbrace{\binom{12}{0} \cdot \left(\frac{2}{7}\right)^{0} \cdot \left(\frac{5}{7}\right)^{12}}_{\text{0 Personen}} + \underbrace{\binom{12}{1} \cdot \left(\frac{2}{7}\right)^{1} \cdot \left(\frac{5}{7}\right)^{11}}_{\text{1 Person}} + \underbrace{\binom{12}{2} \cdot \left(\frac{2}{7}\right)^{2} \cdot \left(\frac{5}{7}\right)^{10}}_{\text{2 Personen}} \\ &\approx 0{,}018 + 0{,}085 + 0{,}186 = 0{,}289 \end{aligned}$$

Um die Werte der Binomialverteilung zu bestimmen, hat man prinzipiell zwei Möglichkeiten: entweder man verwendet den GTR/CAS, oder man schaut den entsprechenden Wert in der Tabelle zur Normalverteilung bzw. zur zugehörigen Summenfunktion auf Seite 247 nach.
Für den *Erwartungswert einer binomialverteilten Zufallsvariable* gilt:

$$E[X] = n \cdot p$$

Für die zu einer *binomialverteilten Zufallsvariable* gehörigen *Varianz* gilt:

$$V(X) = n \cdot p \cdot (1-p)$$

20.1 Bernoulliketten

a) Erklären Sie die Begriffe Bernoulli-Experiment, Trefferwahrscheinlichkeit, Bernoullikette und Länge einer Bernoullikette.

b) Bei welchen der folgenden Zufallsexperimente handelt es sich um Bernoulliketten? Geben Sie, wenn möglich, die Trefferwahrscheinlichkeit p und die Länge n der Bernoullikette an.

   I) Ein Würfel wird dreimal geworfen und die Anzahl der Sechsen notiert.

   II) Ein Würfel wird dreimal geworfen und die Augensumme notiert.

   III) Aus einer Urne mit 3 weißen und 7 roten Kugeln wird so lange ohne Zurücklegen eine Kugel gezogen, bis die erste rote Kugel erscheint.

   IV) Aus einer Urne mit 3 weißen und 7 roten Kugeln wird 4-mal mit Zurücklegen jeweils eine Kugel gezogen.

V) Bei einem Glücksrad erscheint in 50 % der Fälle eine «1», in jeweils 25 % der Fälle eine «2» bzw. «3». Das Rad wird viermal gedreht und die Ziffern notiert.

VI) Das Glücksrad aus Aufgabe V) wird achtmal gedreht. Jedes Mal, wenn die «3» erscheint, erhält man 10 Cent.

VII) Das Glücksrad aus Aufgabe V) wird so oft gedreht, bis die «3» erscheint, höchstens jedoch fünfmal.

20.2 Binomialverteilung mit Gebrauch der Formel (Taschenrechner)

Tipp: $\lg(a^n) = n \cdot \lg(a)$ $\quad P(X > k) = 1 - P(X \leqslant k)$

a) Eine Münze wird fünfmal geworfen. Wie groß ist die Wahrscheinlichkeit folgender Ereignisse?

A: Es tritt zweimal Zahl auf.

B: Es tritt nur Wappen auf.

C: Es tritt höchstens einmal Zahl auf.

D: Es tritt mindestens einmal Zahl auf.

b) Ein Glücksrad hat 3 gleich große Sektoren mit den Symbolen Kreis, Kreuz und Stern. Es wird viermal gedreht. Wie groß ist die Wahrscheinlichkeit folgender Ereignisse?

A: Es tritt dreimal Stern auf.

B: Es tritt mindestens dreimal Stern auf.

C: Es tritt höchtens einmal Stern auf.

c) Von einer großen Ladung Apfelsinen sind 20 % verdorben. Es werden 5 Stück entnommen. Wie groß ist die Wahrscheinlichkeit für folgende Ereignisse?

A: Eine Apfelsine ist verdorben.

B: Alle Apfelsinen sind in Ordnung.

C: Mindestens 2 Apfelsinen sind verdorben.

d) Die Wahrscheinlichkeit für die Geburt eines Mädchens beträgt 0,49, für die Geburt eines Jungen 0,51. Wie groß ist die Wahrscheinlichkeit, dass in einer Familie mit 4 Kindern

A: genau 2 Mädchen sind?

B: höchstens 3 Mädchen sind?

e) Wie oft muss man eine Münze werfen, um mit einer Wahrscheinlichkeit von 99 % (oder mehr) mindestens einmal «Wappen» zu erhalten?

f) Wie oft muss man würfeln, um mit einer Wahrscheinlichkeit von 90 % (oder mehr) mindestens eine «Sechs» zu bekommen?

20.3 Binomialverteilung mit Gebrauch der Tabelle

Tipp: $P(X < k) = P(X \leqslant k-1)$
$P(X > k) = 1 - P(X \leqslant k)$
$P(X = k) = P(X \leqslant k) - P(X \leqslant k-1)$

Für die Aufgaben in diesem Kapitel wird die Tabelle auf Seite 247 benötigt. Sie gibt für verschiedene Werte von n, p und k die Wahrscheinlichkeiten für $P(X \leqslant k)$ an.

a) Bestimmen Sie für $n = 20$ und $p = \frac{1}{3}$ die folgenden Wahrscheinlichkeiten:
$P(X \leqslant 5)$ $P(4 \leqslant X \leqslant 10)$ $P(X \geqslant 3)$
$P(X > 6)$ $P(X < 10)$

b) Bestimmen Sie für $n = 100$ und $p = 0,4$ die folgenden Wahrscheinlichkeiten:
$P(X \leqslant 40)$ $P(X = 40)$ $P(X < 30)$
$P(X \geqslant 50)$ $P(X > 45)$ $P(35 \leqslant X \leqslant 45)$

c) Ein Würfel wird 50-mal geworfen. Wie groß ist die Wahrscheinlichkeit für folgende Ereignisse?
A: Man wirft höchstens 10 «Sechsen».
B: Man wirft mindestens 10 «Sechsen».
C: Man wirft genau 10 «Sechsen».
D: Die Anzahl der «Sechsen» liegt zwischen 5 und 11 einschließlich.
E: Man wirft mehr als 3 und weniger als 14 «Sechsen».
F: Die Augenzahl ist in weniger als 20 Fällen gerade.
G: Die Augenzahl ist in mehr als 25 Fällen gerade.
H: Es treten mehr als 20 und weniger als 30 gerade Augenzahlen auf.

d) Bestimmen Sie für $n = 50$ und $p = 0,7$ folgende Wahrscheinlichkeiten:
$P(X \leqslant 40)$ $P(X > 36)$ $P(32 \leqslant X \leqslant 38)$
$P(X = 35)$ $P(X < 30)$

e) Jemand kauft 20 Blumenzwiebeln einer Sorte, bei der erfahrungsgemäß 90 % der Zwiebeln keimen. Wie groß ist die Wahrscheinlichkeit, dass von den 20 Zwiebeln
A: mindestens 16 keimen?
B: mindestens 18 keimen?
C: alle keimen?

f) Eine Volleyballmannschaft hat in der letzten Saison von 21 Spielen 7 gewonnen. Wie groß ist die Wahrscheinlichkeit, dass sie in der nächsten Saison von 20 Spielen
A: genau 7 gewinnt?
B: mehr als 7 gewinnt?
C: mehr als die Hälfte gewinnt?

20.4 Erwartungswert und Standardabweichung

a) Ein Händler behauptet, dass höchstens 4 % der von ihm gelieferten Glühbirnen defekt sind. Wie viele defekte Glühbirnen kann man bei einer Entnahme von 150 Glühbirnen durchschnittlich erwarten?
Bestimmen Sie die zugehörige Standardabweichung.

b) Die Zufallsgröße X sei binomialverteilt. Bestimmen Sie jeweils den Erwartungswert und die Standardabweichung von X.

I) $n = 80,\ p = 0,3$
II) $n = 50,\ p = 0,4$
III) $n = 20,\ p = 0,6$

c) Von einer großen Ladung Tomaten sind 20 % verdorben. Wie viele verdorbene Tomaten kann man bei einer Entnahme von 30 kg erwarten? Bestimmen Sie die zugehörige Standardabweichung.

d) Bei der Herstellung von Spielzeugautos gibt es durchschnittlich bei 8 % der Autos Mängel. An einem Tag werden 2300 Autos hergestellt. Mit wie vielen mängelbehafteten Autos ist zu rechnen? Wie groß ist die zugehörige Standardabweichung?

21 Alternative 1: Hypothesentests

Tipps ab Seite 126, Lösungen ab Seite 237

Beim Testen geht es darum, anhand vorliegender Daten eine *begründete* Entscheidung für oder gegen die Gültigkeit einer (Null-)Hypothese zu treffen. Die *Nullhypothese* bezieht sich normalerweise auf den «status quo»; wird sie abgelehnt, so wird die sogenannte «*Alternative*» angenommen. Da die Daten hierbei immer in Form von Realisationen von Zufallsvariablen vorliegen, lässt sich niemals mit absoluter Wahrscheinlichkeit sagen, dass die Entscheidung richtig ist. Um die Wahrscheinlichkeit einer Fehlentscheidung zu kontrollieren und möglichst gering zu halten, orientiert man sich am sogenannten *Signifikanzniveau* α. Standardmäßig wählt man $\alpha = 5\,\%$; es kann manchmal aber auch $\alpha = 2\,\%$ oder sogar $\alpha = 1\,\%$ gewählt werden.
Diejenigen Daten, welche zur Annahme der Nullhypothese führen, werden als Annahmebereich A bezeichnet; das Komplement dazu, der Ablehnungsbereich, mit $\overline{\text{A}}$.
Ein *Fehler 1. Art* liegt vor, wenn die Nullyhypothese fälschlicherweise abgelehnt wird: die Nullhypothese wird verworfen, obwohl sie wahr ist. Von einem *Fehler 2. Art* spricht man, wenn die Nullhypothese fälschlicherweise angenommen wird: die Nullhypothese wird angenommen, obwohl sie falsch ist.
Die Wahrscheinlichkeit für einen Fehler 1. Art wird als *Signifikanzniveau* oder *Irrtumswahrscheinlichkeit* bezeichnet und soll normalerweise höchstens $5\,\%$ betragen. Damit kann in vielen Aufgaben der Annahmebereich A bestimmt werden.
Man unterscheidet beim Hypothesentest folgende Typen: Bei einem *rechtsseitigen Hypothesentest* besteht der Ablehnungsbereich aus Werten, die größer sind als die zum Annahmebereich gehörigen. Beim *linksseitigen Hypothesentest* ist das Gegenteil der Fall: Die Werte des Ablehnungsbereichs liegen hier auf dem Zahlenstrahl «links» von den Werten des Annahmbereichs, sind also kleiner. Ein *zweiseitiger Test* hat einen zweiteiligen Ablehnungsbereich: er liegt in diesem Fall sowohl «links» als auch «rechts» des Annahmebereichs. Diese beiden Teile werden so bestimmt, dass die Irrtumswahrscheinlichkeit für jeden der Teile höchstens $\frac{\alpha}{2}$ beträgt.
Es werden hier nur Hypothesentests behandelt, die auf einer binomialverteilten Zufallsvariable basieren. Die Aufgaben sind im Allgemeinen mithilfe der Tabelle zur Binomialverteilung auf Seite 247 zu lösen.

21.1 Grundbegriffe, Fehler 1. und 2. Art

a) Ein Würfel soll getestet werden. Man nimmt an, dass die Wahrscheinlichkeit für eine «Sechs» wie üblich $\frac{1}{6}$ beträgt. Um die Annahme zu testen, wird er 60-mal geworfen. Kommt dabei mindestens 8-mal und höchstens 12-mal eine «Sechs» vor, geht man davon aus, dass der Würfel in Ordnung ist.
Wie lautet bei diesem Test die Nullhypothese?
Schreiben Sie den Annahmebereich A und den Ablehnungsbereich $\overline{\text{A}}$ als Menge auf.

Obwohl der Würfel in Ordnung ist (er wurde vorher genau untersucht), fällt bei obigem Test nur 7-mal eine Sechs. Welche Art von Fehler begeht man in diesem Fall?
Erläutern Sie den Begriff Irrtumswahrscheinlichkeit am vorliegenden Test.

b) Ein Händler garantiert, dass höchstens 5 % der gelieferten Äpfel nicht einwandfrei sind. Ein Käufer will die Aussage überprüfen, indem er eine Stichprobe von 50 Äpfeln entnimmt.
Wie lautet die Nullhypothese (Aussage des Händlers) in diesem Fall formal?
Geben Sie einen möglichen Annahme- und Ablehnungsbereich an.
Handelt es sich um einen rechts-, links- oder zweiseitigen Test?
Wie verändert sich die Wahrscheinlichkeit für einen Fehler 1. Art bzw. 2. Art, wenn Sie den Annahmebereich vergrößern?

21.2 Einseitiger Test

Bei einseitigen Tests besteht der Ablehnungsbereich nur aus besonders großen Werten (rechtsseitiger Test) oder besonders kleinen Werten (linksseitiger Test).

a) I) Für H_0: $p \leqslant 0,4$ und $n = 100$ wird $\overline{A} = \{50, ..., 100\}$ festgelegt. Wie groß ist α?
Wie groß wird α,wenn man zu $\overline{A}$ noch die Zahl 49 hinzunimmt?

II) Für H_0: $p \geqslant 0,8$ und $n = 100$ wird als Annahmebereich $A = \{75, ..., 100\}$ gewählt.
Bestimmen Sie α.

b) I) Bestimmen Sie für H_0: $p \leqslant 0,1$ und $n = 100$ den Ablehnungsbereich für
$\alpha = 5\%$, $\alpha = 2\,\%$ und $\alpha = 1\,\%$.

II) Bestimmen Sie für H_0: $p \geqslant 0,3$ und $n = 50$ den Ablehnungsbereich für
$\alpha = 5\,\%$, $\alpha = 2\,\%$ und $\alpha = 1\,\%$.

c) Ein Chiphersteller garantiert, dass der Anteil an Ausschuss höchstens 4 % beträgt. Ein Käufer findet unter 100 Chips 9 defekte Chips. Kann man hieraus mit einer Irrtumswahrscheinlichkeit von 5 % schließen, dass der Anteil an Ausschuss größer als 4 % ist?

d) Eine Partei hat bei der letzten Wahl 30 % der abgegebenen Stimmen erhalten. Um zu überprüfen, ob sie bei der nächsten Wahl mit mindestens 30 % der Stimmen rechnen kann, werden 100 Personen befragt. Es geben nur 25 Personen an, die Partei wählen zu wollen. Kann man mit einer Irrtumswahrscheinlichkeit von 5 % darauf schließen, dass der Stimmenanteil unter 30 % gesunken ist?

e) Ein Großhändler garantiert einem Kunden, dass höchstens 4 % der gelieferten Glühbirnen defekt sind. Der Kunde nimmt eine Stichprobe von 50 Birnen. Er schickt die Lieferung zurück, wenn mehr als 4 Birnen defekt sind.
Wie groß ist die Wahrscheinlichkeit, dass er die Lieferung irrtümlich ablehnt?
Wie muss man den Ablehnungsbereich wählen, wenn die Irrtumswahrscheinlichkeit 2 % betragen soll?

21.3 Zweiseitiger Test

Bei einem zweiseitigen Test besteht der Ablehnungsbereich aus einem oberen und einem unteren Teil. Sie werden so bestimmt, dass die Irrtumswahrscheinlichkeit für jeden einzelnen Teil höchstens $\frac{\alpha}{2}$ beträgt.

a) I) Für H_0: $p = \frac{1}{2}$ und $n = 20$ wird $A = \{8, ..., 12\}$ festgelegt. Wie groß ist α?

II) Für H_0: $p = \frac{1}{6}$ und $n = 50$ wird $A = \{4, ..., 13\}$ festgelegt. Wie groß ist α?

b) Bestimmen Sie für H_0: $p = \frac{1}{3}$ und $n = 100$ den Annahme- und Ablehnungsbereich für $\alpha = 5\,\%$, $\alpha = 2\,\%$ und $\alpha = 1\,\%$.

c) Eine Münze wird 50-mal geworfen, dabei tritt 30-mal «Zahl» auf. Kann man mit einer Irrtumswahrscheinlichkeit von 5 % darauf schließen, dass die Münze nicht ideal ist?

d) An einem Glücksspielautomaten gewinnt man angeblich in 20 % der Spiele.
Wie muss man bei einer Überprüfung von 100 Spielen den Annahme- und Ablehnungsbereich wählen, um bei einer Beanstandung eine Irrtumswahrscheinlichkeit von 2 % zu haben?

e) Der Bekanntheitsgrad einer Popgruppe unter Jugendlichen lag bisher bei 60 %. Nun soll durch Befragen von 100 Jugendlichen festgestellt werden, ob er gleich geblieben ist. Man geht davon aus, dass er immer noch 60 % beträgt, wenn mehr als 52 und weniger als 68 die Gruppe kennen.

I) Wie groß ist die Wahrscheinlichkeit, dass man fälschlicherweise von einer Veränderung ausgeht?

II) Wie muss $\overline{A}$ gewählt werden, damit die Irrtumswahrscheinlichkeit 5 % beträgt?

22 Alternative 2: Schätzen von Parametern

Tipps ab Seite 127, Lösungen ab Seite 241

In einigen Situationen ist die Wahrscheinlichkeit p für das Eintreten eines Ereignisses nicht bekannt. Anhand einer Stichprobe (Beobachtungen eines Zufallsexperiments) soll nun geschätzt werden, was ein möglichst guter Wert für das «wahre» Maß p ist.
Für eine binomialverteilte Zufallsvariable mit unbekannter Trefferwahrscheinlichkeit p ist ein einfacher solcher *Schätzer* die relative Häufigkeit der Treffer in der beobachteten Stichprobe.
Beispiel: Bei einer Meinungsumfrage zum Thema Energie haben von 400 Befragten 80 angegeben, dass sie nur regenerative Ressourcen nutzen. Als Näherungswert $\overline{p}$ für den unbekannten Anteil derjenigen, die völlig auf regenerative Energieformen umgestiegen sind, kann man mithilfe dieser Beobachtung angeben: $\overline{p} \approx \frac{80}{400} = 0,2$.
Um die Güte einer solchen Schätzung bewerten zu können, bestimmt man sogenannte *Vertrauens- oder Konfidenzintervalle*. Ein solches Intervall wird so gewählt, dass es mit einer sehr großen Wahrscheinlichkeit – meist wählt man 95 % – das unbekannte p «überdeckt».
Man stellt dann als Bedingung für das Konfidenzintervall $[z_1; z_2]$ auf:

$$P(z_1 \leqslant \overline{p} \leqslant z_2) \geqslant 0,95$$

Dabei ist es sinnvoll, dass Vertrauensintervall symmetrisch um den Erwartungswert zu wählen und das Intervall außerdem durch die Standardabweichung abzuschätzen. Deshalb wählt man häufig $z_1 = E[X] - c \cdot \sigma$ bzw. $z_2 = E[X] + c \cdot \sigma$, mit einem Faktor c, der von der gewünschten Wahrscheinlichkeit (z.B. 95 %, siehe oben) abhängt.

Mithilfe eines Rechners kann man unter der Voraussetzung, dass die zugehörige Standardabweichung $\sigma \geqslant 3$ ist («*Laplace-Bedingung*»), für eine mit den Parametern n und p binomialverteilte Zufallsvariable X folgende Faustregel angeben:

$$E[X] - c \cdot \sigma \leqslant X \leqslant E[X] + c \cdot \sigma$$

ist erfüllt mit ca. 68 % für $c = 1$, mit ca. 95 % für $c = 1,96$, mit ca. 95,5 % für $c = 2$ und mit ca. 99,7 % für $c = 3$..

Ersetzt man in der Ungleichung den Erwartungswert E[X] durch $n \cdot p$ und die Standardabweichung σ durch $\sqrt{n \cdot p \cdot (1-p)}$, so erhält man:

$$n \cdot p - c \cdot \sqrt{p \cdot (1-p)} \leqslant X \leqslant n \cdot p + c \cdot \sqrt{p \cdot (1-p)}$$

Man dividiert durch n und berücksichtigt, dass $\frac{X}{n} = h_n$ gerade die relative Häufigkeit angibt:

$$p - c \cdot \sqrt{\frac{p \cdot (1-p)}{n}} \leqslant h_n \leqslant p + c \cdot \sqrt{\frac{p \cdot (1-p)}{n}}$$

Es ist p die unbekannte Wahrscheinlichkeit, h_n die relative Häufigkeit und c der Faktor, der angibt, wie breit das Konfidenzintervall sein soll. Typischerweise wird mit $c = 1,96$ gerechnet; dieser

Faktor bedeutet, dass das Konfidenzintervall das unbekannte p mit einer Wahrscheinlichkeit von 95 % überdeckt (siehe oben).

Stellt man die Ungleichungen um, folgt daraus:

$$|h_n - p| \leqslant c \cdot \sqrt{\frac{p \cdot (1-p)}{n}}$$

Die Ungleichung kann durch Quadrieren gelöst werden (da beide Seiten positiv sind). Es ergibt sich dabei eine quadratische Ungleichung. Die Lösungsmenge dieser quadratischen Ungleichung für p ist das Konfidenzintervall $[z_1; z_2]$.

Leichter geht es, die Ungleichung mit einem GTR oder einem CAS zu lösen.

Da die Bestimmung nach dieser Methode oft aufwändig ist, wird häufig eine Näherungslösung verwendet, bei der unter der Wurzel statt p die relative Häufigkeit h_n benutzt wird. Diese liefert gute Werte, wenn entweder n sehr groß oder $0,3 \leqslant p \leqslant 0,7$ ist. Damit ist:

$$p - c \cdot \sqrt{\frac{h_n \cdot (1-h_n)}{n}} \leqslant h_n \leqslant p + c \cdot \sqrt{\frac{p \cdot (1-h_n)}{n}}$$

bzw. das Konfidenzintervall hat dann folgende Gestalt:

$$I = \left[h_n - c \cdot \sqrt{\frac{h_n \cdot (1-h_n)}{n}}; h_n + c \cdot \sqrt{\frac{p \cdot (1-h_n)}{n}} \right]$$

Aufgaben:

a) Bei einer Wahlumfrage mit Stichprobengröße $n = 500$ geben 270 der Befragten an, für Kandidat A stimmen zu wollen.

   I) Bestimmen Sie die relative Häufigkeit der potentiellen Wähler von Kandidat A in der Stichprobe als Näherungswert für die Wahrscheinlichkeit p, dass eine zufällig ausgewählte Person Wähler von A ist.

   II) Bestimmen Sie das 95 %-Vertrauensintervall dafür, dass Kandidat A die Wahl gewinnt.

   III) Kann man mit 95 %-iger Sicherheit davon ausgehen, dass Kandidat A die Wahl gewinnen wird?

b) Bei einer Meinungsumfrage einer Firma zum Kauf eines Mobiltelefons haben von 200 Befragten 76 angegeben, ein Gerät dieser Firma zu besitzen. Verwenden Sie zur Berechnung der Vertrauensintvervalle die Näherungslösung.

   I) Berechnen Sie das 95 %-Vertrauensintervall für den unbekannten Verbreitungsgrad p der Mobiltelefone.

   II) Wie ändert sich das Vertrauensintervall, wenn die Stichprobengröße auf 500 bzw. auf 1000 Befragte erhöht wird (die relative Häufigkeit bleibe gleich)?

III) Erläutern Sie diese Änderung des Vertrauensintervalls im Sachzusammenhang.

c) Ein Radiosender möchte wissen, wieviele Hörer eine bestimmte Sendung gehört haben. Er lässt 300 Hörer befragen, von denen 37 % angeben, die Sendung gehört zu haben. Im Sendegebiet gibt es insgesamt 1,3 Mio. Zuhörer. Wieviele Hörer hatte die Sendung mit 95 %-iger Wahrscheinlichkeit minimal bzw. maximal? Benutzen Sie für die Berechnung der Vertrauensintervalle die Näherungslösung.

d) Um die Gesamtanzahl der Karpfen in einem Teich zu schätzen, werden 300 Karpfen gefangen, markiert und wieder ausgesetzt. Zwei Tage später werden 200 Karpfen gefangen, unter denen sich 64 markierte befinden. Wie groß ist die gesamte Karpfenpopulation, wenn man aufgrund der Stichprobe eine Aussage auf einem Sicherheitsniveau von 95 % treffen will? Benutzen Sie für die Berechnung der Vertrauensintervalle die Näherungslösung.

e) Eine Fluglinie hat täglich 2000 Sitzplätze in ihren Flugzeugen zu vergeben. Erfahrungsgemäß nehmen 90 % der Fluggäste mit Ticket ihren gebuchten Sitzplatz tatsächlich in Anspruch.

   I) Wieviele Überbuchungen kann die Fluglinie vornehmen, wenn sie ihren Kunden die Plätze mit einer Sicherheit von 95 % garantiert?

   II) Bewerten Sie die Genauigkeit dieser Berechnung.

   III) Um die Kundenzufriedenheit zu verbessern, will die Fluglinie die Sicherheit auf 99 % erhöhen. Wieviele Plätze dürfen dann noch zusätzlich zu den 2000 tatsächlich vorhandenen vergeben werden?

Tipps

Analysis

1 Von der Gleichung zur Kurve

1.1 Ganzrationale Funktionen

Den Schnittpunkt mit der y-Achse erhalten Sie durch Einsetzen von $x = 0$ in $f(x)$, die Schnittpunkte mit der x-Achse erhalten Sie durch Lösen der Gleichung $f(x) = 0$.
Zuerst wird gespiegelt und gestreckt, anschließend verschoben (Reihenfolge beachten!).

a) - c) Die Graphen sind Geraden. Hat eine Gerade die Gleichung $y = mx + b$, so ist b der y-Achsenabschnitt und m die Steigung der Geraden.

d) - i) Die Graphen sind Variationen der Graphen der beiden Grundfunktionen $f(x) = x^2$ (Parabel) oder $g(x) = x^3$ (kubische Parabel).

Ist $f(x) = a(x-b)^2 + c$ bzw. $g(x) = a(x-b)^3 + c$, so gibt es folgende Verwandlungen:
a: Streckfaktor in y-Richtung; $a < 0$: zusätzlich Spiegelung an der x-Achse.
$b > 0$ bzw. $b < 0$: Verschiebung nach rechts bzw. links.
$c > 0$ bzw. $c < 0$: Verschiebung nach oben bzw. unten.

1.2 Exponentialfunktionen

Zur Bestimmung der Asymptoten betrachten Sie $f(x)$ für $x \longrightarrow \pm\infty$.
Die Graphen sind Variationen der Grundfunktionen $f(x) = e^x$ bzw. $g(x) = e^{-x}$.
Ist $f(x) = a \cdot e^{x-b} + c$ bzw. $g(x) = a \cdot e^{-(x-b)} + c$, so gibt es folgende Verwandlungen:
a: Streckfaktor in y-Richtung; $a < 0$: zusätzlich Spiegelung an der x-Achse.
$b > 0$ bzw. $b < 0$: Verschiebung nach rechts bzw. links.
$c > 0$ bzw. $c < 0$: Verschiebung nach oben bzw. unten.

2 Aufstellen von Funktionen mit Randbedingungen

2.1 Ganzrationale Funktionen

Für alle ganzrationalen Funktionen gilt:

- Parabel 2. Grades: $f(x) = ax^2 + bx + c$
- Zur y-Achse symmetrische Parabel 2. Grades: $f(x) = ax^2 + b$
- Parabel 3. Grades: $f(x) = ax^3 + bx^2 + cx + d$
- Zum Ursprung punktsymmetrische Parabel 3. Grades: $f(x) = ax^3 + bx$

Zum Aufstellen der Funktionen:

1. Bilden Sie die 1. und 2. Ableitung des jeweiligen Ansatzes (dies ist nicht nötig, falls es keine Angaben über die Steigung oder über die Extrempunkte gibt).

2. Verwenden Sie die Bedingungen der Kurvendiskussion:

   - Schnittpunkt mit der x-Achse: $f(x) = 0$
   - Schnittpunkt mit der y-Achse: $x = 0$
   - Extrempunkt: $f'(x) = 0$
   - Wendepunkt: $f''(x) = 0$

3. Sie brauchen so viele Gleichungen wie Unbekannte! Stellen Sie die Gleichungen auf und lösen Sie sie nach den Parametern (a, b, c, ...) auf.

2.2 Exponentialfunktionen

a) - e) Stellen Sie zwei Gleichungen mit zwei Unbekannten auf, dazu müssen Sie eventuell noch ableiten.

3 Von der Kurve zur Gleichung

3.1 Ganzrationale Funktionen

Allgemeine Tipps für ganzrationale Funktionen:

Es handelt sich bei allen Graphen um verschobene Funktionen 2. bis 4. Grades. Es gibt verschiedene Lösungswege:

1. Ansatz als allgemeine Funktion (ähnlich wie das Aufstellen von Funktionen mit Randbedingungen), z.B. $f(x) = ax^2 + bx + c$. Aus der Zeichnung werden drei Punkte bestimmt und drei Gleichungen aufgestellt, die man anschließend nach a, b und c auflöst. Dieser Weg ist etwas langwierig, führt aber immer zum Ziel.

2. Ansatz mit Hilfe der Linearfaktoren. Dieser Ansatz funktioniert nur dann, wenn die Funktion eindeutig ablesbare Nullstellen besitzt (z.B. bei den Aufgaben e), f), g) und h)). Der Hintergrund ist, dass sich eine Polynomfunktion (ein Funktionsterm der Gestalt $f(x) = a_n x^n + a_{n-1} x^{n-1} + ... + a_2 x^2 + a_1 x + a_0$) auch als Produkt von Linearfaktoren schreiben lässt, z.B. $f(x) = x^2 - x - 2 = (x-2) \cdot (x+1)$. Die Nullstellen dieser Funktion sind $x_1 = 2$ und $x_2 = -1$.
   Da der Graph noch gestreckt oder gestaucht sein kann, muss im Ansatz noch ein zusätzlicher Faktor a vorhanden sein (z.B. $f(x) = a \cdot (x-2) \cdot (x+1)$, der mit Hilfe eines abgelesenen Punktes bestimmt werden kann.

3. Ansatz als verschobene Normalparabel: Wenn man eine Normalparabel $f(x) = x^2$ nach oben oder unten verschieben will, so addiert man eine Konstante c. Will man sie nach rechts oder links verschieben, so setzt man für eine Verschiebung nach rechts um eine Längeneinheit den Ausdruck $(x-1)$ statt x ein. Bei einer Verschiebung um 2 LE nach links entsprechend $(x+2)$ statt x.

Tipps für die Aufgaben:

a) $f(x) = x^2$, nach oben verschoben
b) $f(x) = x^3$, nach unten verschoben

c) $f(x) = x^2$, nach links verschoben
d) $f(x) = x^2$, nach links und unten verschoben

e) $f(x) = -x^2$, nach rechts und oben verschoben

f) - h) Ansatz mit Hilfe der Nullstellen (Linearfaktorzerlegung)

4 Differenzieren

4.1 Ganzrationale Funktionen

a) - c) Verwenden Sie die Potenzregel $(a \cdot x^n)' = a \cdot n \cdot x^{n-1}$; beachten Sie, dass teilweise Parameter vorhanden sind.
d) - f) Wenden Sie die Kettenregel an (äußere Ableitung mal innere Ableitung).
g) - h) Wenden Sie zuerst die Produktregel an: $(u \cdot v)' = u'v + uv'$, dann die Kettenregel.

4.2 Exponentialfunktionen

a) - d) Zuerst die Produktregel anwenden: $(u \cdot v)' = u'v + uv'$, dann die Kettenregel.
e) - h) Kettenregel anwenden, teilweise mehrfach.

5 Gleichungslehre

5.1 Quadratische, biquadratische und nichtlineare Gleichungen

a) - c) pq- bzw. abc-Formel verwenden (Zahlen unter der Wurzel als Bruch schreiben).

d) - e) Beachten Sie die binomischen Formeln und Minuszeichen vor Klammern.

f) - g) Setzen Sie jeden einzelnen Faktor gleich Null und überlegen Sie, ob Lösungen existieren.

h) Klammern Sie x^3aus.

i) Klammern Sie x^2aus, lösen Sie dann die quadratische Gleichung mit der pq- oder abc-Formel.

j) - l) Klammern Sie x aus und bestimmen Sie damit die erste Lösung. Danach wiederholtes Ausklammern oder Lösen der Gleichung mit der pq- oder abc-Formel.

m) - n) Biquadratische Gleichungen: Substitution $x^2 = v$, die Gleichung lösen und rücksubstituieren (Zahlen unter der Wurzel als Bruch schreiben).

5.2 Exponentialgleichungen

a) - f) Setzen Sie jeden einzelnen Faktor gleich Null und überlegen Sie, ob Lösungen existieren.

g) - h) Substitution $e^x = v$ bzw. $e^{2x} = v$, dann Lösen der quadratischen Gleichung mit der pq- oder abc-Formel, Rücksubstitution und x berechnen (Zahlen unter der Wurzel als Bruch schreiben).

5.3 Lineare Gleichungssysteme

a) - f) Anwenden des Gaußschen Eliminierungsverfahrens: Zuerst werden zwei Gleichungen so zusammengezählt, dass eine Unbekannte wegfällt (eventuell muss man dazu vorher eine Gleichung mit einem Faktor wie -1 oder -2 multiplizieren).
Im nächsten Schritt löst man die beiden Gleichungen, die nur noch zwei Unbekannte enthalten, nach einer Unbekannten auf.
Zum Schluss wird schrittweise eingesetzt und die Unbekannten werden bestimmt.

6 Eigenschaften von Kurven

6.1 Graph der Ableitungsfunktion, Aussagen bewerten

6.1.1 f_1 bis f_4

f_1 Bestimmen Sie die Steigung für einige wichtige Punkte, es bietet sich auf jeden Fall der Extrempunkt an. Überlegen Sie, wie die Steigung nahe des Koordinatenursprungs ist.

f_2 Bestimmen Sie die Steigung für einige wichtige Punkte; es bieten sich der Hoch- und der Wendepunkt an.

f_3 Bestimmen Sie die Steigung für einige Stellen, z.B. für $x = 0$ und für $x = 1$. Überlegen Sie, welche spezielle Kurve einen derartigen Verlauf zeigt.

f_4 Bestimmen Sie die Steigung für einige Stellen, z.B. $x = -1$ und $x = 0$. Bestimmen Sie den Wendepunkt und dessen Steigung.

6.1.2 f_5 bis f_8

f_5 Bestimmen Sie die Steigung für den Schnittpunkt mit der x-Achse, den Hochpunkt und den Wendepunkt.

f_6 Bestimmen Sie die Steigungen der Extrempunkte und der Wendepunkte.

f_7 Bestimmen Sie die Steigungen in den beiden Wendepunkten und im Extrempunkt.

f_8 Der Graph besitzt keine Extrempunkte. Bestimmen Sie daher die Steigung in einigen geeigneten Punkten, z.B. für $x = -1$und für $x = 0$ und für $x = 3$. Betrachten Sie die Steigung in der Umgebung von $x = 1$.

6.2 Aussagen über die Funktion bei gegebener Ableitungsfunktion treffen

Allgemeine Tipps:

Es sind Aussagen über eine Stammfunktion f der gezeichneten Kurve von f' zu bewerten. Dabei gilt für alle Stammfunktionen f:

- $f'(x) = 0$ und VZW von $+$ nach $-$ $\Rightarrow$ Der Graph von f hat einen Hochpunkt.
- $f'(x) = 0$ und VZW von $-$ nach $+$ $\Rightarrow$ Der Graph von f hat einen Tiefpunkt.
- $f'(x)$ hat einen Extrempunkt $\Rightarrow$ Der Graph von f hat einen Wendepunkt.

Aufgabe I

a) Überlegen Sie, was es für die Ableitung einer Funktion bedeutet, wenn der Graph der Funktion einen Extrempunkt besitzt.

b) Was bedeutet es für eine Kurve, wenn sie in einem Punkt eine waagerechte Tangente besitzt? Welche Steigung hat die Kurve in einem derartigen Punkt?

c) Was bedeutet es für die Ableitungskurve, wenn der Graph der Funktion f einen Wendepunkt besitzt? Finden Sie solche Punkte in der Kurve von f'?

d) Kann man die Aussage treffen, dass alle Funktionswerte für $x > -1$ größer als Null sind? Überlegen Sie, ob es genau eine Funktion gibt.

Aufgabe II

a) Überlegen Sie, was es für die Ableitung einer Funktion bedeutet, wenn der Graph der Funktion einen Extrempunkt besitzt.

b) Welchen Wert nimmt die Ableitung einer Funktion an einem Extremwert an? Was muss zusätzlich noch gelten, damit es sich um einen Hochpunkt handelt (wie sehen die Vorzeichenwechsel der Steigung aus)?

c) Überlegen Sie, welchen Grad das Polynom der gezeichneten Ableitungskurve besitzt.

d) Überlegen Sie, was man tun muss, um Informationen über die Steigung einer Kurve in einem Punkt zu bekommen. Welche Funktion gibt «Auskunft» über die Steigungswerte der Kurve in jedem Punkt?

Aufgabe III

a) Skizzieren Sie den Graphen einer Funktion zur gegebenen Ableitungsfunktion; benutzen Sie dazu die Extremwerte und die Nullstelle der angegebenen Ableitungsfunktion. Hat der Graph von f bei $x = 0$ einen Hoch- oder Tiefpunkt (Vorzeichenwechsel beachten)?

b) Überlegen Sie, wie genau Sie die Funktion bestimmen können.

c) Prüfen Sie, welche Bedingungen die Kurve der angegebenen Ableitungsfunktion erfüllen muss, damit die Funktion f an der Stelle $x = 0$ einen Tiefpunkt hat. Beachten Sie den Vorzeichenwechsel.

d) Überlegen Sie, was es für den Graphen der Ableitung bedeutet, wenn eine Kurve einen oder mehrere Extrempunkte besitzt.

6.3 Interpretation von Graphen

Aufgabe I

a) Besondere Punkte im Graph sind die Punkte, an denen sich die Steigung stark ändert.

b) Überlegen Sie, ob die y-Werte des Graphen die verkauften Artikel *pro Tag* oder *insgesamt* angeben.

c) Lesen Sie die Verkaufszahlen des 40. und des 60. Tages an der Zeichnung ab und berechnen Sie den Durchschnitt.

d) Die Verkaufsrate entspricht der Steigung der Kurve am 50. Tag. Legen Sie eine Gerade durch die Kurve, die die Steigung des 50. Tages besitzt, und bestimmen Sie die Steigung dieser Geraden.

e) Schätzen Sie ab, wie sich die Kurve weiterentwickeln wird. Wie ist die Steigung der Kurve?

Aufgabe II

a) Besondere Punkte im Graph sind die Punkte, an denen sich die Steigung stark ändert.

b) Überlegen Sie, welche Aussagen die Kurve trifft. Was bedeutet die unter a) angesprochene Steigungsänderung?

c) Überlegen Sie, was man tun muss, um die Funktionswerte der einzelnen Tage zu addieren. Was kann man tun, wenn man die Funktion nicht genau kennt? Wie könnte eine Näherungsfunktion aussehen?

d) Die Besucherzahlen scheinen sich auf einen gewissen Wert «einzupendeln». Wie groß ist dieser Wert?

Aufgabe III

a) Finden Sie die Stellen, an denen die Besucherzahl der Homepage am größten war.

b) Es gibt lokale und globale Extremstellen. Wo findet sich im Graph welche Art der Extremstellen?

c) Überlegen Sie, welche Funktionen Sie kennen, die keinerlei Extremstellen besitzen (mit anderen Worten: Die Funktion wächst immer weiter bzw. fällt immer weiter).

7 Kurvendiskussion

7.1 Elemente der Kurvendiskussion

a) Die Bedingungen für ein Minimum sind: $f'(x) = 0$ und Vorzeichenwechsel von f' von $-$ nach $+$ bzw. $f''(x) > 0$. Prüfen Sie, ob diese auf den Punkt zutreffen. Benutzen Sie zum Ableiten die Produktregel.

b) Die Bedingung für einen Sattelpunkt ist $f'(x_0) = 0$ und kein Vorzeichenwechsel von f' an der Stelle x_0.

c) Überlegen Sie, welche Terme für $x \to +\infty$ gegen Null gehen und welche übrigbleiben.

d) Die Bedingungen für ein Minimum sind $f'(x) = 0$ und Vorzeichenwechsel von f' von $-$ nach $+$. Prüfen Sie, ob diese auf den Punkt zutreffen.

e) Punkte mit waagerechter Tangente haben die Steigung Null, also wird die 1. Ableitung Null gesetzt. Für die Gleichung der Geraden durch die beiden Punkte ist zuerst die Steigung zu berechnen: $m = \frac{y\ \ -y}{x\ \ -x}$.

f) Wendepunkte bestimmen Sie mit Hilfe von $f''(x)$ und $f'''(x)$.

g) Überlegen Sie, an welcher Stelle x die 1. Ableitung Null ist und ob die 1. Ableitung das Vorzeichen von $-$ nach $+$ wechselt.

7.2 Funktionenscharen/ Funktionen mit Parameter

a) - d) I) Setzen Sie für t Werte wie ± 1; ± 2 bzw. 0 ein und skizzieren Sie die Kurven.
II) Setzen Sie die entsprechenden Punkte in die Funktionsgleichung ein und stellen Sie nach t um.

e) - f) Bestimmen Sie zuerst die Schnittstelle x_s. Für die Ableitungen im Schnittpunkt muss gelten: $f'(x_s) \cdot g'(x_s) = -1$. Setzen Sie die Ableitungen ein, setzen Sie dann den Ausdruck für x_s ein und lösen Sie nach t auf.

g) Berechnen Sie die Nullstelle des Graphen der Funktion f_t in Abhängigkeit von t und lesen Sie die Nullstellen der abgebildeten Graphen ab. Setzen Sie diese Terme gleich. Alternativ können Sie auch die Schnittpunkte der Graphen mit der y-Achse ablesen und den Schnittpunkt des Graphen von f_t mit der y-Achse in Abhängigkeit von t berechnen.

h) Bestimmen Sie mit Hilfe der Produkt- und Kettenregel die 1. und 2. Ableitung von f_t. Setzen Sie die 1. Ableitung gleich Null und berechnen Sie die Extremstelle von $f_t(x)$. Prüfen Sie mit Hilfe der 2. Ableitung, ob es sich tatsächlich um eine Extremstelle handelt. Schließlich setzen Sie $x = 2$ mit der berechneten Extremstelle gleich und lösen die Gleichung nach t auf.

7.3 Krümmungsverhalten von Kurven

Bestimmen Sie mit Hilfe von Ketten-, Produkt- und Quotientenregel die 1. und 2. Ableitung. Eine Kurve ist linksgekrümmt, wenn gilt: $f''(x) > 0$, sie ist rechtsgekrümmt, wenn $f''(x) < 0$. Lösen Sie jeweils die entstandene Ungleichung.
Manchmal ist es hilfreich, die linke Seite der Ungleichung als weitere Kurve aufzufassen und sich zu überlegen, wann diese oberhalb bzw. unterhalb der x-Achse verläuft.

7.4 Tangenten und Normalen

Geradengleichungen kann man mit der Punkt-Steigungsform $y - y_1 = m \cdot (x - x_1)$ aufstellen.

a) Bestimmen Sie die Tangentensteigung mit Hilfe der 1. Ableitung. Benutzen Sie dann die Steigung und den Punkt, um die Geradengleichung aufzustellen. Für die Normalensteigung m_n gilt: $m_n = -\frac{1}{m}$ mit m_t = Steigung der Tangente.

b) Bestimmen Sie zuerst den Wendepunkt und dann die Steigung der Tangente bzw. der Normalen und stellen Sie die Geradengleichungen auf.

c) I) Da die Tangentensteigung schon bekannt ist, muss in dieser Aufgabe der Punkt P bestimmt werden, in dem der Graph von f die Steigung $m = -2$ besitzt. Also wird die erste Ableitung gleich -2 gesetzt und x_P bestimmt. Mit den Koordinaten des Punktes und der Steigung wird anschließend die Tangentengleichung aufgestellt.

II) Man verfährt ähnlich wie bei I), nur muss die Steigung der Tangente erst aus der Steigung der angegebenen Geraden ermittelt werden. Für die Steigung zweier aufeinander senkrecht stehender Geraden m_1 und m_2 gilt: $m_2 = -\frac{1}{m}$.

III) Man verfährt ähnlich wie bei I), die Steigung paralleler Geraden ist gleich: $m_t = m_g = 4$.

d) I) Die Tangentensteigung wird mit Hilfe der 1. Ableitung bestimmt. Die Geradensteigung von A $(x_1 \mid y_1)$ und B $(x_2 \mid y_2)$ wird mit der Formel $m = \frac{y\ -y}{x\ -x}$ bestimmt. Wegen der Parallelität ist die Tangentensteigung genauso groß wie die Geradensteigung.

II) Wegen der Parallelität ist die Normalensteigung genauso groß wie die Geradensteigung. Da die Normale senkrecht auf der Tangente steht, gilt: $m_n = -\frac{1}{m}$.

III) Da die Normale orthogonal zur Geraden und auch zur Tangente ist , ist die Tangentensteigung genauso groß wie die Geradensteigung.

e) Für I) und II) gilt: Wenn von einem Punkt P, der nicht auf einer Kurve liegt, eine Tangente an eine Kurve gelegt werden soll, kann man folgendermaßen vorgehen:

1. Der Berührpunkt hat die Koordinaten B $(u \mid f(u))$.
2. Mit Hilfe der 1. Ableitung und B bestimmt man die Tangentengleichung in Abhängigkeit von u.

3. Da P auf der Tangente liegt, kann man diesen einsetzen und man erhält eine Gleichung, welche nach u aufgelöst wird.
4. In Punkt B bzw. in die Tangentengleichung wird u eingesetzt.

7.5 Berührpunkte zweier Kurven

Damit sich zwei Graphen in einem Punkt B $(x_\text{B} \mid y_\text{B})$ berühren, müssen zwei Bedingungen erfüllt sein:

1. B ist ein gemeinsamer Punkt beider Kurven: $f(x_\text{B}) = g(x_\text{B})$.
2. Im Punkt B haben die Graphen eine gemeinsame Tangente, also die gleiche Tangentensteigung $f'(x_\text{B}) = g'(x_\text{B})$.

7.6 Ortskurven

Die Gleichung der Ortskurve beschreibt den Zusammenhang zwischen dem gegebenen x-Wert und dem gegebenen y-Wert (jeweils in Abhängigkeit eines Parameters), d.h. man sucht die Gleichung, in die man den x-Wert einsetzen kann, um den y-Wert zu erhalten.
Gehen Sie folgendermaßen vor:

1. x-Wert so umformen, dass der Parameter alleine steht, z.B. $x = \frac{4}{t} \Rightarrow t = \frac{4}{x}$.
2. Parameter (in Abhängigkeit von x) in den y-Wert einsetzen, z.B. $y = t^2 = \left(\frac{4}{x}\right)^2$.
3. Durch Ausrechnen erhalten Sie den y-Wert in Abhängigkeit von x, z.B. $y = \frac{16}{x}$ und damit die Gleichung der Ortskurve.

Bei den Aufgaben d) und e) müssen Sie zunächst den gesuchten Punkt bestimmen. Hierbei gehen Sie wie bei einer «normalen» Funktion ohne Parameter vor. Beachten Sie: Die Parameter werden beim Ableiten wie Zahlen behandelt!

7.7 Symmetrie

a) Die Bedingung für y-Achsensymmetrie ist $f(-x) = f(x)$.
b) Die Bedingung für Ursprungssymmetrie ist $f(-x) = -f(x)$.
c) Die Bedingung für y-Achsensymmetrie ist $f(-x) = f(x)$.
d) Die Bedingung für Punktsymmetrie zum Ursprung ist $f(-x) = -f(x)$.

8 Integralrechnung

8.1 Stammfunktionen

8.1.1 Ganzrationale Funktionen

a) - d) Benutzen Sie die Integrationsregel für Potenzfunktionen: Besitzt f die Form $f(x) = a \cdot x^n$, dann ist $\mathrm{F}(x) = a \cdot \frac{1}{n+1} x^{n+1} + c$ falls $n \neq -1$ eine Stammfunktion.

e) - g) Für verkettete (verschachtelte) Funktionen mit innerem *linearem* Ausdruck gilt die Integrationsregel für lineare Substitution:
«Äußere Stammfunktion geteilt durch innere Ableitung»

8.1.2 Exponentialfunktionen

a) - d) Für verkettete (verschachtelte) Funktionen mit innerem *linearem* Ausdruck gilt die Integrationsregel für lineare Substitution:
«Äußere Stammfunktion geteilt durch innere Ableitung»
Bei e-Funktion mit $f(x) = a \cdot e^{k \cdot x+b}$ ist $e^{(\dots)}$ die äußere Funktion und $k \cdot x + b$ die innere Funktion. Der Parameter a verändert sich nicht beim Integrieren.

e) - f) Lösen Sie zunächst die Klammer auf und verwenden Sie die Regeln für die Potenzfunktionen (da in der Klammer *kein* linearer Ausdruck steht).

8.2 Flächeninhalt zwischen zwei Kurven

a) - d) Bestimmen Sie jeweils die Integrationsgrenzen durch Gleichsetzen der Funktionsterme. Prüfen Sie, welche Kurve die obere Kurve ist. Wenden Sie den Hauptsatz der Differential- und Integralrechnung an: $\int_a^b f(x)dx = \mathrm{F}(b) - \mathrm{F}(a)$.

8.3 Ins Unendliche reichende Flächen

a) Die Fläche wird anfänglich durch die vertikale Gerade $x = z$ mit $z > 0$ begrenzt. Setzen Sie z als obere Integralgrenze ein und bestimmen Sie die Fläche $\mathrm{A}(z)$. Lassen Sie dann $z \longrightarrow \infty$ gehen.

b) I) Bestimmen Sie die Grenzen des Integrals und integrieren Sie die Funktion.

II) Betrachten Sie das Verhalten der Funktion für $x \longrightarrow -\infty$. Welcher Term fällt weg?

III) Die Fläche zwischen zwei Kurven wird berechnet, indem man die Funktionsgleichung der unteren Kurve von der der oberen Kurve abzieht und dann integriert. Für die ins Unendliche reichende Fläche setzt man als untere Grenze z ein und bildet dann den Grenzwert $\lim\limits_{z \longrightarrow -\infty} \mathrm{A}(z)$.

8.4 Angewandte Integrale

a) I) Der Regen hört auf, wenn die Niederschlagsrate gleich Null ist; bestimmen Sie die Nullstelle der Funktion.

II) Die gesamte Wassermenge können Sie bestimmen, indem Sie die Niederschlagsrate vom Beginn des Regens bis zum Ende integrieren.

III) Die mittlere Regenmenge erhalten Sie, indem Sie die Gesamtmenge durch die Anzahl der Tage teilen.

b) Die gegebene Funktion f beschreibt die Änderungsrate. Um zu berechnen, wieviel Wasser das Becken nach 9 Stunden enthält, müssen Sie zuerst eine Stammfunktion F von f bestimmen. Die Integrationskonstante c bestimmen Sie mit Hilfe des Anfangswerts. Anschließend müssen Sie $t = 9$ in die Integralfunktion einsetzen.

8.5 Rotationskörper

Rotiert der Graph einer Funktion f über dem Intervall $[a;b]$ um die x-Achse, so verwenden Sie die Formel:

$V_{rot} = \pi \cdot \int_a^b (f(x))^2\, dx$. Beachten Sie, dass Sie unter Umständen die Binomischen Formeln verwenden müssen, um den Ausdruck in der Klammer auszurechnen.

Rotiert eine Fläche um die x-Achse, so müssen Sie zuerst die Integrationsgrenzen bestimmen (Schnittstellen) und anschließend für jede Kurve das Volumenintegral berechnen. Zum Schluss bilden Sie die Differenz der Volumenintegrale.

8.6 Vermischte Aufgaben

a) - c) Bestimmen Sie entsprechend der Aufgaben in Kapitel 8.1 eine Stammfunktion mit absolutem Glied $(+c)$ und berechnen Sie c durch Einsetzen des Punktes in Ihren Ansatz.

9 Extremwertaufgaben/ Wachstums- und Zerfallsprozesse

9.1 Extremwertaufgaben

Allgemein können Sie beim Lösen von Extremwertaufgaben nach folgendem Schema vorgehen:

1. Skizzieren Sie die Problemstellung.
2. Schreiben Sie die Größe auf, die minimiert oder maximiert werden soll. Das kann z.B. $A = r \cdot h$ für eine Fläche in Abhängigkeit von r und h sein. In diesem Ausdruck dürfen verschiedene Variablen vorkommen.
3. Formulieren Sie die Nebenbedingungen. Im Beispiel von oben könnte dies z.B. $r + h = 100$ sein, wenn in der Aufgabe formuliert ist, dass r und h zusammen 100 ergeben müssen.
4. Lösen Sie die Nebenbedingung nach einer Variablen auf, z.B. $r = 100 - h$, und setzen Sie diese in den Ausdruck bei 2. ein. Dadurch ergibt sich, von welcher Variablen die sogenannte «Zielfunktion» abhängig ist. Löst man die Nebenbedingung nach r auf und setzt sie in die Gleichung unter 2. ein, ergibt sich im Beispiel: $A(h) = (100 - h) \cdot h$.
5. Nun können die Extremstellen der Zielfunktion der Fläche in Abhängigkeit von h durch Ableiten und Nullsetzen der Ableitung untersucht werden. Handelt es sich um ein lokales Minimum, muss man noch die Randwerte überpüfen, d.h. man setzt den kleinst- und größtmöglichen x-Wert der Definitionsmenge in die Zielfunktion ein und vergleicht mit den Werten der Extremstelle. (Dies ist allerdings nicht nötig, wenn die 2. Ableitung keine Variablen mehr enthält, also inbesondere bei allen quadratsichen Funktionen.)

Zu den Aufgaben:

a) Die gesuchte Größe ist die Fläche. Legen Sie die Nebenbedingung fest (Länge des Drahtes), lösen Sie nach einer Variablen auf und stellen Sie so die Zielfunktion auf. Diese wird nun abgeleitet und zur Extremwertbestimmung gleich Null gesetzt.

b) Die gesuchte Größe ist die Fläche. Die Nebenbedingung ist ähnlich wie in Aufgabe a), nur dass von der Gesamtlänge der 4 Seiten des Spielplatzes noch 2 m abgezogen werden müssen. Anschließend wird die Zielfunktion aufgestellt und das Maximum bestimmt.

c) Die gesuchte Größe ist die Fläche. Für die Seiten des Rechtecks ist es hilfreich, wenn man die senkrechte Seite als y wählt und die waagerechte Seite als $2x$. Dann ist der Radius $r = x$. Die Nebenbedingung ist der festgelegte Umfang (Kreisfläche: $A_K = \pi \cdot r^2$, Kreisumfang: $U_K = 2 \cdot \pi \cdot r$). Lösen Sie die Nebenbedingung nach einer Variablen auf, setzen Sie diese in die Zielfunktion für die Fläche ein und bestimmen Sie das Maximum.

d) Die gesuchte Größe ist die Fläche. Zum Aufstellen der Nebenbedingung hilft die Überlegung, dass die beiden Halbkreise zusammen einen ganzen Kreis ergeben (Kreisfläche: $A_K = \pi \cdot r^2$, Kreisumfang: $U_K = 2 \cdot \pi \cdot r$). Stellen Sie die Zielfunktion für die Fläche auf, setzen Sie die Nebenbedingung ein und bestimmen Sie das Maximum. Bei I) bezieht sich die Zielfunktion nur auf das Rechteck, bei II) auf den gesamten Sportplatz!

e) I) Die gesuchte Größe ist der Umfang des Rechtecks. Die Grundseite des Rechtecks wird als $2x$ gewählt. Nebenbedingung: Für die Höhe h gilt $h = f(x)$. Stellen Sie die Zielfunktion für den Umfang auf, setzen Sie die Nebenbedingung ein und bestimmen Sie das Maximum.

II) Die gesuchte Größe ist die Fläche des Rechtecks. Die Grundseite des Rechtecks wird als $2x$ gewählt. Nebenbedingung: Für die Höhe h gilt $h = f(x)$. Stellen Sie die Zielfunktion für die Fläche auf, setzen Sie die Nebenbedingung ein und bestimmen Sie das Maximum.

f) Die gesuchte Größe ist die Fläche des Rechtecks. Die Grundseite des Rechtecks wird als $2x$ gewählt. Nebenbedingung: Zwei Ecken des Rechtecks müssen immer auf dem Kreis liegen. Damit gilt für die Grundseite $g = 2x$ und die Höhe h mit dem Satz des Pythagoras die Beziehung $x^2 + h^2 = 1$, mit $x = \frac{g}{2}$. Lösen Sie nach h auf und setzen Sie in die Zielfunktion der Fläche ein. Um das Maximum bestimmen zu können, ist es geschickt, die Zielfunktion zu quadrieren, so lässt sich die Ableitung leichter bilden und gleich Null setzen.

g) Die gesuchte Größe ist der Flächeninhalt des Dreiecks OPQ. Nach dem Ableiten stellt man die Gleichung der Normalen auf. Für die Normalensteigung gilt $m_n = -\frac{1}{m}$ (wobei m_t die Tangentensteigung ist). Diese wird mit der Kurve G geschnitten, um den Schnittpunkt Q zu bestimmen. Anschließend wird eine Flächenfunktion aufgestellt, wobei die Strecke $\overline{OQ}$ die Grundseite des Dreiecks bildet und $|\ f(u)\ |$ die Höhe. Die Flächenfunktion wird abgeleitet und der Extremwert bestimmt.

h) Skizzieren Sie die Graphen der beiden Funktionen.
Bestimmen Sie die Koordinaten der Punkte P und Q und überlegen Sie sich, wie Sie die Länge von PQ in Abhängigkeit von u bestimmen können. Stellen Sie hierzu eine Funktionsgleichung (Zielfunktion) auf. Zur Berechnung des Maximums verwenden Sie die 1. und 2. Ableitung (Produkt- und Kettenregel).
Die maximale Länge erhalten Sie, indem Sie das berechnete u in die Zielfunktion einsetzen.

9.2 Wachstums- und Zerfallsprozesse

a) I) Bestimmen Sie zuerst den Startwert B_0. Anschließend setzt man diesen und den Funktionswert für $t = 2$ in die Funktion ein und bestimmt so k.

II) Überlegen Sie, wie t gewählt werden muss, wenn der Bestand in 10 Jahren ab heute gesucht ist. Setzen Sie diesen Wert in die Funktionsgleichung ein.

III) Für den Zeitpunkt, an dem von der Ausgangspopulation nur noch 10 % übrig sind, ist die Populationsgröße $\frac{1}{10} \cdot B_0$. Diesen Wert setzt man in die Funktion ein und löst dann nach t_E auf.

b) I) Bestimmen Sie die Gleichung der Asymptote, indem Sie das Verhalten der Funktion für $t \to \infty$ betrachten. Welcher Term fällt weg?

II) Die Kurve gibt die jeweilige Temperatur der Probe an. Wie muss die Steigung der Kurve aussehen, wenn sich die Temperatur schnell ändert?

c) I) Da es sich um natürliches exponentielles Wachstum handelt, verwenden Sie den Ansatz: $G(t) = a \cdot e^{k \cdot t}$. Beachten Sie, dass t in Tagen gerechnet wird. Mit Hilfe der gegebenen Daten können Sie durch Aufstellen von zwei Gleichungen die beiden Unbekannten a und k bestimmen.

II) Setzen Sie $t = 10$ in $G(t)$ ein.

III) Setzen Sie $G(t) = 200\,000$ und lösen Sie die Gleichung nach t auf.

d) I) Stellen Sie mit Hilfe der gegebenen Daten eine Funktionsgleichung für das Wachstum der Bevölkerung auf.
Verwenden Sie den Ansatz $B(t) = a \cdot e^{k \cdot t}$, da es sich um natürliches exponentielles Wachstum handelt. Setzen Sie $t = 0$ im Jahre 1975. Stellen Sie zwei Gleichungen mit zwei Unbekannten auf und lösen Sie diese.
Überlegen Sie, welchen Wert t im Jahre 2030 hat.

II) Sie können die Verdoppelungszeit berechnen, indem Sie die Bevölkerung im Jahre 1975 verdoppeln und mit $B(t)$ gleichsetzen. Lösen Sie die Gleichung nach t auf.

Lineare Algebra/ Analytische Geometrie

10 Rechnen mit Vektoren

10.1 Addition und Subtraktion von Vektoren

Für das Rechnen mit Vektoren gelten folgende Gesetze:

Addition: $\begin{pmatrix} a_1 \\ a_2 \\ a_3 \end{pmatrix} + \begin{pmatrix} b_1 \\ b_2 \\ b_3 \end{pmatrix} = \begin{pmatrix} a_1+b_1 \\ a_2+b_2 \\ a_3+b_3 \end{pmatrix}$, Subtraktion: $\begin{pmatrix} a_1 \\ a_2 \\ a_3 \end{pmatrix} - \begin{pmatrix} b_1 \\ b_2 \\ b_3 \end{pmatrix} = \begin{pmatrix} a_1-b_1 \\ a_2-b_2 \\ a_3-b_3 \end{pmatrix}$

Skalare Multiplikation: $s \cdot \begin{pmatrix} a_1 \\ a_2 \\ a_3 \end{pmatrix} = \begin{pmatrix} s\cdot a_1 \\ s\cdot a_2 \\ s\cdot a_3 \end{pmatrix}$ (Zahl · Vektor = Vektor) für $s \in \mathbb{R}$.

Skalarprodukt: $\begin{pmatrix} a_1 \\ a_2 \\ a_3 \end{pmatrix} \cdot \begin{pmatrix} b_1 \\ b_2 \\ b_3 \end{pmatrix} = a_1 \cdot b_1 + a_2 \cdot b_2 + a_3 \cdot b_3$ (Vektor · Vektor = Zahl),

Betrag bzw. Länge: $\left| \begin{pmatrix} a_1 \\ a_2 \\ a_3 \end{pmatrix} \right| = \sqrt{a_1^2 + a_2^2 + a_3^2}$.

10.2 Orthogonalität von Vektoren

Zwei Vektoren stehen genau dann senkrecht aufeinander, wenn das Skalarprodukt gleich Null ist. Ist das Skalarprodukt ungleich Null, dann sind die beiden Vektoren nicht orthogonal.

10.3 Auffinden von orthogonalen Vektoren

Es sind Vektoren zu suchen, deren Skalarprodukt mit $\vec{n}$ Null ergibt.

10.4 Orts- und Verbindungsvektoren

Ortsvektoren setzen am Ursprung $O\,(0 \mid 0 \mid 0)$ an. Verbindungsvektoren zwischen zwei Punkten erhält man mit Hilfe der Ortsvektoren.

10.5 Verschiedene Aufgaben

a) Stellen Sie jeweils drei Verbindungsvektoren zwischen je zwei Punkten auf und berechnen Sie deren Länge.

b) Die Orthogonalität lässt sich mit dem Skalarprodukt überprüfen.

c) Tragen Sie in Ihre Skizze jeweils die gegebenen und gesuchten Punkte sowie den Ursprung O ein. Bestimmen Sie mit Hilfe einer Vektorkette den Ortsvektor des gesuchten Punktes. Geben Sie die Koordinaten des gesuchten Punktes an.

d) Den Schwerpunkt S eines Dreiecks ABC erhalten Sie mit der Formel $\vec{s} = \frac{1}{3} \cdot \left(\vec{a} + \vec{b} + \vec{c}\right)$.

e) Tragen Sie in Ihre Skizze die gegebenen und gesuchten Punkte sowie den Ursprung O ein. Achten Sie dabei auf die Reihenfolge der Punkte (*gegen* den Uhrzeigersinn). Bestimmen Sie jeweils mit Hilfe einer Vektorkette den Ortsvektor des gesuchten Punktes. Geben Sie die Koordinaten des gesuchten Punktes an.

f) Da je vier Kanten parallel sind, gilt:
$\overrightarrow{BF} = \overrightarrow{CG} = \overrightarrow{DH} = \overrightarrow{AE}$, $\overrightarrow{BC} = \overrightarrow{AD} = \overrightarrow{FG} = \overrightarrow{EH}$ und $\overrightarrow{AB} = \overrightarrow{EF} = \overrightarrow{DC} = \overrightarrow{HG}$.
Bestimmen Sie mit Hilfe einer Vektorkette den Ortsvektor des gesuchten Punktes. Geben Sie die Koordinaten des gesuchten Punktes an.

g) Tragen Sie in ihre Skizze die gegebenen und gesuchten Punkte sowie den Ursprung O ein. Bestimmen Sie mit Hilfe einer Vektorkette den Ortsvektor des gesuchten Punktes. Geben Sie die Koordinaten des gesuchten Punktes an. Die Länge einer Kante ist die Länge des Verbindungsvektors der beiden Eckpunkte.

10.6 Lineare Abhängigkeit

Wenn zwei Vektoren linear abhängig sind, dann ist der eine Vektor ein Vielfaches des anderen, d.h. sie müssen eine Zahl k finden, so dass gilt: $k \cdot \vec{a} = \vec{b}$; $k \in \mathbb{R}$.

11 Geraden

11.1 Aufstellen von Geradengleichungen

Verwenden Sie den Ortsvektor des einen Punktes als Stützvektor. Bilden Sie den Richtungsvektor, indem Sie den Verbindungsvektor zwischen den beiden Punkten aufstellen.

11.2 Punktprobe

Setzen Sie den Ortsvektor des Punktes in die Geradengleichung ein und prüfen Sie, ob sich für alle drei Komponenten der gleiche Parameter ergibt.

11.3 Projektion von Geraden

Die Projektionsgerade muss in der jeweiligen Ebene liegen. Also muss die Komponente der Geraden, die nicht in dieser Ebene liegt, gleich Null sein. Überlegen Sie dazu, welche Gleichung die jeweilige Koordinatenebene hat.

11.4 Parallele Geraden

Überlegen Sie, wie die Richtungsvektoren der drei Geraden zueinander liegen müssen, damit die Geraden parallel sind. Die Geraden sollen echt parallel sein und nicht identisch. Wie kann man dies mit Hilfe der Eigenschaften der Stützvektoren ausschließen?

11.5 Gegenseitige Lage von Geraden

Für die gegenseitige Lage von zwei Geraden gibt es vier Möglichkeiten: Die Geraden können sich schneiden, parallel, identisch oder windschief sein.

Zur Bestimmung der gegenseitigen Lage prüft man zuerst die Richtungsvektoren auf lineare Abhängigkeit bzw. Unabhängigkeit:

1. Sind die Richtungsvektoren ein Vielfaches voneinander (linear abhängig), können die Geraden parallel oder identisch sein.
   Sie sind identisch, wenn ein Punkt der einen Geraden auf der anderen Geraden liegt (positive Punktprobe), sonst sind sie parallel (negative Punktprobe).

2. Sind die Richtungsvektoren kein Vielfaches voneinander (linear unabhängig), können die Geraden sich schneiden oder windschief sein.
   Durch Gleichsetzen erhält man den Schnittpunkt oder einen Widerspruch, welcher angibt, dass die Geraden windschief sind.

11.6 Parallele Geraden mit Parameter

Damit die Geraden parallel sind, müssen die Richtungsvektoren $\vec{r}$ und $\vec{v}$ linear abhängig sein. Der Parameter t muss also so bestimmt werden, dass $\vec{r}_t = s \cdot \vec{v}$ mit $s, t \in \mathbb{R}$ gilt. Dazu prüft man, ob der eine Vektor ein Vielfaches des anderen ist.

11.7 Allgemeines Verständnis von Geraden

Legen Sie eine Skizze an, um zu veranschaulichen, welche Beziehung für die Stütz- und Richtungsvektoren gelten muss. Überlegen Sie, welche Beziehung die Richtungsvektoren haben.

12 Ebenen

12.1 Parameterform der Ebenengleichung

a) - b) Nehmen Sie einen der Punkte als «Stützpunkt». Die Verbindungsvektoren zwischen den Punkten ergeben die Spannvektoren.

c) - d) Der Stützvektor der Geraden dient als Stützvektor der Ebene, der Richtungsvektor bildet den ersten Spannvektor. Den zweiten Spannvektor erhalten Sie, indem Sie den Verbindungsvektor zwischen dem Stützpunkt und dem angegebenen Punkt bilden.

12.2 Koordinatengleichung einer Ebene

Um eine Ebenengleichung aufzustellen, braucht man in der Regel entweder einen Punkt, der in der Ebene liegt, und zwei Spannvektoren oder einen Punkt A, der in der Ebene liegt, und einen Normalenvektor $\vec{n}$, welche man dann in die Punkt-Normalenform $(\vec{x} - \vec{a}) \cdot \vec{n} = 0$ einsetzt.

Ein Normalenvektor $\vec{n}$ berrechnen Sie am einfachsten mit Hilfe des Vektorprodukts aus den beiden Spannvektoren, siehe Seite 52.

Zur Koordinatengleichung kommt man durch Ausmultiplizieren der Punkt-Normalenform.

a) - b) Wählen Sie einen der 3 Punkte als «Stützpunkt» und bestimmen Sie die Spannvektoren als Verbindungsvektoren zwischen dem ersten Punkt und den beiden anderen Punkten. Anschließend bestimmt man einen Normalenvektor wie oben beschrieben und rechnet über die Punkt-Normalenform die Koordinatenform aus.

c) - d) Als Stützvektor bietet sich der Stützvektor der Geraden an. Als 1. Spannvektor benutzt man den Richtungsvektor der Geraden, als 2. Spannvektor nimmt man den Verbindungsvektor zwischen dem Punkt außerhalb der Geraden und dem «Stützpunkt» der Geraden.

e) - g) Bestimmen Sie zuerst den Stützvektor der Ebene. Bestimmen Sie dazu den Schnittpunkt der beiden Geraden. Der Ortsvektor des Schnittpunktes dient als Stützvektor, die beiden Richtungsvektoren der Geraden werden als Spannvektoren der Ebene genommen. (wichtig: Wenn man s und t mit Hilfe von zwei Gleichungen bestimmt hat, muss man s und t in der 3. Gleichung überprüfen).

h) - i) Wenn das Gleichungssystem zu einem Widerspruch wie z.B. $3 = 0$ führt, besitzt es keine Lösung. Die Geraden schneiden sich dann nicht. Untersuchen Sie die beiden Richtungsvektoren. Sind diese linear abhängig, dann sind die Geraden parallel.

j) Um die Ebenengleichung aufzustellen, brauchen Sie einen Punkt der Ebene und einen Normalenvektor. Die Spiegelebene befindet sich genau in der Mitte zwischen A und A^*. Anhand einer Skizze kann man sich gut klarmachen, wie der Normalenvektor aussehen muss.

k) Wenn die Ebene E die Gerade g enthält, dann sind der Normalenvektor von E und der Richtungsvektor von g orthogonal. Damit ist das Skalarprodukt dieser beiden gleich Null. Gleiches gilt für den Normalenvektor von E und den Normalenvektor der bekannten Ebene F. Wenn man die beiden Skalarprodukte ausrechnet, erhält man zwei Gleichungen mit den 3 Unbekannten n_1, n_2 und n_3. Eine Unbekannte wird gesetzt, die anderen ausgerechnet. Auf diese Weise erhält man $\vec{n}$. Zum Schluss setzt man noch $\vec{n}$ und den «Stützpunkt» der Geraden in die Punkt-Normalenform ein und rechnet diese aus.

l) Drei der gegebenen Punkte benutzt man, um eine Ebene aufzustellen. Mit dem letzten macht man eine Punktprobe.

12.3 Ebenen im Koordinatensystem

Zuerst bestimmt man die Spurpunkte, dies sind die Schnittpunkte der Ebene mit den Koordinatenachsen. Überlegen Sie, welchen Wert die x_2- und die x_3-Koordinate für einen Schnittpunkt der Ebene mit der x_1-Achse besitzen. Man setzt ein und formt nach x_1 um. Ebenso verfährt man für die anderen Spurpunkte.

12.4 Bestimmen von Geraden und Ebenen in einem Quader

a) Der Punkt O des Quaders liegt im Ursprung des Koordinatensystems. Bestimmen Sie die übrigen Punkte, indem Sie die Ortsvektoren addieren.

b) Die Gleichung kann wie im vorherigen Kapitel rechnerisch bestimmt werden, oder durch Überlegung und Ablesen an der Zeichnung.

c) Um eine Geradengleichung aufzustellen, braucht man einen Stützvektor und einen Richtungsvektor.

d) Wählen Sie drei der angegebenen Punkte und stellen Sie die Ebenengleichung wie im vorangegangenen Kapitel auf.

12.5 Bestimmen von Geraden und Ebenen in einer Pyramide

a) Der Punkt P ist bekannt. Bestimmen Sie die Koordinaten der restlichen Punkte durch Symmetrieüberlegungen: Für den Punkt Q sind die x_1- und die x_3-Koordinate die gleichen wie für P, doch ist die x_2-Koordinate anders. Aus der Lage des Grundflächenmittelpunktes im Koordinatenursprung ergibt sich die x_2-Koordinate von Q.

b) Um eine Geradengleichung aufzustellen, brauchen Sie einen Stützvektor und einen Richtungsvektor.

c) Benutzen Sie die drei angegebenen Punkte und stellen Sie die Ebenengleichung wie im vorangegangenen Kapitel auf.

13 Gegenseitige Lage von Geraden und Ebenen

13.1 Gegenseitige Lage

Eine Gerade und eine Ebene können auf drei verschiedene Arten zueinander liegen: g schneidet E, g ist parallel zu E oder g liegt in E.

Liegt die Ebene in Koordinatenform vor, wird die Gerade als «allgemeiner Punkt» geschrieben und in die Ebenengleichung eingesetzt. Anschließend wird der Parameter der Geraden bestimmt und in den allgemeinen Punkt eingesetzt, um den Schnittpunkt zu bestimmen. Liegt die Ebene in der Parameterform vor, werden Ebenengleichung und Geradengleichung gleichgesetzt und das Gleichungssystem mit 3 Unbekannten gelöst.

Beim Lösen des Gleichungssystems bzw. der Gleichung können drei Fälle auftreten:

1. Es gibt eine eindeutige Lösung: Die Gerade schneidet die Ebene.
2. Es tritt ein Widerspruch auf (wie z.B. $3 = 0$): Die Gerade ist parallel zur Ebene.
3. Das Gleichungssystem bzw. die Gleichung hat unendlich viele Lösungen (beim Lösen ergibt sich z.B. $3 = 3$ oder $0 = 0$): Die Gerade liegt in der Ebene.

13.2 Gerade und Ebene parallel

Überlegen Sie, wie der Richtungsvektor der Geraden g und der Normalenvektor der Ebene E zueinander stehen müssen, damit die g parallel zu E liegt. Nehmen Sie das Skalarprodukt zu Hilfe. Wie kann man anschließend prüfen, ob g und E echt parallel sind oder ob g in E liegt?

13.3 Allgemeines Verständnis von Geraden und Ebenen

Veranschaulichen Sie sich die Beziehungen am besten mit Hilfe einer Skizze.

13.4 Vermischte Aufgaben

a) Wenn g parallel zu E ist, gilt: $\overrightarrow{r_g} \cdot \vec{n} = 0$. Für den Richtungsvektor $\overrightarrow{r_g}$ der Geraden gibt es unendlich viele Möglichkeiten.

b) Da g senkrecht auf E steht, gilt: $\overrightarrow{r_g} = k \cdot \vec{n}$; $k \in \mathbb{R}$, d.h. der Richtungsvektor $\overrightarrow{r_g}$ ist linear abhängig zum Normalenvektor zu wählen.

14 Gegenseitige Lage zweier Ebenen

Zwei Ebenen können auf drei verschiedene Arten zueinander liegen: Die beiden Ebenen schneiden sich, sie liegen parallel zueinander oder sie sind identisch.

Auch hier gibt es verschiedene Lösungswege, abhängig davon, welche Art von Ebenengleichung vorliegt. Da der Weg über die Koordinatengleichung oft am einfachsten zu rechnen ist, werden viele Aufgaben auf diese Weise gelöst. Gerade beim Schnitt von zwei Ebenen kann es sich lohnen, eine Gleichung in die Koordinatenform umzuformen.

Die beiden Ebenengleichungen in Koordinatenform bilden ein lineares Gleichungssystem mit zwei Gleichungen und drei Variablen.

Beim Lösen des Gleichungssystems bzw. der Gleichung können drei Fälle auftreten:

1. Es gibt eine Lösung, wenn man eine Variable als t einsetzt und nach den anderen Variablen auflöst: Die Ebenen schneiden sich in einer Schnittgeraden.

2. Es tritt ein Widerspruch auf (wie z.B. $3 = 0$): Die beiden Ebenen sind parallel.

3. Die eine Gleichung ist ein Vielfaches der anderen Gleichung: Die beiden Ebenen sind identisch.

14.1 Schnitt von zwei Ebenen

a) - c) Bestimmen Sie jeweils die Schnittgerade. Bei Aufgabe c) lässt sich x_2 direkt ablesen.

d) - e) Schreiben Sie E_1 in drei Gleichungen für x_1, x_2 und x_3 um, setzen Sie diese in die Koordinatenebene E_2 ein und lösen Sie nach einem Parameter auf. Dieser wird dann wieder in E_1 eingesetzt, die Vektoren zusammengefasst und so die Gleichung der Schnittgeraden bestimmt.

f) - g) Gleichsetzen der beiden Ebenen führt zu einem Gleichungssystem mit 4 Unbekannten und 3 Gleichungen. Bringen Sie dieses mit Hilfe des Gauß-Verfahrens auf Stufenform oder benutzen Sie den GTR/CAS um eine Lösungsmatrix zu bestimmen. Sie erhalten einen Ausdruck wie z.B. $t = 2 - u$. Setzen Sie diesen Ausdruck für t in die Ebenengleichung ein und fassen Sie die Vektoren zusammen um die Gleichung der Schnittgeraden zu erhalten.

14.2 Parallele Ebenen

Beim Bestimmen von t muss man überlegen, wie die beiden Normalenvektoren zueinander stehen müssen, damit die Ebenen parallel sind.

14.3 Verschiedene Aufgaben zur Lage zweier Ebenen

Überlegen Sie anhand einer Skizze, wie die beiden Normalenvektoren zueinander stehen müssen, wenn die Ebenen senkrecht aufeinander stehen. Nehmen Sie das Skalarprodukt zu Hilfe.

15 Matrizen

15.1 Rechnen mit Matrizen

Addition/Subtraktion

Die Summe/Differenz von zwei Matrizen wird berechnet, indem man jeweils die Elemente der beiden Matrizen mit gleichen Indices addiert/subtrahiert:

$$\begin{pmatrix} a_{11} & a_{12} \\ a_{21} & a_{22} \end{pmatrix} + \begin{pmatrix} b_{11} & b_{12} \\ b_{21} & b_{22} \end{pmatrix} = \begin{pmatrix} a_{11}+b_{11} & a_{12}+b_{12} \\ a_{21}+b_{21} & a_{22}+b_{22} \end{pmatrix}$$

Es können also nur Matrizen mit gleicher Zeilen- und Spaltenanzahl miteinander addiert bzw. voneinander subtrahiert werden.

Skalare Multiplikation

Eine Matrix wird mit einem Skalar (einer Zahl) multipliziert, indem jedes Elemente der Matrix mit dem Skalar multipliziert wird:

$$s \cdot \begin{pmatrix} a_{11} & a_{12} \\ a_{21} & a_{22} \end{pmatrix} = \begin{pmatrix} s \cdot a_{11} & s \cdot a_{12} \\ s \cdot a_{21} & s \cdot a_{22} \end{pmatrix}$$

Matrizenmultiplikation

Folgende Eigenschaften sind zu beachten:

1. Bei der Multiplikation von Matrizen kommt es auf die Reihenfolge an: In der Regel gilt $\mathrm{A} \cdot \mathrm{B} \neq \mathrm{B} \cdot \mathrm{A}$ (d. h. die Matrizenmultiplikation ist nicht kommutativ).
2. Das Produkt $\mathrm{A} \cdot \mathrm{B}$ kann nur berechnet werden, wenn die Spaltenanzahl von A gleich der Zeilenanzahl von B ist.
3. Die Ergebnismatrix hat die Zeilenanzahl der ersten Matrix und die Spaltenanzahl der zweiten Matrix. Siehe auch das Beispiel der Multiplikation einer Matrix mit einem Vektor auf der nächsten Seite.

Die eigentliche Multiplikation

Um das jeweilige Element der Ergebnismatrix zu berechnen, werden die Zeilen der ersten Matrix jeweils skalar mit den Spalten der zweiten Matrix multipliziert. Zur Berechnung empfiehlt sich das sogenannte «Falksche Schema»; dazu wird die zweite Matrix oberhalb der Ergebnismatrix plaziert, dies erleichtert das Rechnen.

Beispiel:

$$\mathrm{A}=\begin{pmatrix} a_{11} & a_{12} \\ a_{21} & a_{22} \end{pmatrix}=\begin{pmatrix} 1 & 2 \\ 3 & 4 \end{pmatrix},\ \mathrm{B}=\begin{pmatrix} b_{11} & b_{12} \\ b_{21} & b_{22} \end{pmatrix}=\begin{pmatrix} 5 & 6 \\ 7 & 8 \end{pmatrix},\ \mathrm{C}=\begin{pmatrix} c_{11} & c_{12} \\ c_{21} & c_{22} \end{pmatrix}$$

gesucht ist das Produkt $\mathrm{A}\cdot\mathrm{B}=\mathrm{C}$

Falksches Schema:

$$\begin{array}{cc} & \begin{pmatrix} b_{11} & b_{12} \\ b_{21} & b_{22} \end{pmatrix} \\ \begin{pmatrix} a_{11} & a_{12} \\ a_{21} & a_{22} \end{pmatrix} & \begin{pmatrix} c_{11} & c_{12} \\ c_{21} & c_{22} \end{pmatrix} \end{array} \quad \text{mit} \quad \begin{array}{lll} c_{11} & a_{11}\cdot b_{11} & a_{12}\cdot b_{21} \\ c_{12} & a_{11}\cdot b_{12} & a_{12}\cdot b_{22} \\ c_{21} & a_{21}\cdot b_{11} & a_{22}\cdot b_{21} \\ c_{22} & a_{21}\cdot b_{12} & a_{22}\cdot b_{22} \end{array}$$

beziehungsweise:

$$\begin{array}{cc} & \begin{pmatrix} 5 & 6 \\ 7 & 8 \end{pmatrix} \\ \begin{pmatrix} 1 & 2 \\ 3 & 4 \end{pmatrix} & \begin{pmatrix} c_{11} & c_{12} \\ c_{21} & c_{22} \end{pmatrix} \end{array} \quad \text{mit} \quad \begin{array}{llll} c_{11} & 1\cdot 5 & 2\cdot 7 & 19 \\ c_{12} & 1\cdot 6 & 2\cdot 8 & 22 \\ c_{21} & 3\cdot 5 & 4\cdot 7 & 43 \\ c_{22} & 3\cdot 6 & 4\cdot 8 & 50 \end{array}$$

Also ist: $\begin{pmatrix} 1 & 2 \\ 3 & 4 \end{pmatrix}\cdot\begin{pmatrix} 5 & 6 \\ 7 & 8 \end{pmatrix}=\begin{pmatrix} 19 & 22 \\ 43 & 50 \end{pmatrix}$

Multiplikation einer Matrix mit einem Vektor

Ein Vektor wird als 2×1 bzw. 3×1-Matrix aufgefasst; entsprechend gelten die gleichen Regeln wie bei der Multiplikation von Matrizen. Das Ergebnis der Multiplikation einer Matrix mit einem Vektor ist ein Vektor.

Matrix A ist eine 2×2 Matrix, $\vec{x}$ ist eine 2×1 Matrix, das Ergebnis ist also eine 2×1 Matrix:

$$\mathrm{A}\cdot\vec{x}=\begin{pmatrix} a_{11} & a_{12} \\ a_{21} & a_{22} \end{pmatrix}\cdot\begin{pmatrix} x_1 \\ x_2 \end{pmatrix}=\begin{pmatrix} a_{11}\cdot x_1+a_{12}\cdot x_2 \\ a_{21}\cdot x_1+a_{22}\cdot x_2 \end{pmatrix}$$

Beispiel: $\mathrm{A}=\begin{pmatrix} 1 & 2 \\ 3 & 4 \end{pmatrix}$ und $\vec{x}=\begin{pmatrix} 5 \\ 6 \end{pmatrix}$:

$$\mathrm{A}\cdot\vec{x}=\begin{pmatrix} 1 & 2 \\ 3 & 4 \end{pmatrix}\cdot\begin{pmatrix} 5 \\ 6 \end{pmatrix}=\begin{pmatrix} 1\cdot 5+2\cdot 6 \\ 3\cdot 5+4\cdot 6 \end{pmatrix}=\begin{pmatrix} 17 \\ 39 \end{pmatrix}$$

15.2 Alternative 1: Matrizen bei Abbildungen

a) Sie erhalten das Bild eines Punktes, indem Sie den Ortsvektor dieses Punktes in die Abbildungsgleichung einsetzen und die Matrizenmultiplikation durchführen. Sie erhalten das Bild einer Geraden, indem Sie die Gerade als «parameterisierten» Ortsvektor schreiben und in die Abbildungsgleichung einsetzen. Nach dem Ausrechnen wird das Ergebnis wieder als Gerade geschrieben.

b) Bestimmen Sie die Verbindungsvektoren von O zu O′, von O′ zu E_1' und von O′ zu E_2'.

c) Verwenden Sie die oben beschriebene Koordinatendarstellung und setzen Sie alle Punkte und Bildpunkte ein. Lösen Sie die entstehenden Gleichungssysteme nach $a_1$und b_1 bzw. nach a_2 und b_2 auf.

d) Gehen Sie vor wie bei Aufgabe c).

e) Eine Verschiebung um einen Vektor $\vec{v}$ hat die Darstellung $\alpha : \vec{x}\,' = \vec{x} + \vec{v}$.

Eine Drehung um den Ursprung um einen Winkel α hat die Darstellung

$$\beta : \vec{x}\,' = \begin{pmatrix} \cos\alpha & -\sin\alpha \\ \sin\alpha & \cos\alpha \end{pmatrix} \cdot \vec{x}$$

Eine zentrische Streckung vom Ursprung aus mit Streckfaktor $k \neq 0$ hat die Darstellung

$$\gamma : \vec{x}\,' = \begin{pmatrix} k & 0 \\ 0 & k \end{pmatrix} \cdot \vec{x}$$

Eine Spiegelung an einer Ursprungsgeraden, die mit der x_1-Achse einen Winkel α einschließt, hat die Darstellung

$$\delta : \vec{x}\,' = \begin{pmatrix} \cos(2\alpha) & \sin(2\alpha) \\ \sin(2\alpha) & -\cos(2\alpha) \end{pmatrix} \cdot \vec{x}$$

Den Steigungswinkel bei einer Spiegelung an einer Ursprungsgeraden erhalten Sie mit Hilfe des Tangens-Verhältnisses.

f) Prüfen Sie die Struktur der Matrix (gleiche Zahlen bzw. Vorzeichen) und berechnen Sie den Drehwinkel bzw. den Winkel zwischen der x_1-Achse und der Spiegelachse jeweils auf zwei Arten zur Kontrolle. Hierzu verwenden Sie die Umkehrfunktionen der sin- und cos-Funktion.

15.3 Alternative 1: Verkettete Abbildungen

a) Bei Verkettungen von zwei Abbildungen α und β mit den Matrizen A und B müssen Sie darauf achten, in welcher Reihenfolge Sie die Matrizen multiplizieren: So bedeutet beispielsweise «Erst α, dann β», also $\beta \circ \alpha$, für die Verkettungsmatrix M: $M = B \cdot A$.

b) Bestimmen Sie zuerst die Matrizen für die einzelnen Abbildungen und anschließend die Verkettungsmatrix als Matrizenprodukt (Reihenfolge beachten).

15.4 Alternative 2: Übergangsmatrizen

a) I) Das Diagramm besteht aus 2 Elementen, zwischen denen die Übergänge stattfinden. Achten Sie beim Erstellen der Tabelle darauf, dass die Übergänge «von Spalten zu

Zeilen» stattfinden. Überlegen Sie am Anfang, wie viele Vögel im Wald bzw. auf der Lichtung bleiben.

II) Die Übergangsmatrix können Sie direkt an der Tabelle ablesen. Die Einträge im Zustandsvektor müssen die gleiche Reihenfolge besitzen wie die Spalten bzw. Zeilen der Tabelle. Um zu berechnen, wie viele Vögel sich nach einem Tag im Wald bzw. auf der Lichtung befinden, multiplizieren Sie die Übergangsmatrix mit dem Zustandsvektor.

b) I) Der Übergangsgraph besteht aus drei Elementen, zwischen denen Übergänge stattfinden. Achten Sie beim Erstellen der Tabelle darauf, dass die Übergänge «von Spalten zu Zeilen» stattfinden. Überlegen Sie zuerst, wieviel Prozent der Schüler auf ihrer eigenen Schule bleiben.

II) Die Übergangsmatrix können Sie direkt an der Tabelle ablesen.

III) Die Einträge im Zustandsvektor müssen die gleiche Reihenfolge besitzen wie die Spalten bzw. Zeilen der Tabelle. Um die Verteilung der Schüler nach einem Jahr zu berechnen, multiplizieren Sie die Übergangsmatrix mit dem Zustandsvektor.

c) I) Die Besonderheit eines Entwicklungsgraphen ist, dass die Übergänge immer nur von einem Zustand in den nächsten stattfinden. Achten Sie beim Erstellen der Tabelle darauf, dass die Übergänge «von Spalten zu Zeilen» stattfinden. Bei der Tabelle gibt es viele Einträge die «Null» sind. Die Übergangsmatrix können Sie dann direkt ablesen.

II) Die Einträge im Zustandsvektor müssen die gleiche Reihenfolge besitzen wie die Spalten bzw. Zeilen in der Tabelle. Um die Anzahl der Pflanzen nach einem Jahr zu berechnen, multiplizieren Sie die Übergangsmatrix mit dem Zustandsvektor.

15.5 Alternative 2: Verkettete Übergänge

Es handelt sich um eine Matrix, die mehrfach mit einem Zustandsvektor multipliziert wird. Will man z.B. den Zustandsvektor $\overrightarrow{v_2}$ berechnen, kann man entweder $A \cdot \overrightarrow{v_1} = \overrightarrow{v_2}$ bestimmen oder direkt $A^2 \cdot \overrightarrow{v_0} = \overrightarrow{v_2}$. Es ist $A^2 = A \cdot A$, $A^3 = A \cdot A \cdot A$, etc.

a) Bestimmen Sie die Verteilung nach 2 bzw. nach 5 Tagen, indem Sie $A^2 \cdot \overrightarrow{v_0}$ bzw. $A^5 \cdot \overrightarrow{v_0}$ berechnen.

b) Bestimmen Sie die Verteilung nach 4 Jahren, indem Sie $A^4 \cdot \overrightarrow{v_0}$ berechnen.

c) Bestimmen Sie die Anzahl nach 2 bzw. nach 7 Jahren, indem Sie $A^2 \cdot \overrightarrow{v_0}$ bzw. $A^7 \cdot \overrightarrow{v_0}$ berechnen.

15.6 Alternative 2: Fixvektoren

a) Schreiben Sie die Gleichung $A \cdot \vec{v} = \vec{v}$ als Gleichungssystem und lösen Sie dieses, indem Sie den Gauß-Algorithmus anwenden und vorgehen, wie es bei der Lösung von Gleichungssystemen üblich ist. Vorher bringen Sie noch v_1 und v_2 auf die linke Seite des Gleichungssystems. Die Gleichungen sollten ein Vielfaches voneinander sein, also kann eine Gleichung gestrichen werden. Ergänzen Sie dann das Gleichungssystem um die Bedingung

$v_1 + v_2 = 1$. Sie erhalten so einen Fixvektor, der die Anteile ausdrückt. Multipliziert man diesen mit der Gesamtsumme, erhält man den zu $\overrightarrow{v_0}$ gehörigen Fixvektor (man kann auch direkt die Beziehung $v_1 + v_2 = 160$ bzw. $v_1 + v_2 = 150$ einsetzen; auf diesem Weg erhält man den konkreten Fixvektor direkt).

b) Schreiben Sie die Gleichung $A \cdot \vec{v} = \vec{v}$ als Gleichungssystem; falls Sie nur die triviale Lösung erhalten, gibt es keinen stabilen Zustand.

Stochastik

16 Grundlegende Begriffe

16.1 Zufallsexperimente und Ereignisse

a) Um eine möglichst einfache Ergebnismenge zu erhalten, können verschiedene mögliche Ausfälle des Experiments zu einem Ergebnis zusammengefasst werden.

b) Beachten Sie, dass es auch ein unmögliches und ein sicheres Ereignis gibt.

c) Prüfen Sie, ob z.B. die Anzahl oder die Reihenfolge der vorkommenden «w» und «z» eine Rolle spielen.
Das Gegenereignis eines Ereignisses A besteht aus allen möglichen Ausfällen, die nicht in A vorkommen.

16.2 Absolute und relative Häufigkeit

Überlegen Sie zunächst, wie oft das «Experiment» durchgeführt wurde; anschließend lesen Sie die absoluten Häufigkeiten ab und bestimmen die relativen Häufigkeiten als Bruch.

16.3 Wahrscheinlichkeit bei Laplace-Versuchen

a) Überlegen Sie, wie sich die relative Häufigkeit eines Ergebnisses verändert, wenn man ein Experiment immer öfter wiederholt.

b) und c) Zur Berechnung einer Laplace-Wahrscheinlichkeit wird die Anzahl der für ein Ereignis günstigen Ausfälle duch die Anzahl aller möglichen Ergebnisse des Zufallsversuchs geteilt.

d) Es gibt mehrere Lösungswege. Eine Möglichkeit besteht darin, alle möglichen Ziehungen zu notieren und zu schauen, welche dazu führen, dass Anke und Britta ein Team bilden.

17 Berechnung von Wahrscheinlichkeiten

17.1 Addidtionssatz, Vierfeldertafel

a) Ergänzen Sie zunächst die Zeile oder Spalte, in der schon zwei Zahlen stehen. Beachten Sie, dass sich «rechts unten» 1 ergeben muss.

b) Überlegen Sie, welche der angegebenen Zahlen bei der Vierfeldertafel innen und welche außen stehen.

17.2 Baumdiagramme und Pfadregeln

a) Beachten Sie beim Baumdiagramm, wieviele Kugeln nach dem ersten Ziehen noch in der Urne sind. Benutzen Sie für II) die Pfadregeln; überlegen Sie zuerst, welche Pfade zu dem jeweiligen Ereignis gehören.

b) Nach der Erstellung des Baumdiagrammes schreiben Sie die Ereignisse zunächst als Mengen auf und benutzen Sie dann die Pfadregeln.

c) I) Die Pfade in diesem Baumdiagramm sind unterschiedlich lang, da die Kontrolle abgebrochen wird, wenn ein Fehler erkannt ist.

   II) Sie können die Wahrscheinlichkeit aller möglichen Pfade addieren oder mit dem Gegenereignis arbeiten.

d) Auch dieses Baumdiagramm hat unterschiedlich lange Pfade. Sie können es außerdem wesentlich vereinfachen, wenn Sie beim Würfel nur zwischen 6 und $\overline{6}$ («nicht 6») unterscheiden; beachten Sie dabei die verschiedenen Wahrscheinlichkeiten.

e) Auch dieser Baum hat unterschiedlich lange Pfade. Wie groß ist die Wahrscheinlichkeit für «weiß», wenn keine roten Kugeln mehr in der Urne sind? Markieren Sie alle «Gewinnpfade» im Baumdiagramm.

f) Fassen Sie auf jeder Stufe die Augenzahlen, die zu einer Summer größer als 3 führen, zusammen, um den Baum nicht zu kompliziert zu gestalten.

17.3 Unabhängigkeit von zwei Ereignissen

a) Wenn A und B unabhängig sind, so sind auch A und $\overline{B}$, $\overline{A}$ und B bzw. $\overline{A}$ und $\overline{B}$ voneinander unabhängig und es gilt jeweils der spezielle Multiplikationssatz.

b) P(R), P(m) und $P(m \cap R)$ entsprechen den jeweiligen relativen Häufigkeiten. Prüfen Sie nach, ob dafür der spezielle Multiplikationssatz gilt.

17.4 Bedingte Wahrscheinlichkeit

Bei Fragen nach der bedingten Wahrscheinlichkeit sind Vierfeldertafeln und Baumdiagramme hilfreich, wenn Sie folgendes beachten:

	A	$\overline{A}$	
B	$P(A \cap B)$	$P(\overline{A} \cap B)$	$P(B)$
$\overline{B}$	$P(A \cap \overline{B})$	$P(\overline{A} \cap \overline{B})$	$P(\overline{B})$
	$P(A)$	$P(\overline{A})$	1

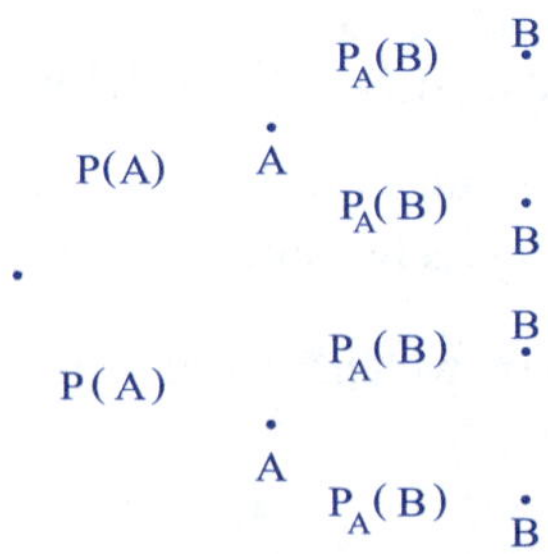

$P(A \cap B) = P(A) \cdot P_A(B) = P(B) \cdot P_B(A)$.
Damit kann man auch bei anspruchsvollen Aufgabenstellungen die Orientierung behalten.

a) Notieren Sie zunächst formal, welche Wahrscheinlichkeiten den verschiedenen %-Angaben entsprechen.
Stellen Sie eine Vierfeldertafel auf (a: über 70 Jahre, j: bis 70 Jahre, m: männlich, w: weiblich). Bedenken Sie dabei: $P(a \cap m) = P(a) \cdot P_a(m)$ und $P(j \cap m) = P(j) \cdot P_j(m)$. Mit Hilfe der Vierfeldertafel und der Formel lässt sich dann $P_m(j)$, der Anteil der jüngeren unter den Männern, berechnen.

b) Erstellen Sie eine Vierfeldertafel und verwenden Sie: a: über 40 Jahre, j: bis 40 Jahre, L: Leserin. Schreiben Sie zunächst alle Wahrscheinlichkeiten, die sich aus den Angaben errechnen lassen, als relative Häufigkeiten formal auf. Bestimmen Sie mit Hilfe der Vierfeldertafel $P_a(L)$ und $P_j(L)$.

c) Verwenden Sie: k: krank, g ($= \overline{k}$): gesund, «+»: positiv getestet, «−»: negativ getestet.
Aus der Aufgabenstellung lassen sich P(k), $P_k(+)$ und $P_g(-)$ ablesen.
Bestimmen Sie P(g), $P(k \cap +)$, $P(g \cap -)$ und benutzen Sie eine Vierfeldertafel, um $P_+(k)$ und $P_-(g)$ zu bestimmen.

18 Kombinatorische Zählprobleme

18.1 Geordnete Stichproben mit Zurücklegen

a) - e) Bestimmen Sie zuerst mit Hilfe der Formel die Anzahl aller möglichen Ausfälle, dann für jedes einzelne Ereignis die Anzahl der günstigen Ausfälle und berechnen Sie die entsprechende Laplace-Wahrscheinlichkeit.

f) Es sind 5 Buchstaben, aus denen gezogen wird, von denen je 2 doppelt vorkommen, was zu verschiedenen Wahrscheinlichkeiten z.B. für H und A führt.

18.2 Geordnete Stichproben ohne Zurücklegen

Benutzen Sie wieder die Formel für Laplace-Wahrscheinlichkeiten. Zur Berechnung der Anzahl der günstigen Möglichkeiten gehen Sie Schritt für Schritt die einzelnen Stufen durch und multiplizieren Sie die gefundenen Anzahlen.

a) zu D: Beachten Sie die Fälle «zuerst rot» und «zuerst weiß» getrennt.

b) zu B: Beachten Sie die verschiedenen Reihenfolgen.

c) zu B: Benutzen Sie das Gegenereignis.

d) zu B: Betrachten Sie nur die ersten 6 Runden.

e) zu C: Überlegen Sie, wo die 3 «A» stehen können und verwenden Sie die Wahrscheinlichkeit von Ereignis B.

18.3 Ungeordnete Stichproben ohne Zurücklegen

a) Schreiben Sie die ersten 4 Zeilen des Pascalschen Dreiecks auf.

Für b) - f) gilt: Bestimmen Sie zuerst die Anzahl aller möglichen Ausfälle und anschließend für das jeweilige Ereignis die Anzahl der günstigen Ausfälle.

b) zu A: Bestimmen Sie die durch 5 teilbaren Zahlen und die Anzahl der Möglichkeiten, davon 4 auszuwählen.
zu B: Bestimmen Sie die geraden Zahlen und die Anzahl der Möglichkeiten, davon 4 auszuwählen.
zu C und D: Probieren Sie einfach aus, welche Ergebnisse günstig sind.

c) zu A: Bestimmen Sie die Anzahl der Möglichkeiten, von 7 weißen Kugeln 3 auszuwählen.
zu B: Teilen Sie das Ereignis für die verschiedenen Farben auf und addieren Sie die Wahrscheinlichkeiten.
zu C: Man kann sich die Urne aufgeteilt denken in 3 Teile mit jeweils nur weißen, schwarzen und roten Kugeln, aus denen die entsprechende Anzahl von Kugeln genommen wird. Die Anzahl der günstigen Möglichkeiten erhält man dann als Produkt.
zu D: Fassen Sie schwarze und weiße Kugeln zusammen.
zu E: siehe Ereignis C.
zu F: Benutzen Sie das Gegenereignis.

d) Sie können die Glühbirnen wie Kugeln in einer Urne behandeln. Siehe auch c) zu C.

e) Teilen Sie die 49 Kugeln in die 6 gezogenen und die 43 nicht gezogenen auf.

f) zu I und II siehe Aufgabe c) zu C.
zu III: Sie können die Besetzung des ersten Autos auslosen, die übrigen fahren mit dem anderen Auto. Welche Ergebnisse sind bezüglich der Fragestellung günstig?

18.4 Vermischte Aufgaben

a) Man kann die Verteilung der 4 Freunde auf die 4 Plätze als geordnete Stichprobe ohne Wiederholung auffassen.

b) Es handelt sich um eine ungeordnete Stichprobe ohne Zurücklegen.

c) Zu A und B: Es handelt sich um eine geordnete Stichprobe mit Zurücklegen.
Zu C und D: Überlegen Sie, auf wie viele Arten Sie die 5 bzw. die 4 richtigen Antworten auf die 10 Fragen verteilen können.

d) Zu I: Durch zwei beliebige Punkte lässt sich immer eine Verbindungsgerade ziehen.
Zu II: Jedes Dreieck hat einen Umkreis.

e) Rechnen Sie mit dem Gegenereignis.

19 Wahrscheinlichkeitsverteilung von Zufallsgrößen

19.1 Erwartungswert

a) - c) Bestimmen Sie zunächst z.B. mit Hilfe eines Baumdiagrammes die Wahrscheinlichkeiten für die möglichen Ergebnisse. Legen Sie eine Tabelle für die Anzahl der Züge und ihre jeweilige Wahrscheinlichkeit an und bestimmen Sie dann den Erwartungswert.

d) Berechnen Sie die Wahrscheinlichkeiten der einzelnen Ergebnisse als ungeordnete Stichprobe und stellen Sie dann eine Tabelle für die Punktzahlen und ihre Wahrscheinlichkeiten auf.

19.2 Varianz und Standardabweichung

a) Legen Sie eine Tabelle wie in 23.1 für E(X) an und ergänzen Sie diese durch die Spalten $(x_i - E(X))^2$ und $(x_i - E(X))^2 \cdot P(x_i)$, um die Berechnung der Varianz übersichtlich zu gestalten.

b) Zur Berechnung von $E(X)$ (Durchschnitt) und $\sigma(X)$ (Standardabweichung) können Sie in der Tabelle (siehe Aufgabe a)) statt der Wahrscheinlichkeiten $P(x_i)$ die angegebenen absoluten Häufigkeiten $H(x_i)$ verwenden und erst am Schluss durch die Gesamtzahl der Schüler teilen.

20 Binomialverteilung

20.1 Bernoulliketten

a) Bei einem Bernoulli-Experiment gibt es nur 2 Möglichkeiten, vergleichbar mit Shakespeares «Sein oder nicht Sein».

b) Prüfen Sie nach, ob auf jeder Stufe nur 2 Ausfälle von Bedeutung sind, legen sie gegebenenfalls einen Ausfall als «Treffer» fest und prüfen Sie, ob die Trefferwahrscheinlichkeit auf allen Stufen dieselbe ist.

20.2 Binomialverteilung mit Gebrauch der Formel (Taschenrechner)

a) - d) Notieren Sie zunächst, welcher Ausfall des Bernoulli-Experiments als Treffer gelten soll und bestimmen Sie die Trefferwahrscheinlichkeit p sowie die Kettenlänge n.
Überlegen Sie, welche Trefferanzahlen zum fraglichen Ereignis gehören und berechnen Sie deren Wahrscheinlichkeiten mit der Formel $P(X = k) = \binom{n}{k} \cdot p^k \cdot (1-p)^{n-k}$. Prüfen sie, ob gegebenenfalls die Wahrscheinlichkeit des Gegenereignisses einfacher zu berechnen ist.

e) - f) Für das Gegenereignis lässt sich eine Formel angeben. Damit lässt sich die Kettenlänge n durch Probieren (mit dem Taschenrechner) oder durch das Auflösen der zugehörigen Exponentialgleichung bzw. Exponentialungleichung bestimmen.

20.3 Binomialverteilung mit Gebrauch der Tabelle

a) - b) Überlegen Sie, wie Sie $P(X \geqslant k)$ und $P(k_1 \leqslant X \leqslant k_2)$ mit Hilfe von Ausdrücken der Form $P(X \leqslant k)$ berechnen können, die Sie dann aus der Tabelle ablesen.

c) Legen Sie fest, was als «Treffer» zählt und bestimmen Sie zuerst jeweils n und p. Schreiben Sie dann die Wahrscheinlichkeit für das jeweilige Ereignis so auf, dass Sie es mit Hilfe der Tabelle bestimmen können (vgl. Aufgabe a) und b)).

d) Beachten Sie, dass bei $p > 0,5$ in der Tabelle «von unten» abgelesen und die Differenz zu 1 gebildet werden muss, um $P(X \leqslant k)$ zu erhalten.
Beispiel: Bei $n = 100$ und $p = 0,8$ ist $P(X \leqslant 80) = 1 - 0,4602 = 0,5398$.

e) Das Ablesen in der Tabelle fällt leichter, wenn man «Treffer» so wählt, dass p nicht größer als 0,5 ist.

f) Überlegen Sie, was Sie sinnvoll als Trefferwahrscheinlichkeit einsetzen können und gehen Sie vor wie bei Aufgabe c).

20.4 Erwartungswert und Standardabweichung

Um den Erwartungswert μ und die Standardabweichung σ einer binomialverteilten Zufallsgröße X mit den Parametern n und p zu berechnen, verwenden Sie folgende Formeln: Erwartungswert: $E(X) = \mu = n \cdot p$. Zugehörige Standardabweichung: $\sigma = \sqrt{n \cdot p \cdot (1 - p)}$

21 Alternative 1: Hypothesentests

21.1 Grundbegriffe, Fehler 1. und 2. Art

a) - b) Die Nullhypothese hat stets die Form H_0: $p = \ldots$ oder H_0: $p \leqslant \ldots$ oder H_0: $p \geqslant \ldots$.
Ein Fehler 1. Art bedeutet: Eine Hypothese wird (fälschlicherweise) abgelehnt, obwohl sie zutrifft.
Ein Fehler 2. Art bedeutet: Eine Hypothese wird (fälschlicherweise) angenommen, obwohl sie nicht zutrifft.

21.2 Einseitiger Test

a) Bei einseitigen Tests geht man bei der Benutzung der Tabelle vom «schlimmsten» Fall aus, benutzt also den größten bzw. kleinsten Wert für p, der noch der Hypothese entspricht.
Die Irrtumswahrscheinlichkeit α entspricht der Wahrscheinlichkeit $P(\overline{A})$ für diesen Wert p. Sie kann mit Hilfe der Tabelle bestimmt werden.

b) Prüfen Sie zuerst, ob ein links- oder rechtsseitiger Test vorliegt.
Aus der Tabelle können Sie k ablesen, so dass α den entsprechenden Wert oder einen leicht darunter liegenden Wert annimmt.

c) Stellen Sie zunächst die Nullhypothese auf und bestimmen sie dann A und $\overline{A}$ für die vorgegebene Irrtumswahrscheinlichkeit. Zum Schluss prüfen Sie, in welchen Bereich die konkret durchgeführte Stichprobe fällt.

d) Siehe Aufgabe c).

e) Notieren Sie zuerst formal alles, was im Text vorgegeben ist und gehen Sie dann wie bei Aufgabe a) und b) vor.

21.3 Zweiseitiger Test

a) Notieren Sie $\overline{A}$ als Menge und ermitteln Sie zunächst die Irrtumswahrscheinlichkeit für jeden der beiden Teile mit Hilfe der Tabelle.

b) Gehen Sie für jeden der beiden Teile von $\overline{A}$ so vor wie bei Aufgabe 25.2 b). Beachten Sie dabei, dass die Wahrscheinlichkeit für jeden Teil $\frac{\alpha}{2}$ nicht überschreiten darf.

c) Bestimmen Sie $\overline{A}$ für $\alpha = 5\,\%$; prüfen Sie dann, ob die aufgetretene Anzahl in $\overline{A}$ liegt.

d) Notieren Sie H_0, n und α und gehen Sie dann wie bei Aufgabe b) vor.

e) Notieren Sie formal die Aussagen des Testes und gehen Sie dann wie bei Aufgabe a) und b) vor. Beachten Sie beim Ablesen, dass $p > 0,5$ ist.

22 Alternative 2: Schätzen von Parametern

a) I) Die gesuchte relative Häufigkeit h_n bestimmen Sie, indem Sie die Anzahl der Befragten, welche für Kandidat A stimmen wollen, durch die Stichprobengröße teilen.

II) Das Vertrauensintervall wird mit Hilfe der Ungleichung oder der Näherungsformel für 95 %-Vertrauensintervalle berechnet:

$$I = \left[h_n - 1{,}96 \cdot \sqrt{\frac{h_n\,(1-h_n)}{n}};\; h_n + 1{,}96 \cdot \sqrt{\frac{h_n\,(1-h_n)}{n}} \right]$$

Dabei ist h_n die relative Häufigkeit und n die Stichprobengröße. Das Sicherheitsniveau, mit dem die Aussage getroffen wird, beträgt in diesem Fall 95 %.

III) Kontrollieren Sie, ob sich das gesamte Vertrauensintervall oberhalb von 50 % befindet.

b) I) Verwenden Sie die Formel für das 95 %-Vertrauensintervall (siehe Tipp zu a)).

II) Setzen Sie die verschiedenen Werte für die Stichprobengröße in die Formel ein und berechnen Sie jeweils das Vertrauensintervall.

III) Überlegen Sie, ob ein großes oder ein kleines Vertrauensintervall eine genaue Aussage ermöglicht.

c) Berechnen Sie zuerst das Vertrauensintervall für den Verbreitungsgrad der Rundfunksendung. Bestimmen Sie dann mit Hilfe der Intervallgrenzen die absoluten Häufigkeiten.

d) Berechnen Sie zuerst das Vertrauensintervall für die Wahrscheinlichkeit, dass ein zufällig ausgewählter Karpfen (im zweiten Fang) bereits markiert ist. Anschließend können Sie mit Hilfe der Intervallgrenzen die Gesamtzahl N der Karpfen berechnen.

e) I) Berechnen Sie das Vertrauensintervall für die relative Auslastung für 95 %-ige Sicherheit, wobei nur die rechte Grenze relevant ist. Anschließend berechnen Sie die zur oberen Grenze gehörige absolute Häufigkeit.
Argumentieren Sie, warum die Differenz zwischen 2000 und der zur oberen Grenze des Vertrauensintervalls gehörigen absoluten Häufigkeit auf jeden Fall zusätzlich als

Überbuchung vergeben werden kann.
Alternativ stellen Sie eine Gleichung auf und bestimmen die zusätzlich zu vergebenden Plätze direkt unter der Annahme, dass auch diese nicht in allen Fällen in Anspruch genommen werden.

II) Überlegen Sie, ob die in Ihrer Rechnung bestimmten zusätzlich zu vergebenden Plätze tatsächlich alle in Anspruch genommen werden.

III) Um das Vertrauensintervall für eine Sicherheit von 99 % zu bestimmen, ändern Sie den Faktor in der Formel von $1,96$ auf $2,58$. Ansonsten gehen Sie vor wie bei Aufgabenteil I).

Lösungen

1 Von der Gleichung zur Kurve

1.1 Ganzrationale Funktionen

a) $f(x) = \frac{1}{2}x + 1$
Schnittpunkt mit der y-Achse: $f(0) = \frac{1}{2} \cdot 0 + 1 = 1 \Rightarrow S(0 \mid 1)$
Schnittpunkt mit der x-Achse: $f(x) = 0$ bzw. $\frac{1}{2}x + 1 = 0$ führt zu $x = -2 \Rightarrow N(-2 \mid 0)$
Es handelt sich um eine Gerade mit y-Achsenabschnitt $b = 1$ und Steigung $m = \frac{1}{2}$.

b) $f(x) = -\frac{3}{4}x$
Schnittpunkt mit der y-Achse: $f(0) = -\frac{3}{4} \cdot 0 = 0 \Rightarrow S(0 \mid 0)$
Schnittpunkt mit der x-Achse: $f(x) = 0$ bzw. $-\frac{3}{4}x = 0$ führt zu $x = 0 \Rightarrow N(0 \mid 0)$
Es handelt sich um eine Ursprungsgerade (Gerade durch den Koordinatenursprung) mit y-Achsenabschnitt $b = 0$ und Steigung $m = -\frac{3}{4}$.

c) $f(x) = -x + 1$
Schnittpunkt mit der y-Achse: $f(0) = -1 \cdot 0 + 1 = 1 \Rightarrow S(0 \mid 1)$
Schnittpunkt mit der x-Achse: $f(x) = 0$ bzw. $-x + 1 = 0$ führt zu $x = 1 \Rightarrow N(1 \mid 0)$
Es handelt sich um eine Gerade mit y-Achsenabschnitt $b = 1$ und Steigung $m = -1$.

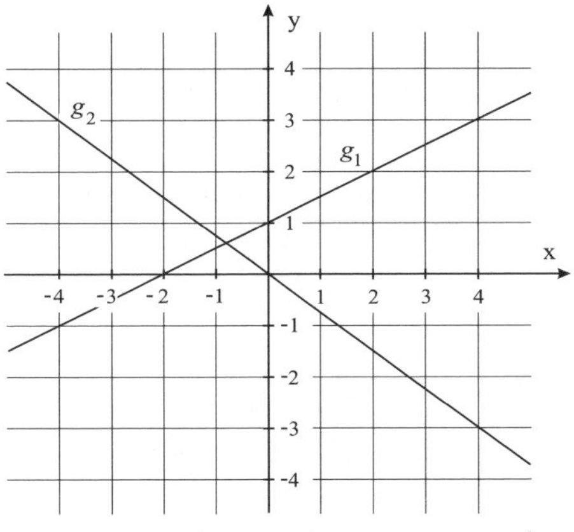

a) g_1: $f(x) = \frac{1}{2}x + 1$, b) g_2: $f(x) = -\frac{3}{4}x$

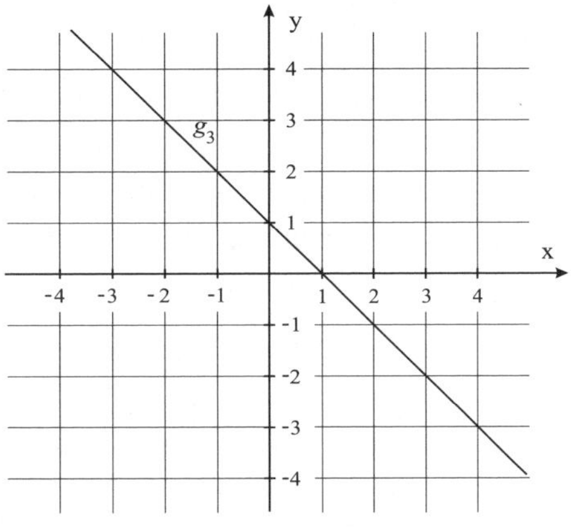

c) g_3: $f(x) = -x + 1$

d) $f(x) = (x-1)^2 - 4$
Schnittpunkt mit der y-Achse: $f(0) = (0-1)^2 - 4 = -3 \Rightarrow S(0 \mid -3)$
Schnittpunkt mit der x-Achse: $f(x) = 0$ bzw. $(x-1)^2 - 4 = 0$ führt zu $x_1 = 3$, $x_2 = -1 \Rightarrow N_1(3 \mid 0), N_2(-1 \mid 0)$. Es handelt sich um eine Normalparabel, die um eine LE nach rechts und 4 LE nach unten verschoben wurde, d.h. eine nach oben geöffnete Normalparabel mit Scheitel bei $(1 \mid -4)$.

e) $f(x) = -x^2 + 4$
Schnittpunkt mit der y-Achse: $f(0) = -0^2 + 4 = 4 \Rightarrow S(0 \mid 4)$
Schnittpunkt mit der x-Achse: $f(x) = 0$ bzw. $-x^2 + 4 = 0$ führt zu $x_1 = 2\,, x_2 = -2$
$\Rightarrow N_1(2 \mid 0)\,, N_2(-2 \mid 0)$.
Es handelt sich um eine Normalparabel, die an der x-Achse gespiegelt und dann um vier LE nach oben verschoben wurde, d.h. eine nach unten geöffnete Normalparabel mit Scheitel $(0 \mid 4)$.

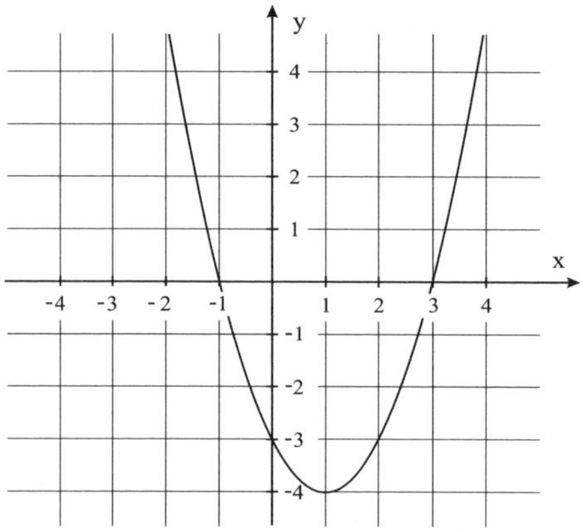

d) $f(x) = (x-1)^2 - 4$

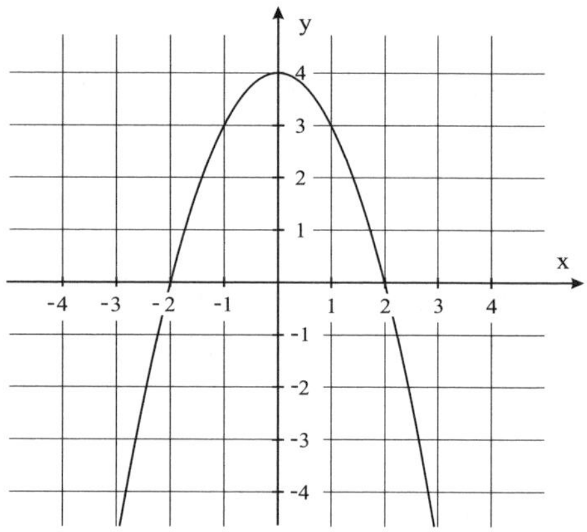

e) $f(x) = -x^2 + 4$

f) $f(x) = -(x+1)^2 + 1$
Schnittpunkt mit der y-Achse: $f(0) = -(0+1)^2 + 1 = 0 \Rightarrow S(0 \mid 0)$
Schnittpunkt mit der x-Achse: $f(x) = 0$ bzw. $f(x) = -(x+1)^2 + 1 = 0$ führt zu $x_1 = 0$, $x_2 = -2 \Rightarrow N_1(0 \mid 0)\,, N_2(-2 \mid 0)$.
Es handelt sich um eine Normalparabel, die an der x-Achse gespiegelt und anschließend um eine LE nach links und eine LE nach oben verschoben wurde, d.h. eine nach unten geöffnete Normalparabel mit Scheitel $(-1 \mid 1)$.

g) $f(x) = (x-1)^3 + 1$
Schnittpunkt mit der y-Achse: $f(0) = (0-1)^3 + 1 = 0 \Rightarrow S(0 \mid 0)$
Schnittpunkt mit der x-Achse: $f(x) = 0$ bzw. $f(x) = (x-1)^3 + 1 = 0$ führt zu $x = 0 \Rightarrow N(0 \mid 0)$.
Es handelt sich um eine kubische Parabel, die um eine LE nach rechts und eine LE nach oben verschoben wurde.

h) $f(x) = -(x+1)^3$
Schnittpunkt mit der y-Achse: $f(0) = -(0+1)^3 = -1 \Rightarrow S(0 \mid -1)$
Schnittpunkt mit der x-Achse: $f(x) = 0$ bzw. $f(x) = -(x+1)^3 = 0$ führt zu $x = -1$
$\Rightarrow N(-1 \mid 0)$.
Es handelt sich um eine kubische Parabel, die an der x-Achse gespiegelt und anschließend um eine LE nach links verschoben wurde.

i) $f(x) = 2x^3 - 2$
Schnittpunkt mit der y-Achse: $f(0) = 2 \cdot 0^3 - 2 = -2 \Rightarrow \mathrm{S}(0 \mid -2)$.
Schnittpunkt mit der x-Achse: $f(x) = 0$ bzw. $f(x) = 2x^3 - 2 = 0$ führt zu $x = 1$
$\Rightarrow \mathrm{N}(1 \mid 0)$. Es handelt sich um eine kubische Parabel, die mit Faktor 2 in y-Richtung gestreckt und um zwei LE nach unten verschoben wurde.

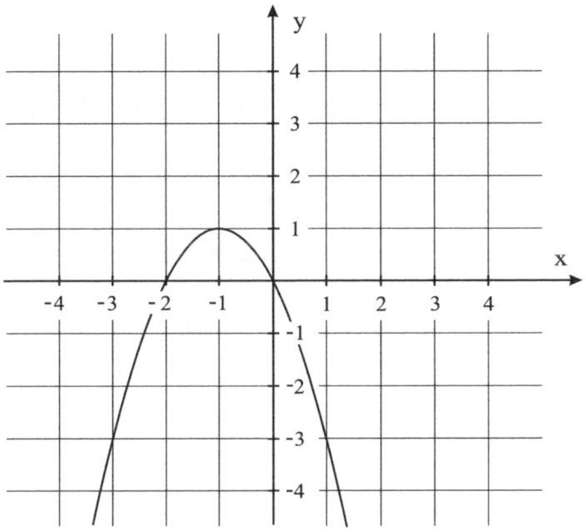

f) $f(x) = -(x+1)^2 + 1$

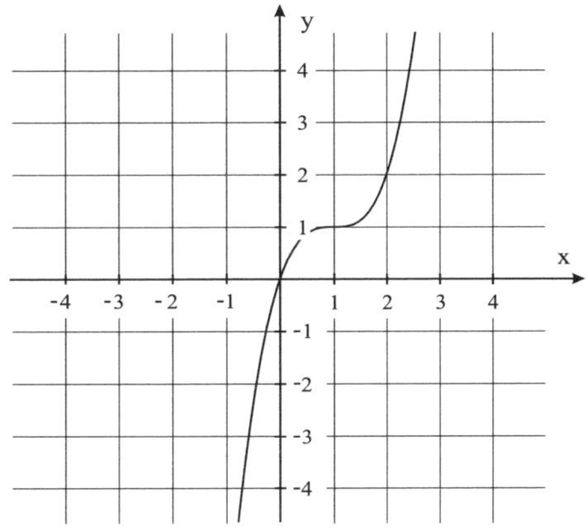

g) $f(x) = (x-1)^3 + 1$

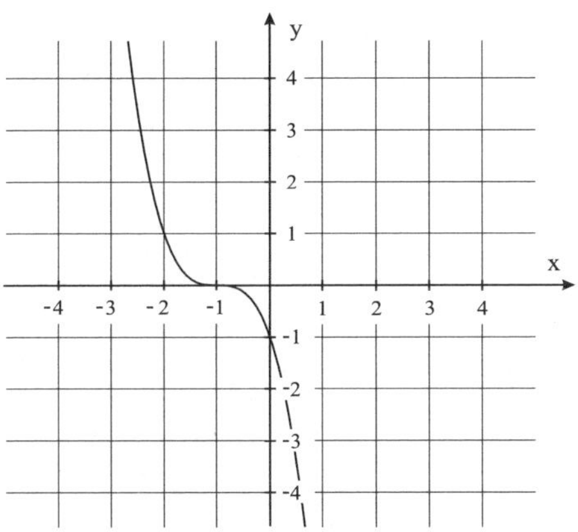

h) $f(x) = -(x+1)^3$

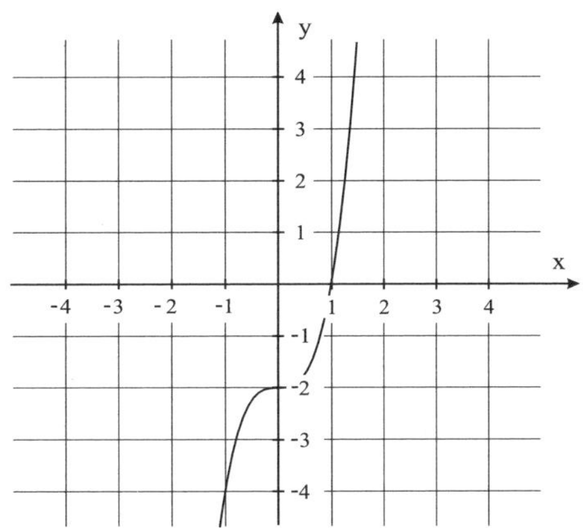

i) $f(x) = 2x^3 - 2$

1.2 Exponentialfunktionen

a) $f(x) = e^{x-1} + 1$
Asymptote: $x \to -\infty$ führt zu $y = 1$ (waagerechte Asymptote).
Der Graph der Funktion $g(x) = e^x$ wurde um eine LE nach rechts und eine LE nach oben verschoben.

b) $f(x) = -e^{x-1} + 1$
Asymptote: $x \to -\infty$ führt zu $y = 1$ (waagerechte Asymptote).
Der Graph der Funktion $g(x) = e^x$ wurde an der x-Achse gespiegelt und anschließend um eine LE nach rechts und eine LE nach oben verschoben.

c) $f(x) = e^{-(x-1)} + 2$
Asymptote: $x \to \infty$ führt zu $y = 2$ (waagerechte Asymptote).
Der Graph der Funktion $g(x) = e^{-x}$ wurde um eine LE nach rechts und zwei LE nach oben verschoben.

d) $f(x) = -e^{-x+1} + 1 = -e^{-(x-1)} + 1$
Asymptote: $x \to \infty$ führt zu $y = 1$ (waagerechte Asymptote).
Der Graph der Funktion $g(x) = e^{-x}$ wurde an der x-Achse gespiegelt und anschließend um eine LE nach rechts und eine LE nach oben verschoben.

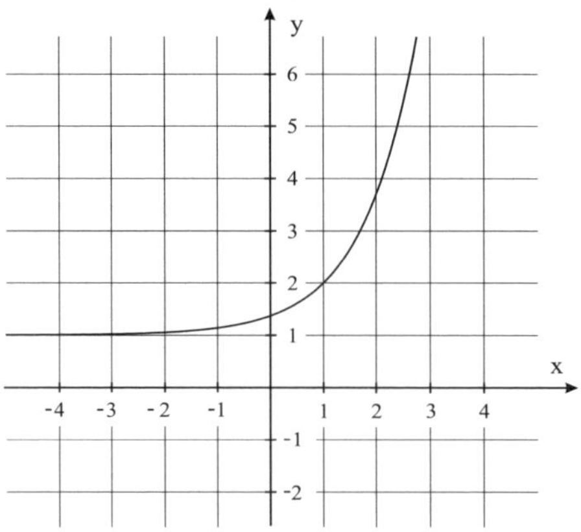

a) $f(x) = e^{x-1} + 1$

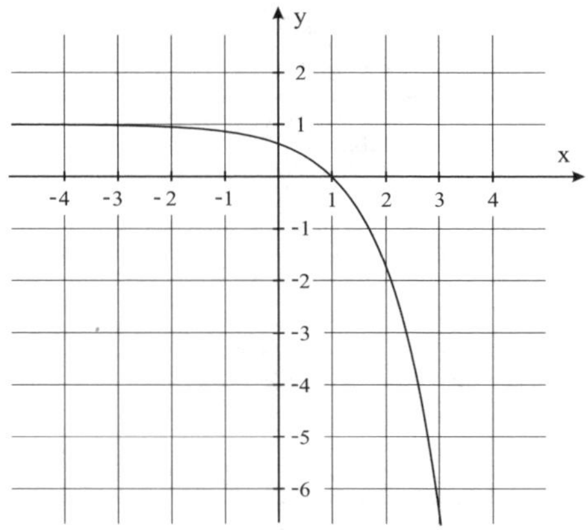

b) $f(x) = -e^{x-1} + 1$

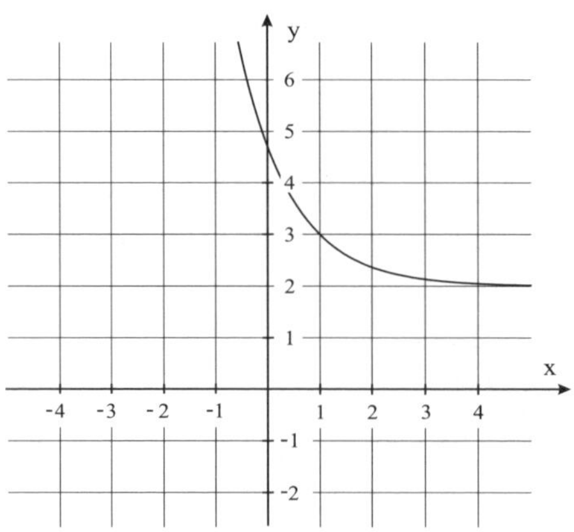

c) $f(x) = e^{-(x-1)} + 2$

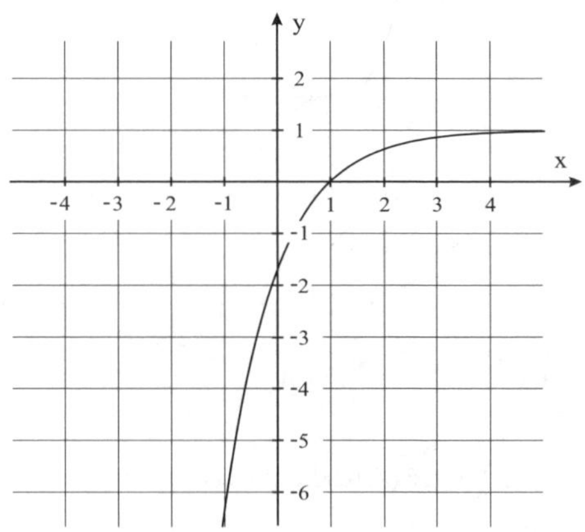

d) $f(x) = -e^{-x+1} + 1$

2 Aufstellen von Funktionen mit Randbedingungen

2.1 Ganzrationale Funktionen

a) Ansatz: $f(x) = ax^2 + bx + c$. Die drei Bedingungen ergeben:

$$\begin{array}{lclclclcl} f(0)=4 & \Rightarrow & a\cdot 0^2 & + & b\cdot 0 & + & c & = & 4 \\ f(1)=0 & \Rightarrow & a\cdot 1^2 & + & b\cdot 1 & + & c & = & 0 \\ f(2)=18 & \Rightarrow & a\cdot 2^2 & + & b\cdot 2 & + & c & = & 18 \end{array}$$

Daraus ergibt sich das folgende Gleichungssystem:

$$\begin{array}{lrcrcrcr} \text{I} & & & & & c & = & 4 \\ \text{II} & a & + & b & + & c & = & 0 \\ \text{III} & 4a & + & 2b & + & c & = & 18 \end{array}$$

Einsetzen von c und Auflösen von II und III führt auf $a = 11$ und $b = -15$. Damit ergibt sich für die Funktionsgleichung: $f(x) = 11x^2 - 15x + 4$.

b) Ansatz: $f(x) = ax^2 + bx + c$ und $f'(x) = 2ax + b$. Die drei Bedingungen ergeben:

$$\begin{array}{lclclclcl} f(0)=2 & \Rightarrow & a\cdot 0^2 & + & b\cdot 0 & + & c & = & 2 \\ f(1)=3 & \Rightarrow & a\cdot 1^2 & + & b\cdot 1 & + & c & = & 3 \\ f'(1)=0 & \Rightarrow & 2a\cdot 1 & + & b & & & = & 0 \end{array}$$

Daraus ergibt sich das folgende Gleichungssystem:

$$\begin{array}{lrcrcrcr} \text{I} & & & & & c & = & 2 \\ \text{II} & a & + & b & + & c & = & 3 \\ \text{III} & 2a & + & b & & & = & 0 \end{array}$$

Einsetzen von c und Auflösen von II und III führt auf $a = -1$ und $b = 2$. Damit ergibt sich für die Funktionsgleichung: $f(x) = -x^2 + 2x + 2$. Da es sich um eine nach unten geöffnete Parabel handelt, muss M $(1 \mid 3)$ ein Hochpunkt sein.

c) Ansatz: $f(x) = ax^2 + b$ und $f'(x) = 2ax$. Die zwei Bedingungen ergeben:

$$\begin{array}{lclclcl} f(1)=6 & \Rightarrow & a\cdot 1^2 & + & b & = & 6 \\ f'(1)=2 & \Rightarrow & 2a\cdot 1 & & & = & 2 \end{array}$$

Daraus ergibt sich das folgende Gleichungssystem:

$$\begin{array}{rcrcr} a & + & b & = & 6 \\ 2a & & & = & 2 \end{array}$$

Auflösen führt auf $a = 1$ und $b = 5$. Damit ergibt sich für die Funktionsgleichung: $f(x) = x^2 + 5$.

d) Ansatz: $f(x) = ax^2 + b$. Die zwei Bedingungen ergeben:

$$\begin{array}{lcrcrcr} f(\sqrt{3}) = 0 & \Rightarrow & a \cdot \left(\sqrt{3}\right)^2 & + & b & = & 0 \\ f(0) = -3 & \Rightarrow & a \cdot 0 & + & b & = & -3 \end{array}$$

Daraus ergibt sich das folgende Gleichungssystem:

$$\begin{array}{rcrcr} 3a & + & b & = & 0 \\ & & b & = & -3 \end{array}$$

Auflösen führt auf $b = -3$ und $a = 1$. Damit ergibt sich für die Funktionsgleichung: $f(x) = x^2 - 3$.

e) Ansatz: $f(x) = ax^3 + bx^2 + cx + d$, $f'(x) = 3ax^2 + 2bx + c$, $f''(x) = 6ax + 2b$. Die vier Bedingungen ergeben:

$$\begin{array}{lcrcrcrcrcr} f(0) = 0 & \Rightarrow & a \cdot 0^3 & + & b \cdot 0^2 & + & c \cdot 0 & + & d & = & 0 \\ f''(0) = 0 & \Rightarrow & 6a \cdot 0 & + & 2b & & & & & = & 0 \\ f(2) = 2 & \Rightarrow & a \cdot 2^3 & + & b \cdot 2^2 & + & c \cdot 2 & + & d & = & 2 \\ f'(2) = 0 & \Rightarrow & 3a \cdot 2^2 & + & 2b \cdot 2 & + & c & & & = & 0 \end{array}$$

Daraus ergibt sich das folgende Gleichungssystem:

$$\begin{array}{rcrcrcrcr} & & & & & & d & = & 0 \\ & & 2b & & & & & = & 0 \\ 8a & + & 4b & + & 2c & + & d & = & 2 \\ 12a & + & 4b & + & c & & & = & 0 \end{array}$$

Es ergeben sich $d = 0$, $b = 0$. Einsetzen in die beiden unteren Gleichungen und Auflösen nach a und c ergibt: $a = -\frac{1}{8}$ und $c = \frac{3}{2} = 1,5$. Damit ergibt sich für die Funktionsgleichung: $f(x) = -\frac{1}{8}x^3 + 1,5x$.

f) Ansatz: $f(x) = ax^3 + bx^2 + cx + d$, $f'(x) = 3ax^2 + 2bx + c$, $f''(x) = 6ax + 2b$. Die vier Bedingungen ergeben:

$$\begin{array}{lcrcrcrcrcr} f(0) = 1 & \Rightarrow & a \cdot 0^3 & + & b \cdot 0^2 & + & c \cdot 0 & + & d & = & 1 \\ f'(0) = -1 & \Rightarrow & 3a \cdot 0^2 & + & 2b \cdot 0 & + & c & & & = & -1 \\ f(-1) = 4 & \Rightarrow & a \cdot (-1)^3 & + & b \cdot (-1)^2 & + & c \cdot (-1) & + & d & = & 4 \\ f''(-1) = 0 & \Rightarrow & 6a \cdot (-1) & + & 2b & + & & & & = & 0 \end{array}$$

Daraus ergibt sich das folgende Gleichungssystem:

$$\begin{array}{rcrcrcrcr} & & & & & & d & = & 1 \\ & & & & c & & & = & -1 \\ -a & + & b & - & c & + & d & = & 4 \\ -6a & + & 2b & & & & & = & 0 \end{array}$$

Es ergeben sich $a = 1$, $b = 3$, $c = -1$, $d = 1$. Damit ergibt sich für die Funktionsgleichung: $f(x) = x^3 + 3x^2 - x + 1$.

g) Ansatz: $f(x) = ax^4 + bx^2$, $f'(x) = 4ax^3 + 2bx$, $f''(x) = 12ax^2 + 2b$. Die zwei Bedingungen ergeben:

$$\begin{array}{lcrcrcr} f(1) = -2{,}5 & \Rightarrow & a \cdot 1^4 & + & b \cdot 1^2 & = & -2{,}5 \\ f''(1) = 0 & \Rightarrow & 12a \cdot 1^2 & + & 2b & = & 0 \end{array}$$

Daraus ergibt sich das folgende Gleichungssystem:

$$\begin{array}{rcrcr} a & + & b & = & -2{,}5 \\ 12a & + & 2b & = & 0 \end{array}$$

Auflösen führt auf $a = \frac{1}{2}$ und $b = -3$. Damit ergibt sich für die Funktionsgleichung: $f(x) = \frac{1}{2}x^4 - 3x^2$.

2.2 Exponentialfunktionen

Der allgemeine Ansatz der e-Funktionen ist $f(x) = a \cdot e^{kx}$. Ihre Ableitung ist $f'(x) = k \cdot a \cdot e^{kx}$.

a) Zuerst wird a bestimmt: $f(0) = 2 \Rightarrow a \cdot e^{k \cdot 0} = 2 \Rightarrow a = 2$. Anschließend setzt man dies in die zweite Gleichung ein und bestimmt k: $f(4) = 2e^{12} \Rightarrow 2 \cdot e^{k \cdot 4} = 2 \cdot e^{12}$. Teilen durch 2 ergibt:$e^{k \cdot 4} = e^{12}$. Logarithmieren mit ln führt zu $k \cdot 4 = 12 \Rightarrow k = 3$. Damit ist $f(x) = 2 \cdot e^{3x}$.

b) Zuerst wird a bestimmt: $f(0) = 3 \Rightarrow a \cdot e^{k \cdot 0} = 3 \Rightarrow a = 3$. Anschließend setzt man dies in die zweite Gleichung ein und bestimmt k: $f(2) = 3e^8 \Rightarrow 3 \cdot e^{k \cdot 2} = 3 \cdot e^8$. Teilen durch 3 ergibt $e^{k \cdot 2} = e^8$. Logarithmieren mit ln führt zu $k \cdot 2 = 8 \Rightarrow k = 4$. Damit ist $f(x) = 3 \cdot e^{4x}$.

c) Zuerst wird wie in den vorangegangenen Aufgaben a bestimmt: $f(0) = 3 \Rightarrow a \cdot e^{k \cdot 0} = 3$ $\Rightarrow a = 3$. Dies setzt man in die zweite Aussage der Ableitung ein, um k zu bestimmen: $f'(0) = 6 \Rightarrow k \cdot 3 \cdot e^{k \cdot 0} = 6 \Rightarrow k \cdot 3 = 6 \Rightarrow k = 2$. Damit ist $f(x) = 3 \cdot e^{2x}$.

d) Zuerst wird wie in den vorangegangenen Aufgaben a bestimmt: $f(0) = 2 \Rightarrow a \cdot e^{k \cdot 0} = 2$ $\Rightarrow a = 2$. Dies setzt man in die zweite Aussage über die Ableitung ein, um k zu bestimmen: $f'(0) = 4 \Rightarrow k \cdot 2 \cdot e^{k \cdot 0} = 4 \Rightarrow k \cdot 2 = 4 \Rightarrow k = 2$. Damit ist $f(x) = 2 \cdot e^{2x}$.

e) Zuerst wird wie in den vorangegangenen Aufgaben a bestimmt: $f(0) = 5 \Rightarrow a \cdot e^{k \cdot 0} = 5$ $\Rightarrow a = 5$. Dies setzt man in die zweite Aussage ein, um k zu bestimmen: $f'(0) = 10$ $\Rightarrow k \cdot 5 \cdot e^{k \cdot 0} = 10 \Rightarrow k \cdot 5 = 10 \Rightarrow k = 2$. Damit ist $f(x) = 5 \cdot e^{2x}$.

3 Von der Kurve zur Gleichung

3.1 Ganzrationale Funktionen

Zu jeder Aufgabe gibt es verschiedene Lösungswege, diese sind bei den Tipps zu dieser Aufgabe ausführlich beschrieben.

a) 1. Ansatz als allgemeine symmetrische Parabel 2. Grades: $f(x) = ax^2 + b$. Aus der Zeichnung liest man ab: $f(0) = 1$ und $f(1) = 2$. Einsetzen in die allgemeine Funktion ergibt folgende Gleichungen:

$$\begin{array}{rcrcr} & & b & = & 1 \\ a & + & b & = & 2 \end{array}$$

Auflösen der beiden Gleichungen führt zu $a = 1$ und $b = 1 \Rightarrow f(x) = x^2 + 1$.

2. Linearfaktoransatz ist nicht möglich, da keine Nullstellen existieren.

3. Ansatz als verschobene Normalparabel: Es handelt sich um eine Normalparabel, die um 1 LE nach oben verschoben wurde. Daher wird $f(x) = x^2$ zu $f(x) = x^2 + 1$.

b) 1. Ansatz als symmetrische Parabel 3. Grades $f(x) = ax^3 + b$. Aus der Zeichnung liest man ab: $f(0) = -3$, $f(1) = -2$. Einsetzen in die allgemeine Funktion ergibt folgende Gleichungen:

$$\begin{array}{rcrcr} & & b & = & -3 \\ a & + & b & = & -2 \end{array}$$

Auflösen der beiden Gleichungen führt auf $b = -3$ und $a = 1 \Rightarrow f(x) = x^3 - 3$.

2. Ansatz mit Linearfaktoren lässt sich nicht durchführen, da die Nullstelle nicht genau ablesbar ist.

3. Ansatz als verschobene Parabel 3. Grades: Es handelt sich um eine Parabel, die um 3 LE nach unten verschoben wurde. Daher wird $f(x) = x^3$ zu $f(x) = x^3 - 3$.

c) 1. Ansatz als allgemeine Parabel 2. Grades $f(x) = ax^2 + bx + c$. Aus der Zeichnung liest man ab: $f(-2) = 0$, $f(-1) = 1$, $f(0) = 4$. Einsetzen in die allgemeine Funktion ergibt folgende Gleichungen:

$$\begin{array}{rcrcrcr} 4a & - & 2b & + & c & = & 0 \\ a & - & b & + & c & = & 1 \\ & & & & c & = & 4 \end{array}$$

Einsetzen von c und Auflösen der beiden oberen Gleichungen führt auf $a = 1$ und $b = 4$, damit ist $f(x) = x^2 + 4x + 4$.

2. Ansatz mit Linearfaktoren: Der Graph hat nur eine Nullstelle für $x = -2 \Rightarrow (x+2) \cdot (x+2) = 0 \Rightarrow x^2 + 4x + 4 = 0$. Die Funktion könnte aber noch einen Faktor besitzen, der sie in y-Richtung stauchen oder strecken würde. Daher setzt man zur Kontrolle noch einen Wert (nicht die Nullstelle!) ein und liest an der Zeichnung ab, ob die Werte stimmen. Es bieten sich an: $x = -1$ oder $x = 0$. Vergleich mit der Zeichnung ergibt eine Übereinstimmung, damit ist $f(x) = x^2 + 4x + 4$.

3. Ansatz als verschobene Normalparabel: Es handelt sich um eine um 2 LE nach links verschobene Normalparabel, daher wird $f(x) = x^2$ zu $f(x) = (x+2)^2$. Auch hier zur Kontrolle einsetzen: $f(0) = 4$, es herrscht Übereinstimmung; Ausmultiplizieren führt zu $f(x) = x^2 + 4x + 4$.

d) 1. Ansatz als allgemeine Funktion 2. Grades $f(x) = ax^2 + bx + c$. Aus der Zeichnung liest man ab: $f(-1) = -2$, $f(0) = -1$, $f(1) = 2$. Einsetzen in die allgemeine Funktion ergibt folgende Gleichungen:

$$\begin{array}{rcrcrcr} a & - & b & + & c & = & -2 \\ & & & & c & = & -1 \\ a & + & b & + & c & = & 2 \end{array}$$

Einsetzen von c und Auflösen der oberen und unteren Gleichung führt zu $a = 1$ und $b = 2$, damit ist $f(x) = x^2 + 2x - 1$.

2. Ansatz mit Linearfaktoren ist nicht möglich, da sich die Nullstellen nicht genau bestimmen lassen.

3. Ansatz als verschobene Normalparabel: Es handelt sich um eine Normalparabel, die um 1 LE nach links und um 2 LE nach unten verschoben ist:
$f(x) = x^2$ wird zu $f(x) = (x+1)^2 - 2$. Kontrolle für $x = 0$: $f(0) = -1$, d.h. Übereinstimmung. Ausmultiplizieren führt zu $f(x) = x^2 + 2x - 1$.

e) 1. Ansatz als allgemeine Funktion 2. Grades $f(x) = ax^2 + bx + c$. Aus der Zeichnung liest man ab: $f(0) = -3$, $f(1) = 0$, $f(2) = 1$. Einsetzen in die allgemeine Funktion ergibt folgende Gleichungen:

$$\begin{array}{rcrcrcr} a & + & b & + & c & = & 0 \\ 4a & + & 2b & + & c & = & 1 \\ & & & & c & = & -3 \end{array}$$

Einsetzen von c und Auflösen der beiden oberen Gleichungen führt zu $a = -1$ und $b = 4$, damit ist $f(x) = -x^2 + 4x - 3$.

2. Ansatz mit Linearfaktoren: Der Graph hat Nullstellen für $x = 1$ und $x = 3$, außerdem ist es eine nach unten geöffnete Parabel, daher muss ein Faktor -1 vor die Gleichung gesetzt werden $\Rightarrow -1 \cdot (x-1) \cdot (x-3) = 0 \Rightarrow -x^2 + 4x - 3 = 0$. Kontrolle für $x = 2$: $f(2) = 1$, damit ist $f(x) = -x^2 + 4x - 3$.

3. Ansatz als verschobene Normalparabel: Es handelt sich um eine nach unten geöffnete Normalparabel, die um 2 LE nach rechts und um 1 LE nach oben verschoben ist: $f(x) = -x^2$ wird zu $f(x) = -(x-2)^2 + 1$. Auch hier Kontrolle für $x = 2$: $f(2) = 1$, es herrscht Übereinstimmung. Ausmultiplizieren führt zu $f(x) = -x^2 + 4x - 3$.

f) 1. Der Ansatz als allgemeine Funktion 3. Grades $f(x) = ax^3 + bx^2 + cx + d$ ist zwar möglich, aber etwas langwierig: Aus der Zeichnung liest man ab: $f(-1) = 0$, $f(0) = 3$,

$f(1) = 0$ und $f(3) = 0$. Einsetzen in die allgemeine Funktion ergibt folgende Gleichungen:

$$\begin{array}{rcrcrcrcl} -a & + & b & - & c & + & d & = & 0 \\ & & & & & & d & = & 3 \\ a & + & b & + & c & + & d & = & 0 \\ 27a & + & 9b & + & 3c & + & d & = & 0 \end{array}$$

Einsetzen von d und Auflösen der oberen Gleichungen führt zu $a = 1$, $b = -3$ und $c = -1$, damit ist $f(x) = x^3 - 3x^2 - x + 3$.

2. Ansatz mit Linearfaktoren: Der Graph hat Nullstellen für $x = -1$, $x = 1$ und $x = 3$ und geht durch den Punkt $\mathrm{P}(2 \mid -3)$.
   Also ist $f(x) = a \cdot (x+1) \cdot (x-1) \cdot (x-3)$ und es gilt:
   $f(2) = -3 \Rightarrow -3 = a \cdot (2+1) \cdot (2-1) \cdot (2-3) \Rightarrow a = 1$.
   Damit ist die Lösung $f(x) = x^3 - 3x^2 - x + 3$.

g) 1. Der Ansatz als allgemeine Funktion 3. Grades $f(x) = ax^3 + bx^2 + cx + d$ ist möglich, aber etwas langwierig: Aus der Zeichnung liest man ab: $f(-4) = 0$, $f(-2) = 0$, $f(-1) = 3$ und $f(0) = 0$. Einsetzen in die allgemeine Funktion ergibt folgende Gleichungen:

$$\begin{array}{rcrcrcrcl} -64a & + & 16b & - & 4c & + & d & = & 0 \\ -8a & + & 4b & - & 2c & + & d & = & 0 \\ -a & + & b & - & c & + & d & = & 3 \\ & & & & & & d & = & 0 \end{array}$$

Einsetzen von d und Auflösen der oberen Gleichungen führt zu $a = -1$, $b = -6$ und $c = -8$, damit ist $f(x) = -x^3 - 6x^2 - 8x$.

2. Ansatz mit Linearfaktoren: Der Graph hat Nullstellen für $x = -4$, $x = -2$ und $x = 0$ und geht durch den Punkt $\mathrm{P}(-1 \mid 3)$.
   Also ist $f(x) = a \cdot (x+4) \cdot (x+2) \cdot (x-0)$ und es gilt:
   $f(-1) = 3 \Rightarrow 3 = a \cdot (-1+4) \cdot (-1+2) \cdot (-1) \Rightarrow a = -1$.
   Damit ist die Lösung $f(x) = -x^3 - 6x^2 - 8x$.

h) 1. Der Ansatz als allgemeine Funktion 4. Grades $f(x) = ax^4 + bx^3 + cx^2 + dx + e$ ist möglich, aber langwierig: Aus der Zeichnung liest man ab: $f(-4) = 0$, $f(-2) = 0$, $f(0) = 8$, $f(2) = 0$ und $f(4) = 0$. Einsetzen in die allg. Funktion und schrittweises Auflösen mit dem Gauß-Verfahren führt zu: $a = \frac{1}{8}$, $b = 0$, $c = -2{,}5$, $d = 0$ und $e = 8$, damit ist $f(x) = \frac{1}{8}x^4 - 2{,}5x^2 + 8$.

2. Ansatz mit Linearfaktoren: Der Graph hat Nullstellen für $x = -4$, $x = -2$, $x = 2$ und $x = 4$ und geht durch den Punkt $\mathrm{P}(0 \mid 8)$.
   Also ist $f(x) = a \cdot (x+4) \cdot (x-4) \cdot (x+2) \cdot (x-2)$ und es gilt:
   $f(0) = 8 \Rightarrow 8 = a \cdot 4 \cdot (-4) \cdot 2 \cdot (-2) \Rightarrow a = \frac{1}{8}$.
   Damit ist die Lösung $f(x) = \frac{1}{8}\left(x^2 - 16\right)\left(x^2 - 4\right) = \frac{1}{8}x^4 - 2{,}5x^2 + 8$.

4 Differenzieren

Bemerkung: Klammern und das Multiplikationszeichen werden bei den Lösungen dazu verwendet, die Ausdrücke übersichtlich zu machen (z.B. um bei der Quotientenregel zu zeigen, wo sich u' und v befinden).

4.1 Ganzrationale Funktionen

a) $f'(x) = 5 \cdot 4x^4 - 3 \cdot 2x^2 = 20x^4 - 6x^2$

b) $f'(x) = 2a \cdot 3x^2 - 6a^2 \cdot 2x = 6ax^2 - 12a^2x$

c) $f'(x) = t^2 \cdot 4x^3 - 3t^3 \cdot 2x + 0 = 4t^2x^3 - 6t^3x$

d) $f'(x) = 3 \cdot (4x+1)^2 \cdot 4 = 12 \cdot (4x+1)^2$

e) $f'(x) = 4 \cdot \left(2x^2+a\right)^3 \cdot 2 \cdot 2x = 16x \cdot \left(2x^2+a\right)^3$

f) $f'(x) = 3 \cdot \left(2ax^3+3\right)^2 \cdot 2a \cdot 3x^2 = 18ax^2 \cdot \left(2ax^3+3\right)^2$

g) $f'(x) = 1 \cdot (x-k)^2 + (x-1) \cdot 2 \cdot (x-k) \cdot 1 = (x-k)^2 + 2 \cdot (x-1) \cdot (x-k)$

h) $f'(x) = 2a \cdot (x-a)^2 + 2ax \cdot 2 \cdot (x-a) \cdot 1 = 2a \cdot (x-a)^2 + 4ax \cdot (x-a)$

4.2 Exponentialfunktionen

a) $f'(x) = 6x \cdot e^{-4x} + 3x^2 \cdot e^{-4x} \cdot (-4) = e^{-4x}\left(6x - 12x^2\right) = 6xe^{-4x}(1-2x)$

b) $f'(x) = \frac{3}{2}x^2 \cdot e^{2x} + \frac{1}{2}x^3 \cdot e^{2x} \cdot 2 = e^{2x}\left(\frac{3}{2}x^2 + x^3\right) = x^2e^{2x}\left(\frac{3}{2}+x\right)$

c) $f'(x) = 2e^{-x} + (2x+5) \cdot e^{-x} \cdot (-1) = e^{-x}(2-(2x+5)) = e^{-x}(-2x-3)$

d) $f'(x) = 1 \cdot e^{-kx} + (x+k) \cdot e^{-kx} \cdot (-k) = e^{-kx}\left(1 - kx - k^2\right)$

e) $f'(x) = 2 \cdot (4x+e^{-x}) \cdot (4 + e^{-x} \cdot (-1)) = 2 \cdot (4x+e^{-x}) \cdot (4-e^{-x})$

f) $f'(x) = 2 \cdot \left(x^2+e^{2x}\right) \cdot \left(2x + e^{2x} \cdot 2\right) = 2 \cdot \left(x^2+e^{2x}\right) \cdot \left(2x+2e^{2x}\right)$
$= 4 \cdot \left(x^2+e^{2x}\right) \cdot \left(x+e^{2x}\right)$

g) $f'(x) = 2 \cdot (e^x + e^{-x}) \cdot (e^x - e^{-x}) = 2 \cdot \left(e^{2x} - e^{-2x}\right)$

h) $f'(x) = 2 \cdot \left(2k+e^{-2x}\right) \cdot e^{-2x} \cdot (-2) = -4e^{-2x} \cdot \left(2k+e^{-2x}\right)$

5 Gleichungslehre

5.1 Quadratische, biquadratische und nichtlineare Gleichungen

Die quadratische Gleichung $x^2+px+q=0$ lässt sich mit der pq-Formel $x_{1,2}=-\frac{p}{2}\pm\sqrt{\frac{p^2}{4}-q}$, die quadratische Gleichung $ax^2+bx+c=0$ lässt sich mit der abc-Formel $x_{1,2}=\frac{-b\pm\sqrt{b^2-4ac}}{2a}$ lösen.

a) Die Gleichung lässt sich mit der pq- bzw. der abc-Formel lösen, z.B. durch
$$x_{1,2}=-\frac{3}{2}\pm\sqrt{\frac{3^2}{4}-(-4)}=-\frac{3}{2}\pm\sqrt{\frac{9}{4}+\frac{16}{4}}=-\frac{3}{2}\pm\sqrt{\frac{25}{4}}=-\frac{3}{2}\pm\frac{5}{2}$$
Damit sind $x_1=1$ und $x_2=-4$.
Die Gleichung hat damit die Lösungsmenge $\mathrm{L}=\{1;-4\}$.

b) Die Gleichung lässt sich mit der pq- bzw. der abc-Formel lösen: $x_1=7$, $x_2=-8$.
Die Gleichung hat damit die Lösungsmenge $\mathrm{L}=\{7;-8\}$.

c) Die Gleichung lässt sich mit der pq- bzw. der abc-Formel lösen: $x_1=\frac{3}{5}$, $x_2=-1$.
Die Gleichung hat damit die Lösungsmenge $\mathrm{L}=\{\frac{3}{5};-1\}$.

d) $(2x-5)\cdot(2x+5)+1=(x-3)^2+2x\cdot(x-1)$ führt zu $4x^2-25+1=x^2-6x+9+2x^2-2x$ bzw. $x^2+8x-33=0$. Diese Gleichung lässt sich mit der pq- bzw. der abc-Formel lösen: $x_{1,2}=-4\pm\sqrt{16+33}\Rightarrow$ Lösungen: $x_1=3$, $x_2=-11$. $\mathrm{L}=\{-11;3\}$.

e) $(x-2)\cdot(x+3)-2\cdot(x-1)^2=2\cdot(2-x)$ führt zu $x^2+3x-2x-6-2\cdot(x^2-2x+1)=4-2x$ bzw. $x^2-7x+12=0$. Diese Gleichung lässt sich mit der pq- bzw. der abc-Formel lösen: $x_{1,2}=\frac{7}{2}\pm\sqrt{\frac{49}{4}-12}\Rightarrow$ Lösungen: $x_1=3$, $x_2=4$. $\mathrm{L}=\{3;4\}$.

f) $(x-1)\cdot(x-a)^2=0$ führt zu $x-1=0$ mit der Lösung: $x_1=1$ und zu $(x-a)^2=0$ bzw. $x-a=0$ mit der Lösung: $x_2=a$. $\mathrm{L}=\{1;a\}$.

g) $x^2\cdot(ax-4a)=0$ führt zu $x^2=0$ mit der Lösung: $x_1=0$ und zu $ax-4a=0$ bzw. $x-4=0$ mit der Lösung: $x_2=4$. $\mathrm{L}=\{0;4\}$.

h) Ausklammern von x^3 führt zu $x^3\cdot(2x-3)=0$. Dies führt zu $x^3=0$ mit der Lösung $x_1=0$ und zu $2x-3=0$ mit der Lösung $x_2=\frac{3}{2}$. Die Gleichung hat damit die Lösungsmenge $\mathrm{L}=\{0;\frac{3}{2}\}$.

i) Ausklammern von x^2 führt zu $x^2\cdot(x^2-3x+2)=0$. Dies führt zu $x^2=0$ mit der Lösung $x_1=0$ und zu $x^2-3x+2=0$. Lösen mit Hilfe der pq- oder abc-Formel führt zu $x_2=1$ und $x_3=2$. Die Gleichung hat damit die Lösungsmenge $\mathrm{L}=\{0;1;2\}$.

j) x ausklammern führt zu $x\cdot(x^2-4)=0$. Dies führt zu $x=0$ mit der Lösung $x_1=0$ und zu $x^2-4=0$ mit den Lösungen $x_2=2$ und $x_3=-2$. Die Gleichung hat damit die Lösungsmenge $\mathrm{L}=\{-2;0;2\}$.

k) x^2 ausklammern führt zu $x^2 \cdot (x^2 - 2) = 0 \Rightarrow x_1 = 0$. Die Gleichung $x^2 - 2 = 0$ führt zu $x_2 = \sqrt{2}$ und $x_3 = -\sqrt{2}$. Die Gleichung hat damit die Lösungsmenge $\mathrm{L} = \left\{ -\sqrt{2}; 0; \sqrt{2} \right\}$.

l) x ausklammern führt zu $x \cdot \left(x^2 - 5x + 6\right) = 0$. Die erste Lösung ist damit $x_1 = 0$. Lösen von $x^2 - 5x + 6 = 0$ mit der pq- bzw. abc-Formel führt zu $x_2 = 2$ und $x_3 = 3$. Die Gleichung hat damit die Lösungsmenge $\mathrm{L} = \{0; 2; 3\}$.

m) Substitution $x^2 = v$: Die Gleichung wird zu $v^2 - 4v + 3 = 0$. Lösen mit Hilfe der pq- oder abc-Formel ergibt $v_1 = 1$ und $v_2 = 3$. Rücksubstitution: $x^2 = 1$ und $x^2 = 3$. Die Lösungen sind damit $x_{1,2} = \pm 1$ und $x_{3,4} = \pm\sqrt{3}$. Die Gleichung hat damit die Lösungsmenge $\mathrm{L} = \{ -\sqrt{3}; -1; 1; \sqrt{3} \}$

n) Die Substitution $x^2 = v$ führt zu $v^2 - 13v + 36 = 0$. Lösen mit Hilfe der pq- oder abc-Formel ergibt $v_1 = 9$ und $v_2 = 4$. Rücksubstitution: $x^2 = 9$ und $x^2 = 4$. Für die Lösungen ergibt sich damit: $x_{1,2} = \pm 3$ und $x_{3,4} = \pm 2$. Die Gleichung hat damit die Lösungsmenge $\mathrm{L} = \{-3; -2; 2; 3\}$.

5.2 Exponentialgleichungen

a) $(2x-5) \cdot e^{-x} = 0$ führt zu $2x - 5 = 0$ mit der Lösung: $x = \frac{5}{2}$. Der Term $e^{-x} = 0$ besitzt keine Lösung, also ist $\mathrm{L} = \{ \frac{5}{2} \}$.

b) $\left(x^2 - 4\right) \cdot e^{0,5x} = 0$ führt zu $x^2 - 4 = 0$ mit den Lösungen: $x_1 = -2$, $x_2 = 2$. Der Term $e^{0,5x} = 0$ besitzt keine Lösung, also ist $\mathrm{L} = \{-2; 2\}$.

c) $x \cdot e^x = 0$ führt zu $x = 0$. Der Term $e^x = 0$ besitzt keine Lösung, also ist $\mathrm{L} = \{0\}$.

d) $(x - t) \cdot e^{-x} = 0$ führt zu $x - t = 0$ mit der Lösung: $x = t$. Der Term $e^{-x} = 0$ besitzt keine Lösung, also ist $\mathrm{L} = \{t\}$.

e) $(2x - 4k) \cdot e^{2kx} = 0$ führt zu $2x - 4k = 0$ mit der Lösung: $x = 2k$. Der Term $e^{2kx} = 0$ besitzt keine Lösung, also ist $\mathrm{L} = \{2k\}$.

f) $\left(kx^2 - k\right) \cdot e^{-kx} = 0$ führt zu $kx^2 - k = 0 \Rightarrow k \cdot (x^2 - 1) = 0$ bzw. $x^2 - 1 = 0$ mit den Lösungen: $x_1 = -1$, $x_2 = 1$. Der Term $e^{-kx} = 0$ besitzt keine Lösung, also ist $\mathrm{L} = \{-1; 1\}$.

g) Substitution $e^x = v$: Wegen $e^{2x} = (e^x)^2$ gilt $e^{2x} = v^2$. Die Gleichung $e^{2x} - 6e^x + 5 = 0$ wird damit zu $v^2 - 6v + 5 = 0$. Lösen mit pq- oder abc-Formel ergibt $v_1 = 5$ und $v_2 = 1$. Rücksubstitution: $e^{x_1} = 1$ und $e^{x_2} = 5$. Die Lösungen sind damit: $x_1 = \ln 1 = 0$ und $x_2 = \ln 5$. Die Gleichung hat damit die Lösungsmenge $\mathrm{L} = \{0; \ln 5\}$.

h) Substitution $e^{2x} = v$: Da $e^{4x} = \left(e^{2x}\right)^2$ gilt $e^{4x} = v^2$. Die Gleichung $e^{4x} - 5e^{2x} + 6 = 0$ wird damit zu $v^2 - 5v + 6 = 0$. Lösen mit Hilfe der pq- oder abc-Formel ergibt $v_1 = 2$ und $v_2 = 3$. Rücksubstitution führt auf $e^{2x_1} = 2$ und $e^{2x_2} = 3$. Die Lösungen sind damit $x_1 = \frac{1}{2}\ln 2$ und $x_2 = \frac{1}{2}\ln 3$. Die Gleichung hat damit die Lösungsmenge $\mathrm{L} = \{ \frac{1}{2}\ln 2; \frac{1}{2}\ln 3 \}$

5.3 Lineare Gleichungssysteme

a) Gegeben ist das Gleichungssystem:

$$\begin{array}{lrcrcrcr} \text{I} & x_1 & + & 2x_2 & - & x_3 & = & 8 \\ \text{II} & -x_1 & + & x_2 & + & 2x_3 & = & 0 \\ \text{III} & -x_1 & - & 5x_2 & - & 4x_3 & = & -12 \end{array}$$

Addieren von I zu II und I zu III führt zu:

$$\begin{array}{lrcrcrcr} \text{I} & x_1 & + & 2x_2 & - & x_3 & = & 8 \\ \text{IIa} & & & 3x_2 & + & x_3 & = & 8 \\ \text{IIIa} & & - & 3x_2 & - & 5x_3 & = & -4 \end{array}$$

Addieren von IIa und IIIa führt zu:

$$\begin{array}{lrcrcrcr} \text{I} & x_1 & + & 2x_2 & - & x_3 & = & 8 \\ \text{IIa} & & & 3x_2 & + & x_3 & = & 8 \\ \text{IIIb} & & & & - & 4x_3 & = & 4 \end{array}$$

Aus IIIb folgt: $x_3 = -1$. Einsetzen in IIa ergibt: $3x_2 + (-1) = 8 \Rightarrow x_2 = 3$.
Einsetzen in I ergibt: $x_1 + 2 \cdot 3 - (-1) = 8 \Rightarrow x_1 = 1$.
Die Lösungsmenge ist damit: $\mathrm{L} = \{(1;3;-1)\}$.
Alternativ kann man das Gleichungssystem auch mit dem GTR/CAS lösen, indem man es als Matrix schreibt und vereinfacht:

$$\begin{pmatrix} 1 & 2 & -1 & 8 \\ -1 & 1 & 2 & 0 \\ -1 & -5 & -4 & -12 \end{pmatrix} \Rightarrow \begin{pmatrix} 1 & 0 & 0 & 1 \\ 0 & 1 & 0 & 3 \\ 0 & 0 & 1 & -1 \end{pmatrix}$$

Die Werte in der Spalte ganz rechts in der transformierten Matrix sind die Lösung des LGS.

b) Gegeben ist das Gleichungssystem:

$$\begin{array}{lrcrcrcr} \text{I} & x_1 & + & 2x_2 & - & 2x_3 & = & 7 \\ \text{II} & x_1 & - & x_2 & - & 4x_3 & = & -9 \\ \text{III} & x_1 & + & 4x_2 & + & 3x_3 & = & 25 \end{array}$$

Multiplikation von I mit (-1) und addieren zu II und III führt zu:

$$\begin{array}{lrcrcrcr} \text{I} & x_1 & + & 2x_2 & - & 2x_3 & = & 7 \\ \text{IIa} & & - & 3x_2 & - & 2x_3 & = & -16 \\ \text{IIIa} & & & 2x_2 & + & 5x_3 & = & 18 \end{array}$$

Multiplikation von IIa mit 2 und IIIa mit 3 und addieren führt zu:

$$\begin{array}{lrcrcrcr} \text{I} & x_1 & + & 2x_2 & - & 2x_3 & = & 7 \\ \text{IIb} & & - & 6x_2 & - & 4x_3 & = & -32 \\ \text{IIIb} & & & & & 11x_3 & = & 22 \end{array}$$

Aus IIIb folgt: $x_3 = 2$. Einsetzen in IIb ergibt: $-6x_2 - 4 \cdot 2 = -32 \Rightarrow x_2 = 4$.
Einsetzen in I ergibt: $x_1 + 2 \cdot 4 - 2 \cdot 2 = 7 \Rightarrow x_1 = 3$.
Die Lösungsmenge ist damit: $\mathrm{L} = \{(3;4;2)\}$.
Alternativ kann man das Gleichungssystem auch mit dem GTR/CAS lösen, indem man es als Matrix schreibt und vereinfacht:

$$\begin{pmatrix} 1 & 2 & -2 & 7 \\ 1 & -1 & -4 & -9 \\ 1 & 4 & 3 & 25 \end{pmatrix} \Rightarrow \begin{pmatrix} 1 & 0 & 0 & 3 \\ 0 & 1 & 0 & 4 \\ 0 & 0 & 1 & 2 \end{pmatrix}$$

Die Werte in der Spalte ganz rechts in der transformierten Matrix sind die Lösung des LGS.

c) Gegeben ist das Gleichungssystem:

$$\begin{array}{lrcrcrcr} \mathrm{I} & x_1 & + & x_2 & + & 7x_3 & = & 2 \\ \mathrm{II} & 2x_1 & - & x_2 & - & 3x_3 & = & -5 \\ \mathrm{III} & 4x_1 & - & x_2 & + & 4x_3 & = & -7 \end{array}$$

Multiplikation von I mit (-2) und addieren zu II, sowie Multiplikation von I mit (-4) und addieren zu III führt zu:

$$\begin{array}{lrcrcrcr} \mathrm{I} & x_1 & + & x_2 & + & 7x_3 & = & 2 \\ \mathrm{IIa} & & - & 3x_2 & - & 17x_3 & = & -9 \\ \mathrm{IIIa} & & - & 5x_2 & - & 24x_3 & = & -15 \end{array}$$

Multiplikation von IIa mit (-5) und von IIIa mit 3 und addieren führt zu:

$$\begin{array}{lrcrcrcr} \mathrm{I} & x_1 & + & x_2 & + & 7x_3 & = & 2 \\ \mathrm{IIb} & & & 15x_2 & + & 85x_3 & = & 45 \\ \mathrm{IIIb} & & & & & 13x_3 & = & 0 \end{array}$$

Aus IIIb folgt: $x_3 = 0$. Einsetzen in IIb ergibt: $15x_2 + 0 = 45 \Rightarrow x_2 = 3$. Einsetzen in I ergibt: $x_1 + 3 + 7 \cdot 0 = 2 \Rightarrow x_1 = -1$.
Die Lösungsmenge ist damit: $\mathrm{L} = \{(-1;3;0)\}$.
Alternativ kann man das Gleichungssystem auch mit dem GTR/CAS lösen, indem man es als Matrix schreibt und vereinfacht:

$$\begin{pmatrix} 1 & 1 & 7 & 2 \\ 2 & -1 & -3 & -5 \\ 4 & -1 & 4 & -7 \end{pmatrix} \Rightarrow \begin{pmatrix} 1 & 0 & 0 & -1 \\ 0 & 1 & 0 & 3 \\ 0 & 0 & 1 & 0 \end{pmatrix}$$

Die Werte in der Spalte ganz rechts in der transformierten Matrix sind die Lösung des LGS.

d) Gegeben ist das Gleichungssystem

$$\begin{array}{rcrcrcr} x_1 & + & 2x_2 & - & x_3 & = & 4 \\ -x_1 & + & 2x_2 & - & 3x_3 & = & 6 \\ 2x_1 & + & 4x_2 & - & 2x_3 & = & 8 \end{array}$$

Der Vergleich der verschiedenen Gleichungen ergibt, dass die erste und die dritte Gleichung Vielfache voneinander sind, da die dritte Gleichung das Doppelte der ersten Gleichung ist. Es bleiben daher folgende Gleichungen übrig:

$$\begin{array}{lrcrcrcr} \text{I} & x_1 & + & 2x_2 & - & x_3 & = & 4 \\ \text{II} & -x_1 & + & 2x_2 & - & 3x_3 & = & 6 \end{array}$$

addieren von I zu II führt zu:

$$\begin{array}{lrcrcrcr} \text{I} & x_1 & + & 2x_2 & - & x_3 & = & 4 \\ \text{IIa} & & & 4x_2 & - & 4x_3 & = & 10 \end{array}$$

Man wählt nun z.B. $x_3 = t$ und setzt dies in Gleichung IIa ein:

$$\begin{array}{lrcrcrcr} \text{I} & x_1 & + & 2x_2 & - & x_3 & = & 4 \\ \text{IIb} & & & 4x_2 & - & 4t & = & 10 \end{array}$$

auflösen von IIb nach x_2 führt zu: $x_2 = t + 2,5$.
Nun wird in I eingesetzt und nach x_1 aufgelöst: $x_1 + 2\,(t + 2,5) - t = 4 \Rightarrow x_1 = -t - 1$.
Damit ist die Lösungsmenge: $\mathrm{L} = \{(-t-1\,; t+2,5\,; t) \mid t \in \mathbb{R}\}$.
Alternativ kann man das Gleichungssystem auch mit dem GTR/CAS lösen, indem man es als Matrix schreibt und vereinfacht:

$$\begin{pmatrix} 1 & 2 & -1 & 4 \\ -1 & 2 & -3 & 6 \\ 2 & 4 & -2 & 8 \end{pmatrix} \Rightarrow \begin{pmatrix} 1 & 0 & 1 & -1 \\ 0 & 1 & -1 & 2,5 \\ 0 & 0 & 0 & 0 \end{pmatrix}$$

Da die unterste Zeile der rechten Matrix eine Nullzeile ist, gibt es unendliche viele Lösungen. Diese werden durch die oberen beiden Zeilen festgelegt. Man kann nun eine Variable beliebig wählen und damit die beiden anderen Variablen bestimmen. Wählt man z.B. $x_3 = t$, ergibt sich die gleiche Lösungsmenge wie oben angegeben.

e) Gegeben ist das Gleichungssystem:

$$\begin{array}{lrcrcrcr} \text{I} & x & + & 2y & + & z & = & 4 \\ \text{II} & -x & - & 4y & + & z & = & 7 \\ \text{III} & 2x & + & 8y & - & 2z & = & 18 \end{array}$$

addieren von I zu II, sowie Multiplikation von I mit (-2) und addieren zu III führt zu:

$$\begin{array}{lrcrcrcr} \text{I} & x & + & 2y & + & z & = & 4 \\ \text{IIa} & & - & 2y & + & 2z & = & 11 \\ \text{IIIa} & & & 4y & - & 4z & = & 10 \end{array}$$

Multiplikation von IIa mit 2 und addieren zu IIIa führt zu:

$$\begin{array}{lrcrcrcr} \text{I} & x & + & 2y & + & z & = & 4 \\ \text{IIb} & & - & 4y & + & 4z & = & 22 \\ \text{IIIb} & & & & & 0 & = & 32 \end{array}$$

Gleichung IIIb ist ein Widerspruch. Damit ist das Gleichungssystem nicht lösbar und die Lösungsmenge ist leer: $L = \{\}$.

Alternativ kann man das Gleichungssystem auch mit dem GTR/CAS lösen, indem man es als Matrix schreibt und vereinfacht:

$$\begin{pmatrix} 1 & 2 & 1 & 4 \\ -1 & -4 & 1 & 7 \\ 2 & 8 & -2 & 18 \end{pmatrix} \Rightarrow \begin{pmatrix} 1 & 0 & 3 & 0 \\ 0 & 1 & -1 & 0 \\ 0 & 0 & 0 & 1 \end{pmatrix}$$

Da die unterste Zeile der rechten Matrix ein Widerspruch ist, ist die Lösungsmenge des Gleichungssystems leer.

f) Gegeben ist das Gleichungssystem

$$\begin{array}{lrcrcrcr} \text{I} & x & - & y & + & 2z & = & 6 \\ \text{II} & -2x & + & 2y & - & 4z & = & -12 \\ \text{III} & 2x & + & y & + & z & = & 3 \end{array}$$

Der Vergleich der verschiedenen Gleichungen ergibt, dass die erste und die zweite Gleichung ein Vielfaches voneinander sind, denn es ist $\text{II} = -2 \cdot \text{I}$. Die zweite Gleichung kann daher gestrichen werden. Es bleiben folgende Gleichungen:

$$\begin{array}{lrcrcrcr} \text{I} & x & - & y & + & 2z & = & 6 \\ \text{III} & 2x & + & y & + & z & = & 3 \end{array}$$

Addieren von I zu III führt zu:

$$\begin{array}{lrcrcrcr} \text{I} & x & - & y & + & 2z & = & 6 \\ \text{IIIa} & 3x & & & + & 3z & = & 9 \end{array}$$

Man wählt nun z.B. $z = t$ und setzt dies in die Gleichung IIIa ein:

$$\begin{array}{lrcrcrcr} \text{I} & x & - & y & + & 2z & = & 6 \\ \text{IIIb} & 3x & & & + & 3t & = & 9 \end{array}$$

Auflösen von IIIb nach x führt zu: $x = 3 - t$.

Nun wird in I eingesetzt und nach y aufgelöst: $(3-t) - y + 2t = 6 \Rightarrow y = t - 3$. Damit ist die Lösungsmenge: $L = \{(3-t\,;t-3\,;t) \mid t \in \mathbb{R}\}$.

Alternativ kann man das Gleichungssystem auch mit dem GTR/CAS lösen, indem man es als Matrix schreibt und vereinfacht:

$$\begin{pmatrix} 1 & -1 & 2 & 6 \\ -2 & 2 & -4 & -12 \\ 2 & 1 & 1 & 3 \end{pmatrix} \Rightarrow \begin{pmatrix} 1 & 0 & 1 & 3 \\ 0 & 1 & -1 & -3 \\ 0 & 0 & 0 & 0 \end{pmatrix}$$

Da die unterste Zeile der rechten Matrix eine Nullzeile ist, gibt es unendliche viele Lösungen. Diese werden durch die oberen beiden Zeilen festgelegt. Man kann nun eine Variable beliebig wählen und damit die beiden anderen Variablen bestimmen. Wählt man z.B. $x_3 = t$, ergibt sich die gleiche Lösungsmenge wie oben angegeben.

6 Eigenschaften von Kurven

6.1 Graph der Ableitungsfunktion, Aussagen bewerten

6.1.1 f_1 bis f_4

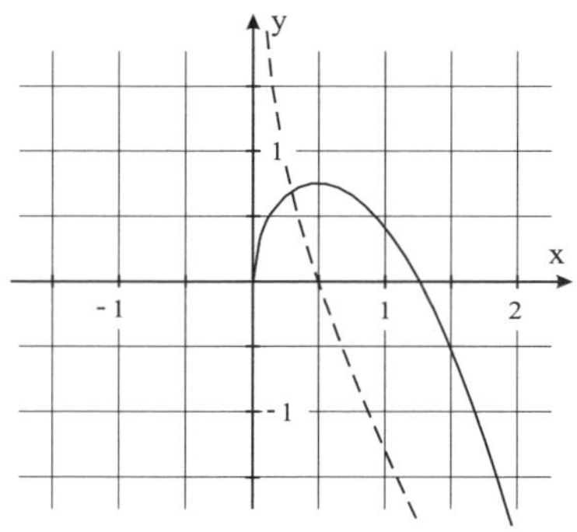

f_1

Extremwert:	$x = 0,5$	$\Rightarrow f'(0,5) \approx 0$
Punkt 1:	$x = 0,75$	$\Rightarrow f'(0,75) \approx -\frac{1}{2}$
Punkt 2:	$x = 1,5$	$\Rightarrow f'(1,5) \approx -2$

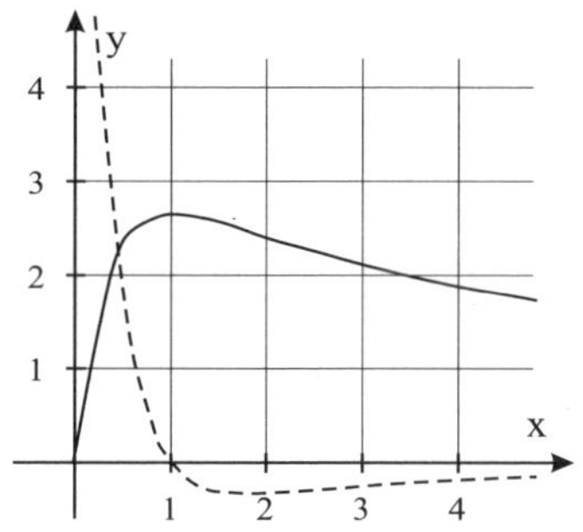

f_2

Punkt 1:	$x = 0,5$	$\Rightarrow f'(0,5) \approx 2$
Extremwert:	$x \approx 1$	$\Rightarrow f'(1) = 0$
Wendepunkt:	$x \approx 2,2$	$\Rightarrow f'(2,2) \approx -\frac{1}{3}$

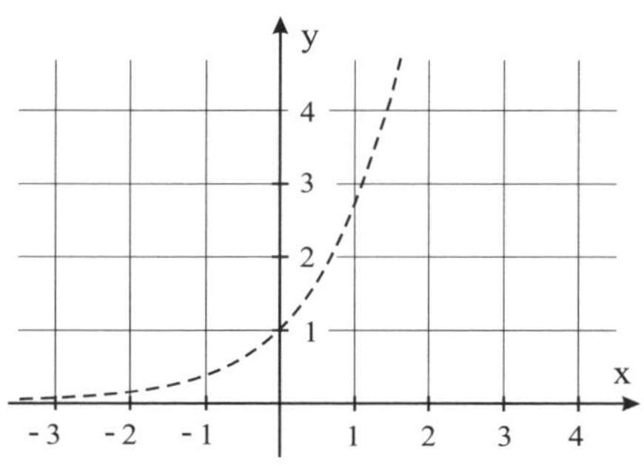

f_3

Punkt 1:	$x = -1$	$\Rightarrow f'(-1) \approx \frac{1}{3}$
Punkt 2:	$x = 0$	$\Rightarrow f'(0) \approx 1$
Punkt 3:	$x = 1$	$\Rightarrow f'(1) \approx 3$

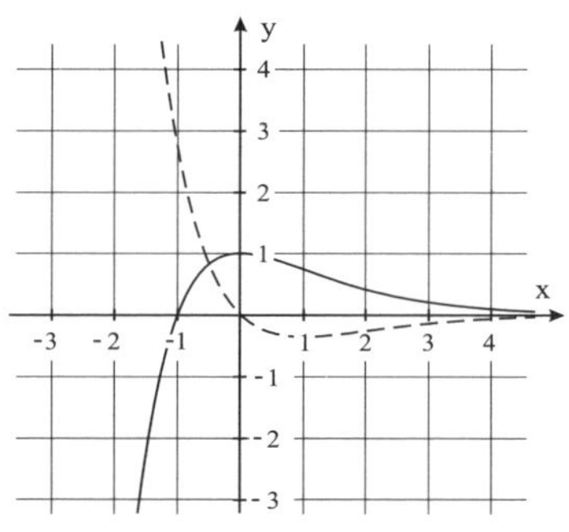

f_4

Punkt 1:	$x = -1$	$\Rightarrow f'(-1) \approx 2$
Extremwert:	$x = 0$	$\Rightarrow f'(0) = 0$
Wendepunkt:	$x \approx 1$	$\Rightarrow f'(1) \approx -\frac{1}{3}$

Bemerkung: Bei f_3 handelt es sich um die Funktion $f(x) = e^x$, daher sind Kurve und Ableitungskurve identisch.

Bewertung der Aussagen:	f' hat bei x = 1 ein relatives Maximum	~~f_1~~	~~f_2~~	~~f_3~~	~~f_4~~
	f' ist für $x > 0$ monoton fallend	f_1	~~f_2~~	~~f_3~~	~~f_4~~
	f' ist für $x > 0$ monoton steigend	~~f_1~~	~~f_2~~	f_3	~~f_4~~
	f' ist für x > 1 negativ	f_1	f_2	~~f_3~~	f_4

6.1.2 f_5 bis f_8

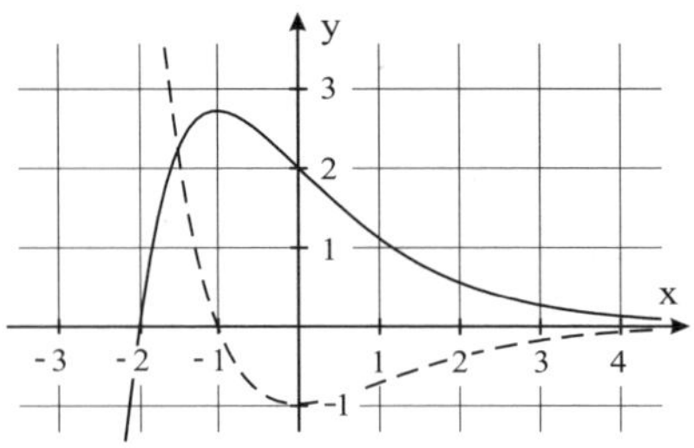

f_5

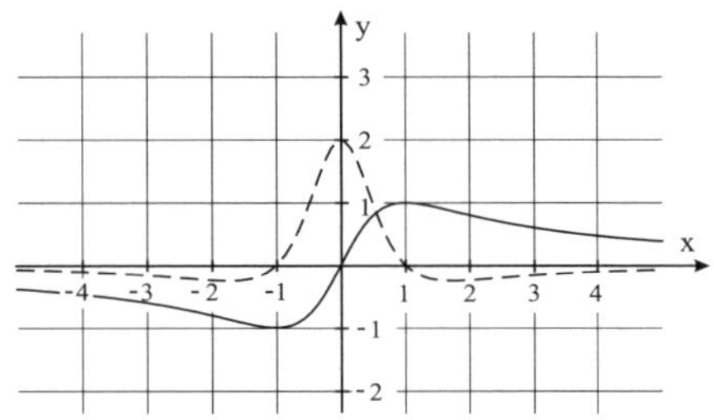

f_6

Punkt 1:	$x = -2$	$\Rightarrow f'(-2) \approx 4,5$
Extremwert:	$x = -1$	$\Rightarrow f'(-1) = 0$
Wendepunkt:	$x = 0$	$\Rightarrow f'(0) \approx -1$
Punkt 3:	$x = 2$	$\Rightarrow f'(2) \approx -\frac{1}{3}$

Wendepunkte:	$x = \pm 2$	$\Rightarrow f'(\pm 2) \approx -\frac{1}{3}$
Extremwert:	$x = -1$	$\Rightarrow f'(-1) = 0$
Wendepunkt:	$x = 0$	$\Rightarrow f'(0) \approx 2$
Extremwert:	$x = 1$	$\Rightarrow f'(1) = 0$

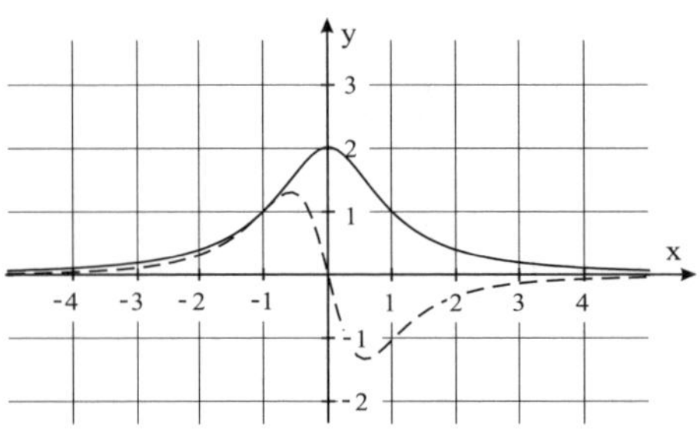

f_7

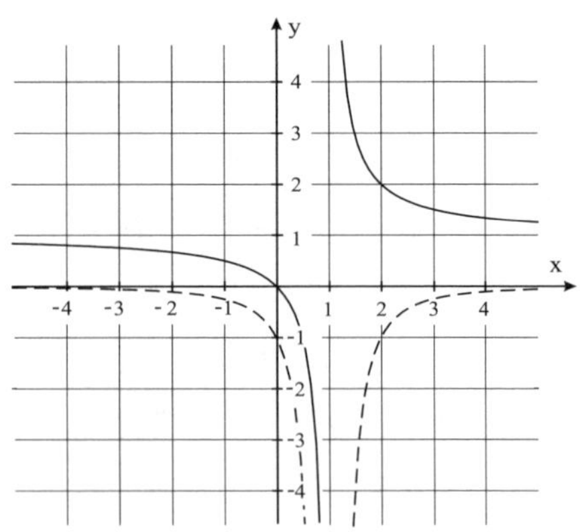

f_8

Wendepunkt:	$x=-1$	$\Rightarrow f'(-1)\approx 1$	Punkt 1:	$x=-1$	$\Rightarrow f'(-1)\approx -\frac{1}{4}$
Extrempunkt:	$x=0$	$\Rightarrow f'(0)=0$	Punkt 2:	$x=0$	$\Rightarrow f'(0)=-1$
Wendepunkt:	$x=1$	$\Rightarrow f'(1)\approx -1$	Punkt 3:	$x=1{,}5$	$\Rightarrow f'(1{,}5)\approx -4$
Punkt 1:	$x=2$	$\Rightarrow f'(2)\approx -\frac{1}{3}$	Punkt 4:	$x=3$	$\Rightarrow f'(3)\approx -\frac{1}{3}$

Bewertung der Aussagen:					
	$f'(x)<0$	~~f_5~~	~~f_6~~	~~f_7~~	f_8
	$f''(0)=0$	f_5	f_6	~~f_7~~	~~f_8~~
	$f'(1)=f'(-1)$	~~f_5~~	f_6	~~f_7~~	~~f_8~~

6.2 Aussagen über die Funktion bei gegebener Ableitungsfunktion treffen

Aufgabe I

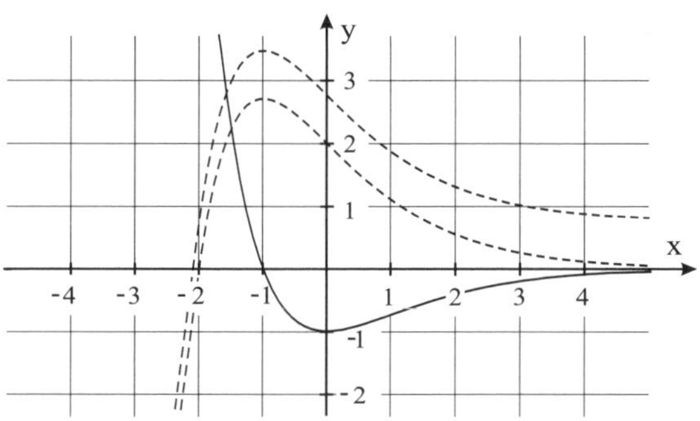

- Ableitung $f'(x)$: ——
- Mögliche Funktionen $f(x)$: - - -
- Die Funktion ist in Bezug auf Verschiebungen in y-Richtung nicht festgelegt.

a) Antwort: nein, die Ableitungskurve hat an dieser Stelle einen Extrempunkt, daher hat der Graph der Funktion für $x=0$ einen Wendepunkt.

b) Antwort: ja, die Ableitungskurve hat an dieser Stelle eine Nullstelle und einen Vorzeichenwechsel. Dies bedeutet, dass der Graph der Funktion einen Extrempunkt für $x=-1$ besitzt. Da die Tangenten in Extrempunkten immer waagerecht sind (Steigung $=0$), ist die Aussage richtig.

c) Antwort: nein, die Kurve der Ableitung hat an der Stelle $x=0$ einen Tiefpunkt. Das bedeutet, dass der Graph der Funktion f an dieser Stelle einen Wendepunkt besitzt.

d) Antwort: unentscheidbar, die Stammfunktion ist in Bezug auf eine Verschiebung in y-Richtung unbestimmt, da das absolute Glied nicht gegeben ist.

Aufgabe II

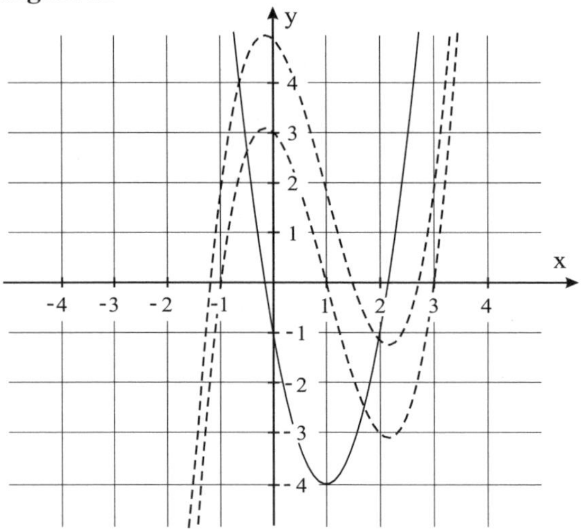

- Ableitung $f'(x)$: ——
- Mögliche Funktionen $f(x)$: - - -
- Die Funktion ist in Bezug auf Verschiebungen in y-Richtung nicht festgelegt.

a) Antwort: nein, der Graph der angegebenen Ableitungsfunktion f' hat an dieser Stelle einen Tiefpunkt. Das bedeutet, dass der Graph der Funktion f für $x = 1$ einen Wendepunkt besitzt.

b) Antwort: ja, der Graph der Ableitungsfunktion hat für $x \approx -0,2$ eine Nullstelle. Zusätzlich wechselt das Vorzeichen von f' von $+$ nach $-$ (die Steigung war erst positiv und ist nun negativ): Es liegt ein Hochpunkt vor.

c) Antwort: ja, da es sich bei der Ableitungsfunktion um eine Parabel handelt, muss die Funktion f eine ganzrationale Funktion genau 3. Grades sein.

d) Antwort: ja, die Gerade $y = 2x$ hat die Steigung 2. Die Funktionswerte der angegebenen Ableitungsfunktion f' geben in jedem Punkt die Steigung der Funktion f an. Die Ableitungsfunktion hat für $x \approx 2,4$ den Wert $f'(2,4) = 2$. Daher ist die Tangente parallel zur Geraden $y = 2x$.

Aufgabe III

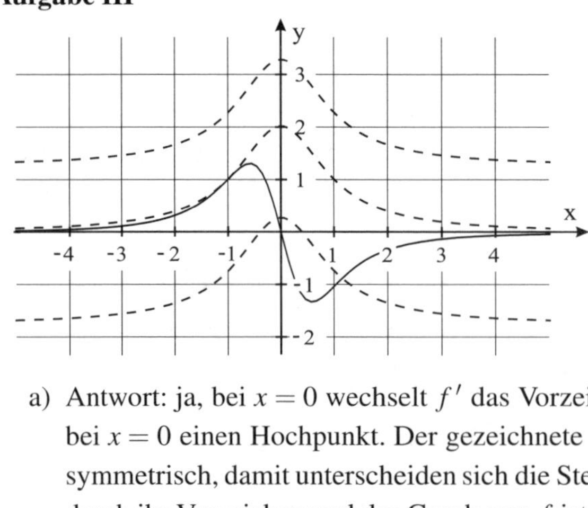

- Ableitung $f'(x)$: ——
- Mögliche Funktionen $f(x)$: - - -
- Die Funktion ist in Bezug auf Verschiebungen in y-Richtung nicht festgelegt.

a) Antwort: ja, bei $x = 0$ wechselt f' das Vorzeichen von $+$ nach $- \Rightarrow$ Der Graph von f hat bei $x = 0$ einen Hochpunkt. Der gezeichnete Graph der Ableitungsfunktion ist ursprungssymmetrisch, damit unterscheiden sich die Steigungswerte rechts und links der y-Achse nur durch ihr Vorzeichen und der Graph von f ist y-achsensymmetrisch.

b) Antwort: unentscheidbar, die Funktion lässt sich nur bis auf eine Konstante genau bestimmen, daher kann der Graph nach oben oder unten verschoben sein.

c) Antwort: nein, die angegebene Ableitungsfunktion f' hat für $x = 0$ zwar eine Nullstelle, es handelt sich aber um einen Hochpunkt des Graphen von f, da an der Nullstelle ein Vorzeichenwechsel von $+$ nach $-$ stattfindet.

d) Antwort: nein, die gezeichnete Ableitungsfunktion f' hat nur eine Nullstelle mit Vorzeichenwechsel. Daher besitzt der Graph von f genau einen Extrempunkt.

6.3 Interpretation von Graphen

Aufgabe I

a) Besondere Punkte im Graph sind alle Punkte, an denen sich die Steigung der Kurve stark ändert. Dies ist zuerst am Anfang ($t = 0$), dann nach ca. 10 Tagen der Fall, wenn die Kurve waagerecht wird. Der nächste besondere Punkt ist nach ca. 40 Tagen: die Kurve steigt wieder an. Der letzte wichtige Punkt kommt bei ca. 60 Tagen: Die Anzahl der verkauften Artikel steigt fast nicht mehr an.

b) Keine! Die y-Achse gibt die Absolutanzahl der verkauften Artikel an (und nicht die verkauften Artikel pro Tag). Da die Kurve in der Zeit zwischen der 3. und 4. Woche waagerecht verläuft, sind keine Artikel verkauft worden.

c) Nach 40 Tagen hat die Firma ca. 150 Artikel verkauft, nach 60 Tagen ca. 680. Um die durchschnittliche Verkaufszahl zu ermitteln, berechnet man den Durchschnitt:
$\frac{680-150}{60-40} = \frac{530}{20} = 26,5$. Soweit sich die Zahlen an der Kurve genau ablesen lassen, hat die Firma in der Zeit vom 40. bis zum 60. Tag durchschnittlich 27 Artikel pro Tag verkauft.

d) Man legt eine Hilfsgerade durch die Kurve, die der Steigung des 50. Tages entspricht. Die Steigung dieser Gerade ermittelt man durch «Abzählen»: $m \approx \frac{780}{20} = 39$. Also ist die Verkaufsrate am 50. Tag ca. 39 Artikel pro Tag.

e) Die Zukunftsprognose ist eher schlecht, da die Kurve sich der 800-Artikel-Marke nur sehr langsam annähert. In der Zeit zwischen dem 65. und dem 130. Tag wurden fast keine Artikel mehr verkauft.

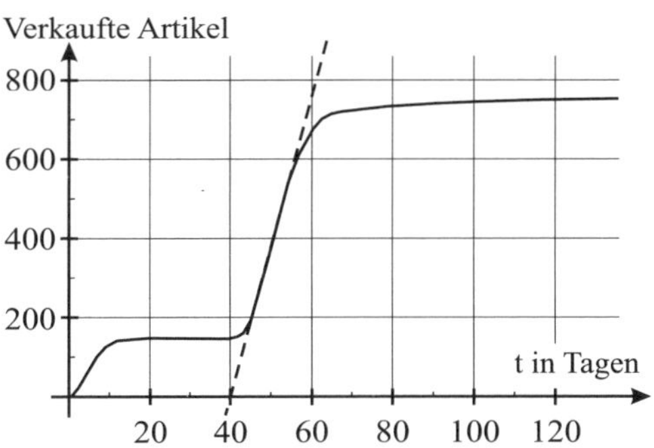

Aufgabe I

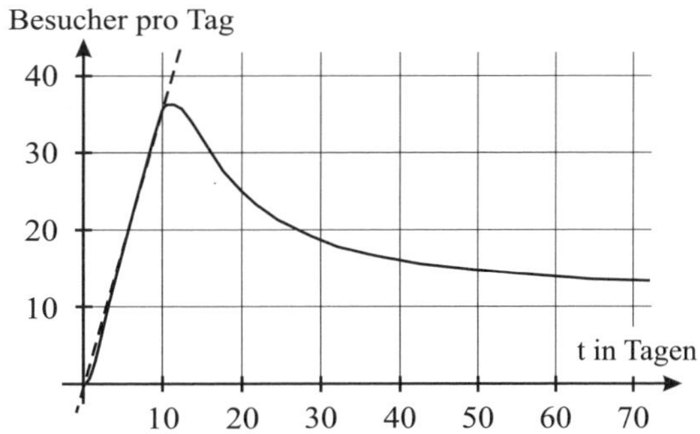

Aufgabe II

Aufgabe II

a) Besondere Punkte im Graph der Funktion sind die Punkte, an denen sich die Steigung der Kurve stark ändert. In dieser Aufgabe betrifft dies vor allem den Bereich zwischen 10 und 12 Tagen, da hier die Anzahl der Besucher pro Tag nicht mehr zunimmt, sondern kurz stagniert, um dann abzunehmen.
Auch die Punkte zwischen 12 und 60 Tagen könnten als «besondere» Punkte bezeichnet werden: Die Steigung verändert sich auch hier, die Abnahme der Besucherzahlen ist nicht mehr so stark wie am Anfang, sondern langsamer.

b) Der Bereich um $t = 11$ sind die Tage, an denen die Ausstellung am besten besucht war.

c) Um genau herauszufinden, wie viele Besucher die Ausstellung in den ersten 10 Tagen besucht haben, müsste man die Kurve integrieren. Ohne eine Kenntnis des Funktionsterms ist dies aber nicht ohne weiteres möglich. Da die Kurve am Anfang aber fast gerade verläuft, kann man sie durch eine Gerade mit der Steigung $m = \frac{35}{10} \approx 3,5$ annähern. Die Gesamtbesucherzahl entspricht der Fläche unter dieser Geraden. Diese Fläche kann man mit der Dreiecksflächenformel ausrechnen: $\mathrm{A} = \frac{1}{2} \cdot 10 \cdot 35 = 175$ FE. Das bedeutet, dass in den ersten 10 Tagen ca. 175 Besucher die Ausstellung gesehen haben (alternativ könnte man auch die Gleichung der Gerade aufstellen: $y = 3,5x$ und diese in den Grenzen $t = 0$ und $t = 10$ integrieren).

d) Nach 80 Tagen kann man ca. 12 Besucher pro Tag erwarten. Die tägliche Besucherzahl nähert sich dem Wert 10 asymptotisch an.

Aufgabe III

a) Die Werbeaktion mit den Flyern wurde wahrscheinlich in der ersten Woche durchgeführt, die Fernsehspots ab Anfang der 3. Woche gesendet (diese Werte müssen Schätzungen bleiben, da nicht bekannt ist, wie lange die Werbeaktionen durchgeführt wurden).

b) Der Graph der Funktion besitzt für $t = 1$ eine lokale Extremstelle (ein lokales Maximum). Ein lokales Maximum ist nur auf eine Umgebung um t bezogen ein Maximum. Das Maximum für $t = 4$ hingegen ist ein globales Maximum. An der Stelle $t = 2$ besitzt die Funktion ein lokales Mimimum. Auch dieses Minimum ist nur in Bezug auf die Umgebung von t ein Minimum. Der Punkt $\mathrm{P}(0 \mid 0)$ ist ein Randminimum, da er am Rand des in der Zeichnung angegebenen Intervalls liegt.

c) Funktionen, die keine lokalen Extremstellen besitzen, sind Geraden wie $f(x) = x$ oder $f(x) = 2x + 1$. Auch die e-Funktion $f(x) = e^x$ oder einige gebrochenrationale Funktionen wie $f(x) = \frac{1}{x}$ besitzen keine lokalen Extremstellen.

7 Kurvendiskussion

7.1 Elemente der Kurvendiskussion

a) $f(x) = x^2 \cdot e^x$, Ableiten (Produktregel) und Ausklammern ergibt $f'(x) = (x^2 + 2x) \cdot e^x$. Erneutes Ableiten (Produktregel) und Ausklammern ergibt $f''(x) = \left(x^2 + 4x + 2\right) \cdot e^x$. Einsetzen von $x = 0$: $f'(0) = (0^2 + 2 \cdot 0)e^0 = 0 \Rightarrow$ die Funktion hat einen Extremwert für $x = 0$. Überprüfen in $f''(x) : f''(0) = (0^2 + 4 \cdot 0 + 2)e^0 = 2$, es ist $2 > 0 \Rightarrow$ Es handelt sich um ein Minimum.

b) $f(x) = 3x^3 + 4$, Ableiten ergibt $f'(x) = 9x^2$, $f''(x) = 18x$, $f'''(x) = 18$. Einsetzen von $x = 0$: $f'(0) = 0$. Außerdem hat $f'(x)$ bei $x = 0$ keinen Vorzeichenwechsel $\Rightarrow$ der Graph der Funktion besitzt einen Sattelpunkt in $(0 \mid 4)$.

c) $\lim\limits_{x \to \infty} \left(x^2 \cdot e^{-x} + 1\right) = \lim\limits_{x \to \infty} x^2 \cdot e^{-x} + \lim\limits_{x \to \infty} 1$.
Es ist $\lim\limits_{x \to \infty} x^2 \cdot e^{-x} = 0$ und $\lim\limits_{x \to \infty} 1 = 1$.
Damit ist $y = 1$ die Asymptote der Funktion für $x \to \infty$.

d) Es ist $f(x) = \frac{1}{4}x^4 - x^3 + 4x - 2$, $f'(x) = x^3 - 3x^2 + 4$, $f''(x) = 3x^2 - 6x$, $f'''(x) = 6x - 6$
Einsetzen von $x = 2$: $f'(2) = 0$, $f''(2) = 0$, $f'''(2) = 6 \neq 0$. Der Punkt $(2 \mid 2)$ ist daher ein Sattelpunkt und kein Tiefpunkt.

e) Es ist $f'(x) = 2xe^{-x} + x^2 \cdot e^{-x} \cdot (-1) = \left(2x - x^2\right) e^{-x}$.
Bei Punkten mit waagerechter Tangente ist $f'(x) = 0$, also $\left(2x - x^2\right) e^{-x} = 0 \Rightarrow x_1 = 0$ und $x_2 = 2$. Um die y-Werte zu erhalten, setzt man die x-Werte in $f(x)$ ein: $y_1 = 0^2 e^{-0} = 0$ und $y_2 = 2^2 e^{-2} = 4e^{-2} \Rightarrow \mathrm{P}_1 (0 \mid 0)$ und $\mathrm{P}_2\left(2 \mid 4e^{-2}\right)$. Die Steigung zwischen den zwei Punkten ist $m = \frac{y_2 - y_1}{x_2 - x_1} = \frac{4e^{-2} - 0}{2 - 0} = 2 \cdot e^{-2}$. Eingesetzt in die Punkt-Steigungsform $y - y_1 = m \cdot (x - x_1)$ ergibt sich $y - 0 = 2e^{-2} \cdot (x - 0)$, also hat die Gerade die Gleichung $y = 2e^{-2} \cdot x$.

f) Es ist $f'(x) = 1e^{-x} + x \cdot e^{-x} \cdot (-1) = (1 - x)e^{-x}$,
$f''(x) = -1e^{-x} + (1 - x)e^{-x} \cdot (-1) = (x - 2)e^{-x}$,
$f'''(x) = 1e^{-x} + (x - 2)e^{-x} \cdot (-1) = (3 - x)e^{-x}$.
Setzt man $f''(x) = 0$, so erhält man $(x - 2)e^{-x} = 0 \Rightarrow x = 2$.
Setzt man $x = 2$ in $f'''(x)$ ein, so ergibt sich $f'''(2) = (3 - 2)e^{-2} \neq 0$, also existiert genau ein Wendepunkt $\mathrm{W}\left(2 \mid 2e^{-2}\right)$.

g) Es ist $f'(x) = (x - 2)^3$.
Da $f'(2) = (2 - 2)^3 = 0$, ist die notwendige Bedingung für einen lokalen Tiefpunkt erfüllt. Zur Ermittlung des Vorzeichenwechsels betrachtet man x-Werte, die kleiner bzw. größer als 2 sind:
$x < 2 \Rightarrow f'(x) < 0$, da der Term in der Klammer kleiner als Null ist und «hoch 3» das Vorzeichen beibehält.
$x > 2 \Rightarrow f'(x) > 0$, da der Term in der Klammer größer als Null ist und «hoch 3» das

Vorzeichen beibehält.
Somit wechselt f' das Vorzeichen an der Stelle $x = 2$ von $-$ nach $+$.
Also hat der Graph von f bei $x = 2$ einen Tiefpunkt.

7.2 Funktionenscharen/ Funktionen mit Parameter

a) I) Es handelt sich bei den Graphen von f_t um parallele Geraden mit der Steigung $m = \frac{1}{2}$, die je nach Wert von t entlang der y-Achse verschoben werden (siehe Zeichnung).

II) Der Punkt $P_1(2 \mid 3)$ wird in die Gleichung eingesetzt und liefert $3 = \frac{1}{2} \cdot 2 + t$. Umstellen nach t ergibt $t = 2$. Die Funktion ist damit $f_2(x) = \frac{1}{2}x + 2$.
Der Punkt $P_2(1 \mid 2)$ wird in die Gleichung eingesetzt und liefert $2 = \frac{1}{2} \cdot 1 + t$. Umstellen nach t ergibt $t = \frac{3}{2}$. Die Funktion ist damit $f_{\frac{3}{2}}(x) = \frac{1}{2}x + \frac{3}{2}$.

b) I) Es handelt sich bei den Graphen von f_t um Geraden, die alle durch den Punkt $(0 \mid 2)$ gehen (siehe Zeichnung), bei Variation von t verändert sich die Steigung der Geraden.

II) Der Punkt $P_1(1 \mid 5)$ wird in die Gleichung eingesetzt und liefert $5 = t \cdot 1 + 2$. Umstellen nach t ergibt $t = 3$. Die Funktion ist damit $f_3(x) = 3x + 2$.
Der Punkt $P_2(1 \mid 1{,}5)$ wird in die Gleichung eingesetzt und liefert $1{,}5 = t \cdot 1 + 2$. Umstellen nach t ergibt $t = -\frac{1}{2}$. Die Funktion ist damit $f_{-\frac{1}{2}}(x) = -\frac{1}{2}x + 2$.

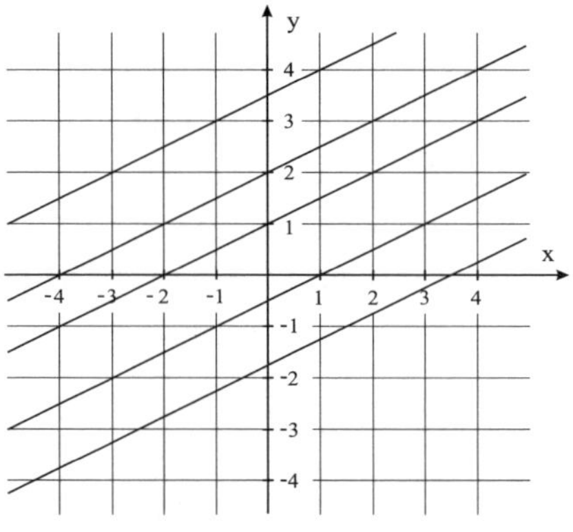

Kurvenschar a)

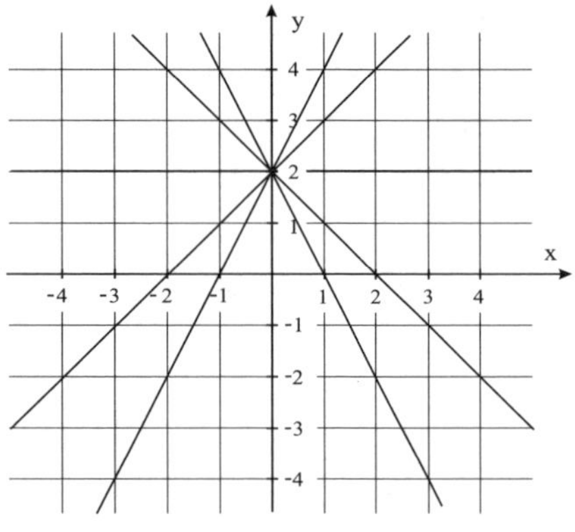

Kurvenschar b)

c) I) Es handelt sich bei den Graphen von f_t um Geraden, die alle durch den Punkt $(2 \mid 0)$ gehen. Man kann dies an der Funktion sehen, wenn man t ausklammert:
$f_t(x) = tx - 2t = t(x-2)$. Es handelt sich um eine gegenüber der Geraden $y = t \cdot x$ um 2 LE nach rechts verschobene Gerade (siehe Zeichnung).

II) Der Punkt $P_1(3 \mid 2)$ wird in die Gleichung eingesetzt und liefert $2 = t \cdot 3 - 2 \cdot t$. Umstellen nach t ergibt $t = 2$. Die Funktion ist damit $f_2(x) = 2x - 4$.
Der Punkt $P_2(1 \mid \frac{1}{2})$ wird in die Gleichung eingesetzt und liefert $\frac{1}{2} = t \cdot 1 - 2 \cdot t$. Umstellen nach t ergibt $t = -\frac{1}{2}$. Die Funktion ist damit $f_{-\frac{1}{2}}(x) = -\frac{1}{2}x + 1$.

d) I) Es handelt sich bei den Graphen von f_t um Parabeln, die symmetrisch zur y-Achse sind. Je nach Wert von t sind die Parabeln «gestreckt» oder «gestaucht». Für positive Werte von t sind die Parabeln nach oben geöffnet, für negative Werte sind sie nach unten geöffnet (siehe Zeichnung).

II) Der Punkt $P_1(2 \mid 2)$ wird in die Gleichung eingesetzt und liefert $2 = t \cdot 2^2$. Umstellen nach t ergibt $t = \frac{1}{2}$. Die Funktion damit $f_{\frac{1}{2}}(x) = \frac{1}{2}x^2$.
Der Punkt $P_2(-1 \mid -2)$ wird in die Gleichung eingesetzt und liefert $-2 = t \cdot (-1)^2$. Umstellen nach t ergibt $t = -2$. Die Funktion ist damit $f_{-2}(x) = -2x^2$.

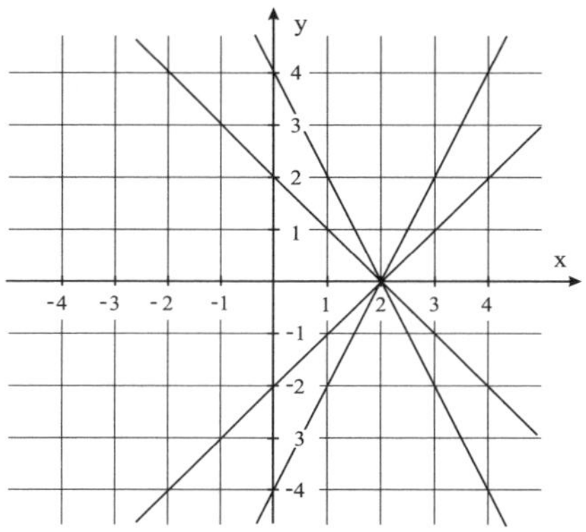

Kurvenschar c)

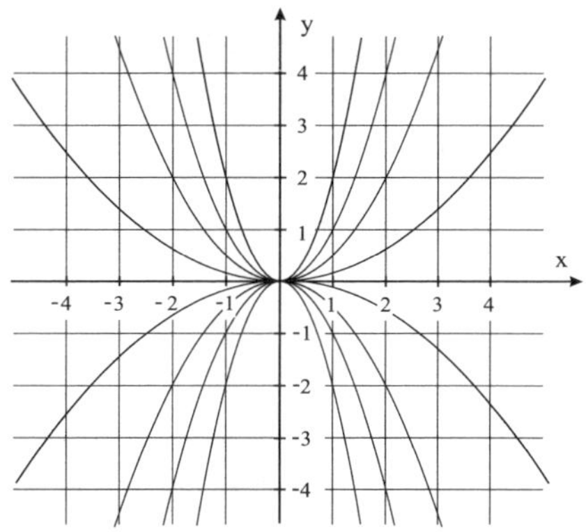

Kurvenschar d)

e) Die Ableitungen der Funktionen sind:
$f(x) = -x^2 + 2 \Rightarrow f'(x) = -2x \quad g_t(x) = tx^2 - 1 \Rightarrow g_t{}'(x) = 2tx$
Damit die Graphen der Funktionen im Schnittpunkt aufeinander senkrecht stehen, müssen folgende Gleichungen gelten:

$$\begin{array}{lrcl} \text{I} & f(x) & = & g_t(x) \\ \text{II} & f'(x) \cdot g_t{}'(x) & = & -1 \end{array}$$

Dabei ist Gleichung I die Gleichung für den Schnittpunkt und Gleichung II die Orthogonalitätsbedingung. Setzt man die Funktionen bzw. die Ableitungen ein, führt dies zu:

$$\begin{array}{lrclcrclcrcl} \text{Ia} & -x^2+2 & = & tx^2-1 & \Rightarrow & 3 & = & x^2 \cdot (t+1) & \Rightarrow & x^2 & = & \frac{3}{t+1} \\ \text{IIa} & -2x \cdot 2tx & = & -1 & \Rightarrow & & & & & -4tx^2 & = & -1 \end{array}$$

Nun setzt man Gleichung Ia in Gleichung IIa ein: $-4t \cdot \frac{3}{t+1} = -1$. Auflösen nach t ergibt $t = \frac{1}{11}$. Die beiden Kurven stehen also für $t = \frac{1}{11}$ im Schnittpunkt senkrecht aufeinander.

f) Die Ableitungen sind:
$f(x) = 2x^2 \Rightarrow f'(x) = 4x \quad g_t(x) = -tx^2 + 4 \Rightarrow g_t{}'(x) = -2tx$
Damit die Graphen der Funktionen im Schnittpunkt aufeinander senkrecht stehen, müssen

folgende Gleichungen gelten:

$$\begin{array}{lrcl} \text{I} & f(x) & = & g_t(x) \\ \text{II} & f'(x)\cdot g_t{}'(x) & = & -1 \end{array}$$

Dabei ist Gleichung I die Gleichung für den Schnittpunkt und Gleichung II die Orthogonalitätsbedingung. Setzt man die Funktionen bzw. die Ableitungen ein, führt dies zu:

$$\begin{array}{lrclcrcl} \text{Ia} & 2x^2 & = & -tx^2+4 & \Rightarrow & x^2 & = & \frac{4}{t+2} \\ \text{IIa} & 4x\cdot(-2)tx & = & -1 & \Rightarrow & -8tx^2 & = & -1 \end{array}$$

Nun setzt man Gleichung Ia in Gleichung IIa ein: $-8t\cdot\frac{4}{t+2}=-1$. Auflösen nach t ergibt $t=\frac{2}{31}$. Die beiden Kurven stehen also für $t=\frac{2}{31}$ im Schnittpunkt senkrecht aufeinander.

g) Es ist $f_t(x)=(2x+t)\cdot e^{-x}$; $x\in\mathbb{R}$; $t\geqslant 0$. Um den abgebildeten Graphen der Funktionenschar f_t den jeweiligen Parameter t zuzuordnen, kann man die Nullstellen der Graphen betrachten. Die Nullstelle von f_t erhält man rechnerisch, indem man die Funktionsgleichung gleich Null setzt:
$f_t(x)=0$ führt zu $(2x+t)\cdot e^{-x}=0$ bzw. $2x+t=0 \Rightarrow x=-\frac{t}{2}$ ist einzige Nullstelle.
Der Graph G hat als einzige Nullstelle $x=-2$, somit gilt: $-\frac{t}{2}=-2 \Rightarrow t=4$.
Der Graph G* hat als einzige Nullstelle $x=-1$, somit gilt: $-\frac{t}{2}=-1 \Rightarrow t=2$.
Der Graph G** hat als einzige Nullstelle $x=0$, somit gilt: $-\frac{t}{2}=0 \Rightarrow t=0$.
Damit gehört zu G der Parameter $t=4$, zu G* der Parameter $t=2$ und zu G** der Parameter $t=0$.

Alternativ kann man auch den Schnittpunkt mit der y-Achse untersuchen. Für $x=0$ ergibt sich: $f_t(0)=(2\cdot 0+t)\cdot e^{-0}=t\cdot 1=t$. Anhand der Graphen kommt man zu den gleichen Lösungen wie oben angegeben.

h) Man erhält die Extremstellen von $f_t(x)=x\cdot e^{tx}$; $x\in\mathbb{R}$; $t<0$, indem man die 1. Ableitung (Produkt- und Kettenregel) gleich Null setzt:
$f_t{}'(x)=1\cdot e^{tx}+x\cdot e^{tx}\cdot t=(1+tx)\cdot e^{tx}=0$ führt zu $1+tx=0$ bzw. $x=-\frac{1}{t}$.
Setzt man $x=-\frac{1}{t}$ in die 2. Ableitung $f_t{}''(x)=t\cdot e^{tx}+(1+tx)\cdot e^{tx}\cdot t=\left(2t+t^2x\right)\cdot e^{tx}$ ein, so erhält man:
$f_t{}'\left(-\frac{1}{t}\right)=\left(2t+t^2\cdot\left(-\frac{1}{t}\right)\right)\cdot e^{t\cdot\left(-\frac{1}{t}\right)}=t\cdot e^{-1}\neq 0 \Rightarrow x=-\frac{1}{t}$ ist die einzige Extremstelle von $f_t(x)$.
Da $x=2$ Extremstelle sein soll, muss gelten: $2=-\frac{1}{t} \Rightarrow t=-\frac{1}{2}$.
Für $t=-\frac{1}{2}$ hat der Graph von f_t bei $x=2$ eine Extremstelle.

7.3 Krümmungsverhalten von Kurven

a) Es ist $f(x)=\frac{1}{3}x^3-x$. Zur Bestimmung des Krümmungsverhaltens benötigt man die 2. Ableitung: Es ist $f'(x)=x^2-1$ und $f''(x)=2x$.
Der Graph von f ist linksgekrümmt, wenn $f''(x)>0$ gilt: $2x>0 \Rightarrow x>0$. Also ist f für $x>0$ linksgekrümmt.

Der Graph von f ist rechtsgekrümmt, wenn $f''(x) < 0$ gilt: $2x < 0 \Rightarrow x < 0$. Also ist f für $x < 0$ rechtsgekrümmt.

b) Es ist $f(x) = (x-1)^5$. Zur Bestimmung des Krümmungsverhaltens benötigt man die 2. Ableitung (Kettenregel): Es ist $f'(x) = 5 \cdot (x-1)^4$ und $f''(x) = 20 \cdot (x-1)^3$.
Der Graph von f ist linksgekrümmt, wenn $f''(x) > 0$ gilt: $20 \cdot (x-1)^3 > 0 \Rightarrow x > 1$. Also ist f für $x > 1$ linksgekrümmt.
Der Graph von f ist rechtsgekrümmt, wenn $f''(x) < 0$ gilt: $20 \cdot (x-1)^3 < 0 \Rightarrow x < 1$. Also ist f für $x < 1$ rechtsgekrümmt.

c) Es ist $f(x) = (2x-3) \cdot e^{-x}$. Zur Bestimmung des Krümmungsverhaltens benötigt man die 2. Ableitung (Produkt- und Kettenregel): Es ist $f'(x) = 2 \cdot e^{-x} + (2x-3) \cdot e^{-x} \cdot (-1) = (-2x+5) \cdot e^{-x}$ und $f''(x) = -2 \cdot e^{-x} + (-2x+5) \cdot e^{-x} \cdot (-1) = (2x-7) \cdot e^{-x}$.
Der Graph von f ist linksgekrümmt, wenn $f''(x) > 0$ gilt: $(2x-7) \cdot e^{-x} > 0 \Rightarrow x > \frac{7}{2}$. Also ist f für $x > \frac{7}{2}$ linksgekrümmt.
Der Graph von f ist rechtsgekrümmt, wenn $f''(x) < 0$ gilt: $(2x-7) \cdot e^{-x} < 0 \Rightarrow x < \frac{7}{2}$. Also ist f für $x < \frac{7}{2}$ rechtsgekrümmt.

7.4 Tangenten und Normalen

a) Aus $f(x) = x^2 - 4x + 2$ folgt $f'(x) = 2x - 4$. Für die Steigung m_t der Tangente im Punkt x_0 gilt $m_t = f'(x_0)$. Damit ist die Tangente in $P(1 \mid -1)$: $m_t = f'(1) = 2 \cdot 1 - 4 = -2$. Setzt man $P(1 \mid -1)$ und $m_t = -2$ in die Punkt-Steigungsform $y - y_1 = m \cdot (x - x_1)$ einer Geraden ein, so erhält man $y - (-1) = -2 \cdot (x-1)$ und damit die Tangentengleichung $t:\ y = -2x + 1$. Für die Normalensteigung m_n gilt $m_n = -\frac{1}{m_t} = -\frac{1}{-2} = \frac{1}{2}$. Setzt man P und m_n in die Punkt-Steigungsform ein, so erhält man $y - (-1) = \frac{1}{2} \cdot (x-1)$ und damit die Normalengleichung $n:\ y = \frac{1}{2}x - \frac{3}{2}$.

b) Aus $f(x) = x^3 + x + 1$ folgt $f'(x) = 3x^2 + 1$, $f''(x) = 6x$ und $f'''(x) = 6$. Um den Wendepunkt zu bestimmen, wird die 2. Ableitung gleich Null gesetzt: $f''(x) = 6x = 0 \Rightarrow x_W = 0$. Probe in f''' ergibt $f'''(0) = 6 \neq 0$, es handelt sich also um einen Wendepunkt. Der y-Wert wird bestimmt, indem man $x_W = 0$ in $f(x)$ einsetzt, was zu $W(0 \mid 1)$ führt.
Die Tangentensteigung in W ist $m_t = f'(0) = 1$. Setzt man $W(0 \mid 1)$ und $m_t = 1$ in die Punkt-Steigungsform ein, so erhält man $y - 1 = 1 \cdot (x - 0)$ und damit die Tangentengleichung $t:\ y = x + 1$. Für die Normalensteigung m_n gilt $m_n = -\frac{1}{m_t} = -\frac{1}{1} = -1$. Setzt man $W(0 \mid 1)$ und $m_n = -1$ in die Punkt-Steigungsform ein, so erhält man $y - 1 = -1 \cdot (x - 0)$ und damit die Normalengleichung $n:\ y = -x + 1$.

c) I) Da die Steigung der Tangente schon angegeben ist, muss zuerst der Punkt P bestimmt werden, in dem die Tangente die Kurve berührt. In diesem Punkt soll die Steigung der Kurve nach Aufgabenstellung gleich -2 sein. Daher setzt man die 1. Ableitung gleich -2. Es ist $f(x) = x^2 + 4x - 3$ und $f'(x) = 2x + 4$. Gleichsetzen der 1. Ableitung: $f'(x) = 2x + 4 = -2 \Rightarrow x_P = -3$. Durch Einsetzen in $f(x)$ wird die y-Koordinate des Punktes bestimmt. Damit ist der gesuchte Punkt $P(-3 \mid -6)$. Setzt man $P(-3 \mid -6)$ und $m_t = -2$ in die Punkt-Steigungsform ein, so erhält man $y-(-6) = -2 \cdot (x-(-3))$ und damit die Tangentengleichung $t:\ y = -2x-12$.

II) Da die Tangente orthogonal zu der angegebenen Geraden g ist, gilt für ihre Steigung $m_t = -\frac{1}{m_g}$, die Steigung der Tangente ist damit $m_t = -\frac{1}{-\frac{1}{3}} = 3$. Nun muss der Punkt P bestimmt werden, in dem die Tangente die Kurve berührt: Da in diesem Punkt die Steigung der Kurve gleich 3 sein muss, setzt man die 1. Ableitung gleich 3 und löst nach x auf: $f'(x) = 2x+4 = 3 \Rightarrow x_P = -\frac{1}{2}$. Durch Einsetzen in $f(x)$ wird die y-Koordinate des Punktes bestimmt. Damit ist der gesuchte Punkt $P\left(-\frac{1}{2} \mid -\frac{19}{4}\right)$. Setzt man $P\left(-\frac{1}{2} \mid -\frac{19}{4}\right)$ und $m_t = 3$ in die Punkt-Steigungsform ein, so erhält man $y-\left(-\frac{19}{4}\right) = 3 \cdot \left(x-\left(-\frac{1}{2}\right)\right)$ und damit die Tangentengleichung $t:\ y = 3x-\frac{13}{4}$.

III) Da die Tangente parallel zur angegebenen Geraden ist und die Tangentensteigung damit gleich groß ist wie die Geradensteigung, muss zuerst der Punkt P bestimmt werden, in dem die Tangente die Kurve berührt: In diesem Punkt ist die Steigung gleich 4. Daher setzt man die 1. Ableitung gleich 4: $f'(x) = 2x+4 = 4 \Rightarrow x_P = 0$. Durch Einsetzen in $f(x)$ wird der y-Wert des Punktes bestimmt. Damit ist der gesuchte Punkt $P(0 \mid -3)$. Setzt man $P(0 \mid -3)$ und $m_t = 4$ in die Punkt-Steigungsform ein, so erhält man $y-(-3) = 4 \cdot (x-0)$ und damit die Tangentengleichung $t:\ y = 4x-3$.

d) I) Da die Tangente parallel zur angegebenen Gerade ist, ist die Tangentensteigung m_t genauso groß wie die Geradensteigung, welche man mit Hilfe der Punkte $A(0 \mid 3)$ und $B(-4 \mid 7)$ bestimmt: $m_g = \frac{y_2-y_1}{x_2-x_1} = \frac{7-3}{-4-0} = \frac{4}{-4} = -1$.
Als nächstes muss der Punkt P bestimmt werden, in dem die Tangente die Kurve berührt: In diesem Punkt soll die Steigung der Kurve gleich -1 sein. Daher setzt man die 1. Ableitung gleich -1. Es ist $f(x) = 2x^2-5x+1$ und $f'(x) = 4x-5$. Gleichsetzen der 1. Ableitung: $f'(x) = 4x-5 = -1 \Rightarrow x_P = 1$.
Durch Einsetzen in $f(x)$ wird die y-Koordinate des Punktes bestimmt. Damit ist der gesuchte Punkt: $P(1 \mid -2)$. Setzt man $P(1 \mid -2)$ und $m_t = -1$ in die Punkt-Steigungsform ein, so erhält man $y-(-2) = -1 \cdot (x-1)$ und damit die Tangentengleichung $t:\ y = -x-1$.

II) Da die Normale parallel zur angegebenen Geraden ist, ist die Normalensteigung m_n genauso groß wie die Geradensteigung, also $m_n = -\frac{1}{3}$. Da Tangente und Normale senkrecht aufeinander stehen, gilt $m_t = -\frac{1}{m_n} = -\frac{1}{-\frac{1}{3}} = 3$.
Als nächstes muss der Punkt P bestimmt werden, in dem die Tangente die Kurve berührt: In diesem Punkt soll die Steigung der Kurve gleich 3 sein. Daher setzt man die 1. Ableitung gleich 3. Es ist $f(x) = 2x^2-5x+1$ und $f'(x) = 4x-5$. Gleichsetzen der 1. Ableitung: $f'(x) = 4x-5 = 3 \Rightarrow x_P = 2$.
Durch Einsetzen in $f(x)$ wird die y-Koordinate des Punktes bestimmt. Damit ist der gesuchte Punkt $P(2 \mid -1)$. Setzt man $P(2 \mid -1)$ und $m_n = -\frac{1}{3}$ in die Punkt-Steigungsform ein, so erhält man $y-(-1) = -\frac{1}{3} \cdot (x-2)$ und damit die Normalengleichung

$n: \ y = -\frac{1}{3}x - \frac{1}{3}$.

III) Da die Normale zur angegebenen Geraden und auch zur Tangente t orthogonal ist, ist t parallel zur angegebenen Geraden, damit ist die Tangentensteigung m_t genauso groß wie die Geradensteigung $m_g = 7$. Als nächstes muss der Punkt P bestimmt werden, in dem t die die Kurve berührt: In diesem Punkt soll die Steigung der Kurve gleich 7 sein. Daher setzt man die 1. Ableitung gleich 7. Es ist $f(x) = 2x^2 - 5x + 1$ und $f'(x) = 4x - 5$. Gleichsetzen der 1. Ableitung: $f'(x) = 4x - 5 = 7 \Rightarrow x_P = 3$.
Durch Einsetzen in $f(x)$ wird die y-Koordinate des Punktes bestimmt. Damit ist der gesuchte Punkt P$(3 \mid 4)$. Setzt man P$(3 \mid 4)$ und $m_n = -\frac{1}{7}$ in die Punkt-Steigungsform ein, so erhält man $y - 4 = -\frac{1}{7} \cdot (x - 3)$ und damit die Normalengleichung
$n: y = -\frac{1}{7}x + \frac{31}{7}$.

e) I) Die Tangente berührt die Kurve in einem noch unbekannten Punkt B$(u \mid f(u))$ bzw. B$\left(u \mid u^2 - 2u + 3\right)$. Die Tangentensteigung in diesem Punkt bestimmt man mit Hilfe der 1. Ableitung und Einsetzen von u: Es ist $f(x) = x^2 - 2x + 3$ und $f'(x) = 2x - 2$. Somit gilt $m_t = f'(u) = 2u - 2$. Setzt man B$(u \mid f(u))$ und $m_t = f'(u)$ in die Punkt-Steigungsform ein, so erhält man als Tangentengleichung in Abhängigkeit von u:
$y - f(u) = f'(u) \cdot (x - u)$ bzw. $t: \ y - \left(u^2 - 2u + 3\right) = (2u - 2) \cdot (x - u)$.
Da P$(0 \mid -6)$ auf der Tangente liegt, kann man diesen in die Tangentengleichung einsetzen: $-6 - \left(u^2 - 2u + 3\right) = (2u - 2) \cdot (0 - u)$ bzw. $u^2 = 9 \Rightarrow u_1 = 3 \quad u_2 = -3$.
Setzt man u_1 bzw. u_2 in B$(u \mid f(u))$ ein, so erhält man B$_1(3 \mid 6)$ und B$_2(-3 \mid 18)$.
Setzt man u_1 bzw. u_2 in die Tangentengleichung ein, so erhält man $y - \left(3^2 - 2 \cdot 3 + 3\right) = (2 \cdot 3 - 2) \cdot (x - 3)$ bzw. $y - \left((-3)^2 - 2 \cdot (-3) + 3\right) = (2 \cdot (-3) - 2) \cdot (x - (-3))$.
Somit ergeben sich als Tangentengleichungen $t_1: \ y = 4x - 6$ und $t_2: \ y = -8x - 6$.

II) Die Tangente berührt die Kurve in einem noch unbekannten Punkt B$(u \mid f(u))$ bzw. B$\left(u \mid u^2 - 2u + 3\right)$. Die Tangentensteigung in diesem Punkt bestimmt man mit Hilfe der 1. Ableitung und Einsetzen von u: Es ist $f(x) = x^2 - 2x + 3$ und $f'(x) = 2x - 2$. Somit gilt $m_t = f'(u) = 2u - 2$. Setzt man B$(u \mid f(u))$ und $m_t = f'(u)$ in die Punkt-Steigungsform ein, so erhält man als Tangentengleichung in Abhängigkeit von u:
$y - f(u) = f'(u) \cdot (x - u)$ bzw. $t: \ y - \left(u^2 - 2u + 3\right) = (2u - 2) \cdot (x - u)$.
Da Q$(1 \mid -7)$ auf der Tangente liegt, kann man diesen in die Tangentengleichung einsetzen: $-7 - \left(u^2 - 2u + 3\right) = (2u - 2) \cdot (1 - u)$ und man erhält $u^2 - 2u - 8 = 0$.
Diese quadratische Gleichung hat die Lösungen $u_1 = 4$ und $u_2 = -2$.
Setzt man u_1 bzw. u_2 in B$(u \mid f(u))$ ein, so erhält man die Koordinaten der Berührpunkte B$_1(4 \mid 11)$ und B$_2(-2 \mid 11)$.

7.5 Berührpunkte zweier Kurven

Wenn sich zwei Graphen G_f und G_g in einem Punkt $B\,(x_B \mid y_B)$ berühren, gelten folgende zwei Bedingungen:

1. Da B gemeinsamer Punkt ist, gilt $f\,(x_B) = g\,(x_B)$.
2. Da in B eine gemeinsame Tangente vorhanden ist, gilt $f'\,(x_B) = g'\,(x_B)$.

a) Es genügt zu zeigen, dass im Punkt $B\,(0 \mid 3)$ die beiden Bedingungen $f(x) = g(x)$ und $f'\,(x) = g'\,(x)$ erfüllt sind:
Es ist $f(0) = \frac{1}{5} \cdot 0^3 - 2 \cdot 0^2 + 5 \cdot 0 + 3 = 3$ und $g(0) = -0^2 + 5 \cdot 0 + 3 = 3$, also $f(0) = g(0)$, d.h. $B\,(0 \mid 3)$ ist gemeinsamer Punkt.
Ferner gilt $f'(x) = \frac{3}{5}x^2 - 4x + 5$ und $g'(x) = -2x + 5$.
Es ist $f'(0) = \frac{3}{5} \cdot 0^2 - 4 \cdot 0 + 5 = 5$ und $g'(0) = -2 \cdot 0 + 5 = 5$,
also $f'(0) = g'(0)$, d.h. in $B\,(0 \mid 3)$ existiert eine gemeinsame Tangente. Somit berühren sich die beiden Kurven in $B\,(0 \mid 3)$.

b) Es genügt zu zeigen, dass im Punkt $B\left(\frac{1}{2} \mid \frac{3}{4}\right)$ die beiden Bedingungen $f(x) = g(x)$ und $f'\,(x) = g'\,(x)$ erfüllt sind:
Es ist $f\left(\frac{1}{2}\right) = \left(\frac{1}{2}\right)^2 + \frac{1}{2} = \frac{1}{4} + \frac{1}{2} = \frac{3}{4}$ und $g\left(\frac{1}{2}\right) = -4 \cdot \left(\frac{1}{2}\right)^4 + 4 \cdot \left(\frac{1}{2}\right)^3 + \frac{1}{2} = \frac{3}{4}$, also $f\left(\frac{1}{2}\right) = g\left(\frac{1}{2}\right)$, d.h. $B\left(\frac{1}{2} \mid \frac{3}{4}\right)$ ist gemeinsamer Punkt.
Ferner gilt $f'(x) = 2x$ und $g'(x) = -16x^3 + 12x^2$.
Es ist $f'\left(\frac{1}{2}\right) = 2 \cdot \frac{1}{2} = 1$ und $g'\left(\frac{1}{2}\right) = -16 \cdot \left(\frac{1}{2}\right)^3 + 12 \cdot \left(\frac{1}{2}\right)^2 = -\frac{16}{8} + \frac{12}{4} = 1$,
also $f'\left(\frac{1}{2}\right) = g'\left(\frac{1}{2}\right)$, d.h. in $B\left(\frac{1}{2} \mid \frac{3}{4}\right)$ existiert eine gemeinsame Tangente. Somit berühren sich die beiden Kurven in $B\left(\frac{1}{2} \mid \frac{3}{4}\right)$.

c) Um mögliche Berührpunkte zu berechnen, kann man entweder die Funktionsgleichungen oder die Tangentensteigungen gleichsetzen. Anschließend muss die jeweils andere Bedingung überprüft werden.
Es ist $f'(x) = x^2 - 4x + 3$ und $g'(x) = -2x + 3$.
Gleichsetzen der Tangentensteigungen führt auf $x^2 - 4x + 3 = -2x + 3$ bzw. $x^2 - 2x = 0$ mit den Lösungen $x_1 = 2$ und $x_2 = 0$.
Setzt man $x_1 = 2$ in $f(x)$ bzw. $g(x)$ ein, so ergibt sich $f(2) = \frac{1}{3} \cdot 2^3 - 2 \cdot 2^2 + 3 \cdot 2 + 4 = 4\frac{2}{3}$ und $g(2) = -2^2 + 3 \cdot 2 + 4 = 6$, d.h. $f(2) \neq g(2)$, also liegt kein gemeinsamer Punkt vor.
Setzt man $x_2 = 0$ in $f(x)$ bzw. $g(x)$ ein, so ergibt sich $f(0) = \frac{1}{3} \cdot 0^3 - 2 \cdot 0^2 + 3 \cdot 0 + 4 = 4$ und $g(0) = -0^2 + 3 \cdot 0 + 4 = 4$, also ist auch $f(0) = g(0)$, d.h. $B\,(0 \mid 4)$ ist ein Berührpunkt.

d) Um mögliche Berührpunkte zu berechnen, kann man entweder die Funktionsgleichungen oder die Tangentensteigungen gleichsetzen. Anschließend muss die jeweils andere Bedingung überprüft werden.
Es ist $f'(x) = 2x$ und $g'(x) = -x^3 + 3x^2$.
Gleichsetzen der Tangentensteigungen führt auf $2x = -x^3 + 3x^2$ bzw. $x^3 - 3x^2 + 2x = 0$

bzw. $x \cdot \left(x^2 - 3x + 2\right) = 0$ mit den Lösungen $x_1 = 0$, $x_2 = 1$ und $x_3 = 2$.
Setzt man $x_1 = 0$ in $f(x)$ bzw. $g(x)$ ein, so ergibt sich $f(0) = 0^2 + 1 = 1$ und $g(0) = -\frac{1}{4} \cdot 0^4 + 0^3 + 1 = 1$, also ist $f(0) = g(0)$, und somit $B_1\,(0 \mid 1)$ ein Berührpunkt.
Setzt man $x_2 = 1$ in $f(x)$ bzw. $g(x)$ ein, so ergibt sich $f(1) = 1^2 + 1 = 2$ und $g(1) = -\frac{1}{4} \cdot 1^4 + 1^3 + 1 = \frac{7}{4}$, also $f(1) \neq g(1) \Rightarrow$ kein Berührpunkt.
Setzt man $x_3 = 2$ in $f(x)$ bzw. $g(x)$ ein, so ergibt sich $f(2) = 2^2 + 1 = 5$ und $g(2) = -\frac{1}{4} \cdot 2^4 + 2^3 + 1 = 5$, also ist $f(2) = g(2)$, und somit $B_2\,(2 \mid 5)$ ein Berührpunkt.
Ergebnis: $B_1\,(0 \mid 1)$ und $B_2\,(2 \mid 5)$ sind Berührpunkte.

7.6 Ortskurven

Um die Gleichung der Ortskurve zu erhalten, wird der x-Wert so umgeformt, dass der Parameter alleine steht. Der Parameter wird dann in den y-Wert eingesetzt und man erhält die Gleichung der Ortskurve durch Ausrechnen.

a) Es ist $E\left(\frac{2}{3}t \mid \frac{2}{9}t^3\right)$; zuerst wird der x-Wert $x = \frac{2}{3}t$ nach t aufgelöst: $t = \frac{3}{2}x$. In den y-Wert $y = \frac{2}{9}t^3$ wird für $t = \frac{3}{2}x$ eingesetzt $y = \frac{2}{9} \cdot \left(\frac{3}{2}x\right)^3$.
Ausrechnen ergibt $y = \frac{2}{9} \cdot \frac{3^3}{2^3}x^3 = \frac{3}{4}x^3$.
Die Gleichung der Ortskurve lautet $y = \frac{3}{4}x^3$.

b) Es ist $H\left(\frac{2}{3}t \mid \frac{9}{2t}\right)$; zuerst wird der x-Wert $x = \frac{2}{3}t$ nach t aufgelöst: $t = \frac{3}{2}x$.
In den y-Wert $y = \frac{9}{2t}$ wird für $t = \frac{3}{2}x$ eingesetzt $y = \frac{9}{2 \cdot \left(\frac{3}{2}x\right)}$.
Ausrechnen ergibt $y = \frac{9}{3x} = \frac{3}{x}$.
Die Gleichung der Ortskurve lautet $y = \frac{3}{x}$.

c) Es ist $H\left(\frac{t}{2} \mid \frac{t^3}{4} - t\right)$; zuerst wird der x-Wert $x = \frac{t}{2}$ nach t aufgelöst: $t = 2x$.
In den y-Wert $y = \frac{t^3}{4} - t$ wird für $t = 2x$ eingesetzt $y = \frac{(2x)^3}{4} - 2x$.
Ausrechnen ergibt $y = \frac{2^3 \cdot x^3}{4} - 2x = 2x^3 - 2x$.
Die Gleichung der Ortskurve lautet $y = 2x^3 - 2x$.

d) Es ist $f_t(x) = x^3 - 3tx^2;\ t > 0$,
Ableiten ergibt $f_t'(x) = 3x^2 - 6tx$ und $f_t''(x) = 6x - 6t$.
Setzt man $f_t'(x) = 0$, so erhält man $3x^2 - 6tx = 0$ bzw. $x \cdot (3x - 6t) = 0 \Rightarrow x_1 = 0$ und $x_2 = 2t$.
Für den Parameter t gilt $t > 0$, also ist t eine beliebige positive Zahl.
Setzt man $x_1 = 0$ in $f_t''(x)$ ein, so ergibt sich $f_t''(0) = 6 \cdot 0 - 6t = -6t < 0 \Rightarrow$ Hochpunkt.
Setzt man $x_2 = 2t$ in $f_t''(x)$ ein, so ergibt sich $f_t''(2t) = 6 \cdot 2t - 6t = 6t > 0 \Rightarrow$ Tiefpunkt.
Den y-Wert von T erhält man durch Einsetzen von $x = 2t$ in $f_t(x)$:
$f_t(2t) = (2t)^3 - 3t \cdot (2t)^2 = 8t^3 - 12t^3 = -4t^3$.
Somit haben die Tiefpunkte der Kurvenschar die Koordinaten $T_t\left(2t \mid -4t^3\right)$.
Um die Gleichung der Ortskurve aller Tiefpunkte zu erhalten, wird zuerst wird der x-Wert $x = 2t$ nach t aufgelöst: $t = \frac{x}{2}$.

In den y-Wert $y = -4t^3$ wird für $t = \frac{x}{2}$ eingesetzt: $y = -4\left(\frac{x}{2}\right)^3$.
Ausrechnen ergibt $y = -4 \cdot \frac{x^3}{8} = -\frac{1}{2}x^3$.
Die Gleichung der Ortskurve lautet $y = -\frac{1}{2}x^3$.

e) Es ist $f_a(x) = (x-a) \cdot e^x$, mit der Produktregel erhält man:
$f_a{}'(x) = 1 \cdot e^x + (x-a) \cdot e^x = (x+1-a) \cdot e^x$
$f_a{}''(x) = 1 \cdot e^x + (x+1-a) \cdot e^x = (x+2-a) \cdot e^x$
$f_a{}'''(x) = 1 \cdot e^x + (x+2-a) \cdot e^x = (x+3-a) \cdot e^x$.
Setzt man $f_a{}''(x) = 0$, so erhält man $(x+2-a) \cdot e^x = 0 \Rightarrow x+2-a = 0 \Rightarrow x = a-2$.
Setzt man $x = a-2$ in $f_a{}'''(x)$ ein, so ergibt sich:
$f_a{}'''(a-2) = (a-2+3-a) \cdot e^{a-2} = e^{a-2} \neq 0 \Rightarrow$ Wendepunkt.
Den y-Wert des Wendepunktes erhält man durch Einsetzen von $x = a-2$ in $f_a(x)$:
$f_a(a-2) = (a-2-a) \cdot e^{a-2} = -2 \cdot e^{a-2}$.
Somit haben die Wendepunkte der Kurvenschar die Koordinaten $W_a\left(a-2 \mid -2 \cdot e^{a-2}\right)$.
Um die Gleichung der Ortskurve aller Wendepunkte zu erhalten, wird zuerst wird der x-Wert $x = a-2$ nach a aufgelöst: $a = x+2$.
In den y-Wert $y = -2 \cdot e^{a-2}$ wird für $a = x+2$ eingesetzt: $y = -2 \cdot e^{x+2-2}$.
Ausrechnen ergibt $y = -2 \cdot e^x$.
Die Gleichung der Ortskurve lautet damit $y = -2 \cdot e^x$.

7.7 Symmetrie

a) Da die Funktion f mit $f(x) = \frac{1}{x^2} + 3$ nur gerade Exponenten enthält, erfüllt sie das Kriterium für y-Achsensymmetrie:

$$f(-x) = \frac{1}{(-x)^2} + 3 = \frac{1}{x^2} + 3 = f(x)$$

b) Da die Funktion f mit $f(x) = 3x^5 - 7,2x^3 + x$ nur ungerade Exponenten enthält, erfüllt sie das Kriterium für Punktsymmetrie zum Ursprung:

$$f(-x) = 3 \cdot (-x)^5 - 7,2 \cdot (-x)^3 + (-x) = -3x^5 + 7,2x^3 - x = -\left(3x^5 - 7,2x^3 + x\right) = -f(x)$$

c) Für die Funktion f mit $f(x) = 4 \cdot e^{-\frac{x^2}{2}}$ gilt:

$$f(-x) = 4 \cdot e^{-\frac{(-x)^2}{2}} = 4 \cdot e^{-\frac{x^2}{2}} = f(x).$$

Somit ist das Kriterium für y-Achsensymmetrie erfüllt.

d) Für die Funktion f mit $f(x) = x \cdot \ln\left(x^2\right)$ gilt:

$$f(-x) = (-x) \cdot \ln\left((-x)^2\right) = -x \cdot \ln\left(x^2\right) = -f(x).$$

Somit ist das Kriterium für Punktsymmetrie zum Ursprung erfüllt.

8 Integralrechnung

8.1 Stammfunktionen

8.1.1 Ganzrationale Funktionen

a) $\mathrm{F}(x) = \frac{2}{4}x^4 - \frac{\frac{4}{3}}{3}x^3 + 2x = \frac{1}{2}x^4 - \frac{4}{9}x^3 + 2x$ b) $\mathrm{F}(x) = \frac{a}{5}x^5 + \frac{2a}{4}x^4 - \frac{1}{2}x^2 = \frac{a}{5}x^5 + \frac{a}{2}x^4 - \frac{1}{2}x^2$

c) $\mathrm{F}(x) = \frac{t^2}{4}x^4 - \frac{t}{3}x^3$ d) $\mathrm{F}(x) = \frac{4}{5}x^5 - \frac{2t}{3}x^3 + \frac{t}{2}x^2$

Für verkettete (verschachtelte) Funktionen mit innerem *linearem* Ausdruck gilt die Integrationsregel für lineare Substitution:
«Äußere Stammfunktion geteilt durch innere Ableitung»

e) Lineare Substitution: $\mathrm{F}(x) = -12 \cdot \frac{\frac{1}{3}(2x-3)^3}{2} = -2\,(2x-3)^3$

f) Lineare Substitution: $\mathrm{F}(x) = 6 \cdot \frac{\frac{1}{4}(3x-1)^4}{3} = \frac{1}{2}\,(3x-1)^4$

g) Lineare Substitution: $\mathrm{F}(x) = 5 \cdot \frac{\frac{1}{5}(ax-4)^5}{a} = \frac{1}{a}\,(ax-4)^5$

8.1.2 Exponentialfunktionen

a) $\mathrm{F}(x) = 3e^x$

b) Lineare Substitution: $\mathrm{F}(x) = 4 \cdot \frac{e^{-x}}{-1} = -4e^{-x}$

c) Lineare Substitution: $\mathrm{F}(x) = t \cdot \frac{e^{-tx}}{-t} = -e^{-tx}$

d) Lineare Substitution: $\mathrm{F}(x) = a \cdot \frac{e^{3x+2}}{3} = \frac{a}{3}e^{3x+2}$

e) Zuerst wird die Klammer aufgelöst: $f(x) = 2x^2 - 12e^{3x}$, daraus folgt:
$\mathrm{F}(x) = 2 \cdot \frac{1}{3} \cdot x^3 - 12 \cdot \frac{1}{3} \cdot e^{3x} = \frac{2}{3}x^3 - 4e^{3x}$

f) Zuerst wird die Klammer aufgelöst: $f(x) = ax^2 - 4ae^{4x}$, daraus folgt:
$\mathrm{F}(x) = a \cdot \frac{1}{3} \cdot x^3 - 4 \cdot a \cdot \frac{1}{4} \cdot e^{4x} = \frac{a}{3}x^3 - ae^{4x}$

8.2 Flächeninhalt zwischen zwei Kurven

a) Bestimmen der Schnittstellen durch Gleichsetzen und Lösen der quadratischen Gleichung: $x_1 = -2$, $x_2 = 1$. Obere Kurve durch Abschätzen bestimmen (z.B. Einsetzen von $x = 0$): $f(x)$ ist die obere Kurve. Für den Flächeninhalt ergibt sich damit:

$$\mathrm{A} = \int_{-2}^{1} \left(-x+2-x^2\right) dx = \int_{-2}^{1} \left(-x^2-x+2\right) dx = \left[-\tfrac{1}{3}x^3 - \tfrac{1}{2}x^2 + 2x\right]_{-2}^{1} = 4{,}5\,\mathrm{FE}.$$

b) Schnittstellen bestimmen durch Gleichsetzen und Ausrechnen: $x_1 = -2$, $x_2 = 2$.
Obere Kurve: $f(x)$ (nach unten geöffnete Parabel)

$$\mathrm{A} = \int_{-2}^{2} \left(4-x^2-\left(x^2-4\right)\right) dx = \int_{-2}^{2} \left(-2x^2+8\right) dx = \left[-\tfrac{2}{3}x^3 + 8x\right]_{-2}^{2}$$
$$= -\tfrac{16}{3} + 16 - \left(+\tfrac{16}{3} - 16\right) = 32 - \tfrac{32}{3} = \tfrac{64}{3} = 21{,}33\,\mathrm{FE}.$$

c) Schnittstellen bestimmen durch Gleichsetzen und Ausklammern: $x_1 = 0, x_2 = 1$.
Obere Kurve: $g(x)$ (z.B. durch Einsetzen für $x = \frac{1}{2}$).
$$A = \int_0^1 (x+1-(x^2+1))\,dx = \int_0^1 (-x^2+x)\,dx = \left[-\tfrac{1}{3}x^3+\tfrac{1}{2}x^2\right]_0^1 = -\tfrac{1}{3}+\tfrac{1}{2}-0 = \tfrac{1}{6}\,\text{FE}$$

d) Überlegung am Anfang: Bei der Integralberechnung entfällt der e^x-Term. Schnittstellen bestimmen: $e^x - \frac{1}{2}x^2 = e^x - x \Rightarrow \frac{1}{2}x^2 = x \Rightarrow x^2 - 2x = 0 \Rightarrow x_1 = 0, x_2 = 2$.
Obere Kurve: $f(x)$ (z.B. durch Einsetzen für $x = \frac{1}{2}$).
$$A = \int_0^2 (e^x - \tfrac{1}{2}x^2 - (e^x - x))\,dx = \int_0^2 \left(-\tfrac{1}{2}x^2 + x\right)dx = \left[-\tfrac{1}{6}x^3+\tfrac{1}{2}x^2\right]_0^2 = -\tfrac{8}{6}+2-0$$
$$= \tfrac{2}{3}\,\text{FE}.$$

8.3 Ins Unendliche reichende Flächen

a) I) Gesucht ist die Fläche zwischen der x-Achse, y-Achse und der Kurve mit der unteren Grenze $x = 0$. Für $z > 0$ ist:
$$A(z) = \int_0^z e^{-x}dx = \left[-e^{-x}\right]_0^z = -e^{-z} - (-1) = 1 - e^{-z}.$$
Geht nun $z \longrightarrow \infty$, so geht $A(z) = 1 - e^{-z} \longrightarrow 1$.
Es ist also $\lim\limits_{z\to\infty} A(z) = 1$, damit ist der Flächeninhalt 1 FE.

II) Gesucht ist die Fläche zwischen der x-Achse, y-Achse und der Kurve mit der unteren Grenze $x = 0$. Für $z > 0$ ist:
$$A(z) = \int_0^z e^{-3x+1}dx = \left[-\tfrac{1}{3}e^{-3x+1}\right]_0^z = -\tfrac{1}{3}e^{-3z+1} + \tfrac{1}{3}e.$$
Für $z \longrightarrow \infty$ geht $A(z) = -\frac{1}{3}e^{-3z+1} + \frac{1}{3}e \longrightarrow \frac{1}{3}e$.
Es ist also $\lim\limits_{z\to\infty} A(z) = \frac{1}{3}e$, damit ist der Flächeninhalt $\frac{1}{3}e$ FE.

III) Gesucht ist die Fläche zwischen der x-Achse, y-Achse und der Kurve mit der unteren Grenze $x = 0$. Für $z > 0$ ist:
$$A(z) = \int_0^z 2e^{-4x-2}dx = \left[-\tfrac{1}{4}\cdot 2e^{-4x-2}\right]_0^z = -\tfrac{1}{2}e^{-4z-2} + \tfrac{1}{2}e^{-2}.$$
Für $z \longrightarrow \infty$ geht $A(z) = -\frac{1}{2}e^{-4z-2} + \frac{1}{2}e^{-2} \longrightarrow \frac{1}{2}e^{-2}$.
Es ist also $\lim\limits_{z\to\infty} A(z) = \frac{1}{2}e^{-2}$, damit ist der Flächeninhalt $\frac{1}{2}e^{-2}$ FE.

b) I) Um die obere Grenze zu bestimmen, wird zuerst die Nullstelle der Funktion bestimmt: $e - e^x = 0 \Rightarrow e = e^x \Rightarrow x = 1$. Der Inhalt des gesuchten Flächenstücks wird also durch eine Integration in den Grenzen von 0 bis 1 berechnet:
$$\int_0^1 (e - e^x)\,dx = \left[e\cdot x - e^x\right]_0^1 = e - e - (-1) = 1\,\text{FE}.$$

II) Um die Asymptote zu bestimmen, betrachtet man den Grenzwert für $x \longrightarrow -\infty$. Es ist $\lim\limits_{x \longrightarrow -\infty} f(x) = e$, da der zweite Term für kleine Werte von x gegen Null geht. Die Asymptote ist daher die Gerade mit der Gleichung $y = e$.

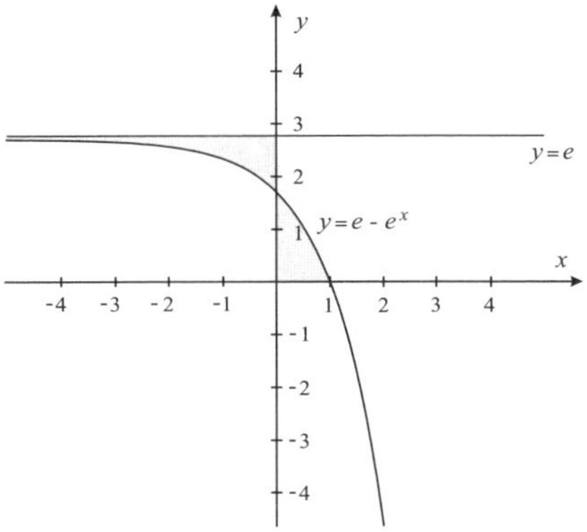

III) Um die ins Unendliche reichende Fläche zwischen der Asymptoten und der Kurve zu berechnen, muss man die Differenz zwischen der Geradengleichung und der Funktion integrieren:
$A(z) = \int_z^0 (e - (e - e^x))\, dx = \left[e^x\right]_z^0 = 1 - e^z.$
Für den Grenzwert gilt: $\lim\limits_{z \longrightarrow -\infty} A(z) = 1\,\text{FE}.$
Also sind beide Flächenstücke gleich groß.

8.4 Angewandte Integrale

a) Es ist $r(t) = 23 - 0,02 \cdot e^t$ mit $t \geqslant 0$.

I) Um den Zeitpunkt zu bestimmen, an dem der Regen aufhört, wird die Funktion r gleich Null gesetzt: $r(t) = 23 - 0,02 \cdot e^t = 0 \Rightarrow 23 = 0,02 \cdot e^t \Rightarrow t \approx 7,048.$
Nach 7 Tagen hört es also auf zu regnen.

II) Die Wassermenge, die im Laufe dieser Zeit auf jeden Quadratmeter niedergegangen ist, wird ermittelt, indem die Niederschlagsratenfunktion in den Grenzen von 0 bis 7 integriert wird.
$$\int_0^7 r(t)dt = \int_0^7 (23 - 0,02 \cdot e^t)\, dt = \left[23t - 0,02 \cdot e^t\right]_0^7 = 23 \cdot 7 - 0,02 \cdot e^7 - \left(0 - 0,02 \cdot e^0\right)$$
$$\approx 139,09$$
Auf jeden Quadratmeter sind also rund 139,1 Liter Wasser niedergegangen.

III) Die mittlere Regenmenge erhält man, indem man die Gesamtmenge des Regens durch die Anzahl der Tage teilt: $\frac{139,1}{7} = 19,87.$
Also sind im Mittel 19,87 Liter Regen pro Tag auf jeden Quadratmeter niedergegangen.

b) Da $f(t) = -0,5t + 3$; $t \geqslant 0$ die Zu- und Abflussrate beschreibt, muss man eine Stammfunktion F bestimmen, die die Menge des im Becken vorhandenen Wassers beschreibt:

$F(t) = -0,25t^2 + 3t + c.$

Die Konstante c wird mit Hilfe des Anfangswerts bestimmt. Am Anfang befinden sich 10 Liter Wasser im Becken, daher gilt: $F(0) = -0,25 \cdot 0^2 + 3 \cdot 0 + c = 10 \Rightarrow c = 10.$
Also ist $F(t) = -0,25 \cdot t^2 + 3t + 10.$

Um zu berechnen, wieviel Wasser das Becken nach 9 Stunden enthält, wird $t = 9$ in $\mathrm{F}(t)$ eingesetzt: $\mathrm{F}(9) = -0,25 \cdot 9^2 + 3 \cdot 9 + 10 = 16,75$.
Das Becken enthält nach 9 Stunden 16,75 Liter Wasser.

8.5 Rotationskörper

a) Es ist $f(x) = \frac{1}{4}e^{2x}$ über dem Intervall $[0;1]$. Für das Volumen des Rotationskörpers gilt:
$$\mathrm{V}_{rot} = \pi \cdot \int_0^1 \left(\tfrac{1}{4}e^{2x}\right)^2 dx = \pi \cdot \int_0^1 \tfrac{1}{16}e^{4x} dx = \pi \cdot \left[\tfrac{1}{4 \cdot 16}e^{4x}\right]_0^1 = \pi \cdot \left(\tfrac{1}{64}e^4 - \tfrac{1}{64}e^0\right) = 2,63$$
Das Volumen des Rotationskörpers beträgt 2,63 VE.

b) Es ist $f(x) = x^2 + 1$ über dem Intervall $[1;2]$. Für das Volumen des Rotationskörpers gilt:
$$\mathrm{V}_{rot} = \pi \cdot \int_1^2 \left(x^2+1\right)^2 dx = \pi \cdot \int_1^2 \left(x^4 + 2x^2 + 1\right) dx = \pi \cdot \left[\tfrac{1}{5}x^5 + \tfrac{2}{3}x^3 + x\right]_1^2$$
$$= \pi \cdot \left(\tfrac{1}{5}2^5 + \tfrac{2}{3} \cdot 2^3 + 2^1 - \left(\tfrac{1}{5} + \tfrac{2}{3} + 1\right)\right) = 37,28$$
Das Volumen des Rotationskörpers beträgt 37,28 VE.

c) Es ist $f(x) = e^x$ und $y = e$ (Parallele zur x-Achse).
Die linke Integrationsgrenze ist die y-Achse: $x_1 = 0$.
Die rechte Integrationsgrenze erhält man durch Schneiden von $f(x) = e^x$ und $y = e$:
$e^x = e \Rightarrow x_2 = 1$. Um das Volumen des Rotationskörpers zu bestimmen, berechnet man zuerst die Volumenintegrale der jeweiligen Kurven und bildet anschließend die Differenz:
$$\mathrm{V}_{1rot} = \pi \cdot \int_0^1 e^2 dx = \pi \cdot \left[e^2 \cdot x\right]_0^1 = \pi \cdot \left(e^2 - 0\right) = \pi \cdot e^2$$
$$\mathrm{V}_{2rot} = \pi \cdot \int_0^1 \left(e^x\right)^2 dx = \pi \cdot \int_0^1 e^{2x} dx = \pi \cdot \left[\tfrac{1}{2}e^{2x}\right]_0^1 = \pi \cdot \left(\tfrac{1}{2}e^2 - \tfrac{1}{2}e^0\right) = \pi \cdot \left(\tfrac{1}{2}e^2 - \tfrac{1}{2}\right)$$
$$\mathrm{V}_{rot} = \mathrm{V}_{1rot} - \mathrm{V}_{2rot} = \pi \cdot e^2 - \pi \cdot \left(\tfrac{1}{2}e^2 - \tfrac{1}{2}\right) = \pi \cdot \left(\tfrac{1}{2}e^2 + \tfrac{1}{2}\right) = 13,18$$
Das Volumen des Rotationskörpers beträgt 13,18 VE.

d) Der entstandene Rotationskörper wird in unendlich viele unendlich kleine Teilzylinder zerlegt. Die Grundfläche eines Teilzylinders ist $\mathrm{G} = \pi \cdot r^2$, wobei $r = f(x)$ ist. Die Höhe eines Zylinders ist das Differential $h = dx$ (unendlich kleine Länge). Das Volumen eines Teilzylinders ist $d\mathrm{V} = \mathrm{G} \cdot h = \pi \cdot r^2 \cdot h = \pi \cdot f(x)^2 \cdot dx$. Das gesamte Volumen des Rotationskörpers erhält man durch Summieren (= Integrieren) aller Teilzylinder:
$$\mathrm{V}_{rot} = \int_a^b d\mathrm{V} = \int_a^b \pi \cdot \left(f(x)^2\right) dx = \pi \cdot \int_a^b \left(f(x)^2\right) dx$$

8.6 Vermischte Aufgaben

a) Ansatz: $\mathrm{F}(x) = 4x^2 - 3e^{-x} + c$. Durch Einsetzen des Punktes $\mathrm{P}(0 \mid 5)$ erhält man
$5 = 4 \cdot 0^2 - 3 \cdot e^{-0} + c \Rightarrow c = 8$. Die gesuchte Stammfunktion ist $\mathrm{F}(x) = 4x^2 - 3e^{-x} + 8$.

b) Ansatz: $F(x) = \frac{-1}{(2x-1)^2} + c$. Durch Einsetzen des Punktes $Q(1 \mid 3)$ erhält man $3 = \frac{-1}{(2\cdot 1-1)^2} + c \Rightarrow c = 4$. Die gesuchte Stammfunktion ist $F(x) = \frac{-1}{(2x-1)^2} + 4$.

c) Ansatz: $F(x) = \frac{1}{4} \cdot \sin(2x) + c$. Durch Einsetzen des Punktes $R\left(\frac{\pi}{4} \mid 1\right)$ erhält man $1 = \frac{1}{4} \cdot \sin(2 \cdot \frac{\pi}{4}) + c \Rightarrow 1 = \frac{1}{4} \cdot \sin(\frac{\pi}{2}) + c$. Da $\sin(\frac{\pi}{2}) = 1$, gilt: $1 = \frac{1}{4} \cdot 1 + c \Rightarrow c = \frac{3}{4}$. Die gesuchte Stammfunktion ist $F(x) = \frac{1}{4} \cdot \sin(2x) + \frac{3}{4}$.

9 Extremwertaufgaben/ Wachstums- und Zerfallsprozesse

9.1 Extremwertaufgaben

a) Die gesuchte Größe ist die Fläche eines Rechtecks mit maximalem Flächeninhalt. Die Seiten des Rechtecks seien x und y. Dann gilt für die Fläche: $\mathrm{A} = x \cdot y$. Die Nebenbedingung ist die festgelegte Gesamtlänge des Drahtes, diese entspricht dem Umfang des Rechtecks: $\mathrm{U} = 2x + 2y = 20$. Auflösen der Nebenbedingung nach y ergibt: $y = 10 - x$. Einsetzen in den Ausdruck für die Fläche ergibt: $\mathrm{A} = x \cdot (10 - x)$. Damit ist die Zielfunktion eine Funktion in Abhängigkeit von x: $\mathrm{A}(x) = x \cdot (10 - x) = 10x - x^2$ mit $0 \leqslant x \leqslant 10$. Ableiten führt zu $\mathrm{A}'(x) = 10 - 2x$ und $\mathrm{A}''(x) = -2$. Die 1. Ableitung wird nun gleich Null gesetzt, nach x aufgelöst und liefert $x_{\mathrm{E}} = 5$. Einsetzen in A'' ergibt $\mathrm{A}''(5) = -2 < 0$. Da die 2. Ableitung keine Variablen mehr enthält und kleiner als Null ist, handelt es sich um ein globales Maximum. Ein Überprüfen der Fläche für die Randstellen des Intervalles ist daher nicht nötig. Zum Schluss wird y mit Hilfe der Nebenbedingung bestimmt: $y = 10 - 5 \Rightarrow y = 5$. Die beiden Rechteckseiten müssen also je 5 cm lang sein: Das Rechteck mit maximalem Flächeninhalt ist also ein Quadrat mit der Seitenlänge 5 cm.

b) Die gesuchten Größen sind die Breite und die Länge des Spielplatzes. Da die Fläche maximal groß sein soll, stellt man für diese die Funktion auf. Die eine Seite des Spielplatzes sei x, die andere y. Für die Fläche gilt $\mathrm{A} = x \cdot y$. Die Nebenbedingung ist die festgelegte Gesamtlänge des Zauns, von der 2 m für die Einfahrt abgezogen werden: $2x + 2y - 2 = 40$. Auflösen der Nebenbedingung nach y ergibt: $y = 21 - x$. Einsetzen des Ausdrucks für die Fläche ergibt: $\mathrm{A} = x \cdot (21 - x)$. Damit ist die Zielfunktion: $\mathrm{A}(x) = x \cdot (21 - x) = 21x - x^2$ mit $0 \leqslant x \leqslant 21$.
Ableiten führt zu $\mathrm{A}'(x) = 21 - 2x$ und $\mathrm{A}''(x) = -2$. Die 1. Ableitung wird nun gleich Null gesetzt, nach x aufgelöst und liefert $x_{\mathrm{E}} = 10{,}5$. Einsetzen in A'' ergibt: $\mathrm{A}''(10{,}5) = -2 < 0$. Da die 2. Ableitung keine Variablen mehr enthält und kleiner als Null ist, handelt es sich um ein globales Maximum. Ein Überprüfen der Fläche für die Randstellen des Intervalles ist daher nicht nötig. Zum Schluss wird y mit Hilfe der Nebenbedingung bestimmt: $y = 21 - 10{,}5 \Rightarrow y = 10{,}5$. Die beiden Rechteckseiten müssen also je 10,5 m lang sein, es handelt sich also wie in Aufgabe a) um ein Quadrat. (Dies verwundert vielleicht zunächst, unter allen möglichen Rechtecken mit fest vorgegebenem Umfang hat das Quadrat immer den größten Flächeninhalt. Wäre das Tor nicht vorhanden, dann wäre die Seitenlänge des Quadrats $\frac{40\,\mathrm{m}}{4} = 10\,\mathrm{m}$.)

c) Die gesuchte Größe sind die Breite und Höhe des Gedenksteins, für die seine vordere Fläche maximal groß wird. Die Nebenbedingung ist der festgelegte Umfang. Die vertikale Seite des Rechtecks sei y, die horizontale Seite wird als $2x$ gewählt (siehe Zeichnung). Der Radius ist damit x. Für die Fläche gilt: $\mathrm{A} = 2x \cdot y + \frac{\pi}{2} \cdot x^2$. Die Nebenbedingung ist: $\mathrm{U} = 2 \cdot x + 2 \cdot y + \pi \cdot x = 10$. Auflösen der Nebenbedingung nach y ergibt: $y = 5 - x - \frac{\pi}{2} \cdot x$. Dies wird in den Ausdruck für die Fläche eingesetzt. Die Zielfunktion ist damit eine Funk-

tion in Abhängigkeit von x: $A(x) = 10x - 2x^2 - \frac{\pi}{2}x^2$ mit $0 \leqslant x \leqslant \frac{10}{2+\pi}$ (für den Fall $y = 0$ gilt $10 = 2x + \pi \cdot x \Rightarrow \frac{10}{2+\pi} = x$, das Monument hätte dann die Gestalt eines Halbkreises). Die 1. Ableitung ist: $A'(x) = 10 - 4x - \pi x$. Die 1. Ableitung wird gleich Null gesetzt und nach x aufgelöst: $x_E = \frac{10}{4+\pi} \approx 1,40$. Einsetzen in die 2. Ableitung $A''(x) = -4 - \pi$ liefert: $A''(1,40) = -4 - \pi < 0$. Da die 2. Ableitung keine Variablen mehr enthält und kleiner als Null ist, handelt es sich um ein globales Maximum. Ein Überprüfen der Fläche für die Randstellen des Intervalles ist daher nicht nötig. Zum Schluss wird mit Hilfe der Nebenbedingung noch y bestimmt: $y = 5 - 1,40 - \frac{\pi}{2} \cdot 1,40 \approx 1,40$.
Die Breite des Gedenksteins ist damit $2 \cdot x = \frac{20}{4+\pi} \approx 2,80\,\text{m}$, für die Höhe ergibt sich $h = y + x = \frac{20}{4+\pi} = 2,80\,\text{m}$.

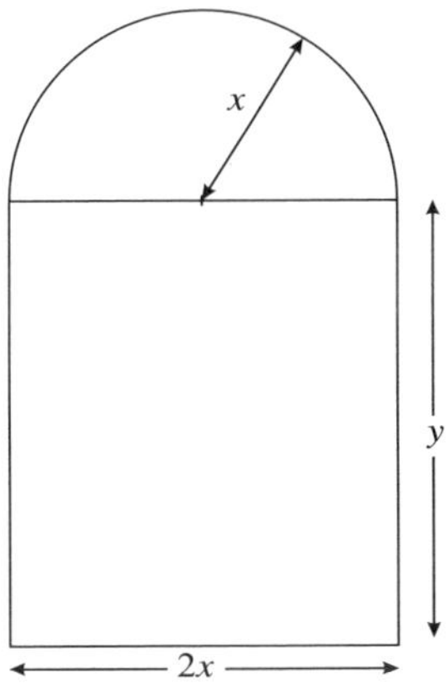

Aufgabe c)

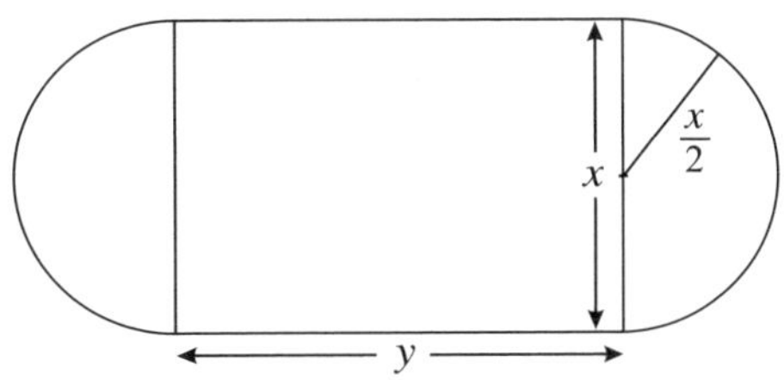

Aufgabe d)

d) Die gesuchten Größen sind die Breite und die Höhe des Sportplatzes. Da die Fläche maximal groß sein soll, stellt man für diese eine Funktion auf. Die eine Seite des Rechtecks sei x, die andere y. Der Radius der Kreishälften ist damit $\frac{x}{2}$. Die beiden rechts und links angesetzten Kreishälften ergeben zusammen einen gesamten Kreis, damit gilt für die Rechtecksfläche $A_{Rechteck} = x \cdot y$ und für die Kreisfläche $A_O = \pi \cdot \left(\frac{x}{2}\right)^2$. Die Nebenbedingung ist der festgelegte Umfang des Sportplatzes: $U = 2 \cdot y + 2 \cdot \pi \cdot \frac{x}{2} = 2 \cdot y + \pi \cdot x = 400$. Da in dem Ausdruck für die Gesamtfläche die Variable y nur einmal vorkommt, ist es geschickt, die Nebenbedingung nach y aufzulösen: $y = 200 - \pi \cdot \frac{x}{2}$. Einsetzen von y in den Ausdruck für die Fläche ergibt die jeweilige Zielfunktion:

I) Die Fläche des Rechtecks soll maximal sein: Damit ist $A(x) = x \cdot y = x \cdot \left(200 - \pi \cdot \frac{x}{2}\right)$, bzw. $A(x) = 200x - \pi \cdot \frac{x^2}{2}$ mit $0 \leqslant x \leqslant \frac{400}{\pi}$. Daraus ergibt sich für die 1. Ableitung: $A'(x) = 200 - \pi \cdot x$ und für die Extremstelle: $x_E = \frac{200}{\pi} \approx 63,66$. Einsetzen in die 2. Ableitung $A''(x) = -\pi$ liefert: $A''(63,66) = -\pi < 0$ und damit ein globales Maximum. Ein Überprüfen der Fläche für die Randstellen des Intervalles ist daher nicht nötig. Zum Schluss wird mit Hilfe der Nebenbedingung noch y bestimmt: $y = 200 - \pi \cdot \frac{\frac{200}{\pi}}{2} = 200 - \frac{200}{2} = 100$. Die Breite ist 100 m, die Höhe $\frac{200}{\pi} \approx 63,66\,\text{m}$.

II) Die Gesamtfläche soll maximal sein: Damit ist $\mathrm{A}(x) = x \cdot \left(200 - \pi \cdot \frac{x}{2}\right) + \pi \cdot \left(\frac{x}{2}\right)^2$, bzw. $\mathrm{A}(x) = 200x - \pi \cdot \frac{x^2}{2} + \pi \cdot \frac{x^2}{4} = 200x - \frac{\pi}{4} \cdot x^2$. Daraus folgt für die 1. Ableitung: $\mathrm{A}'(x) = 200 - \frac{\pi}{2} \cdot x$ und für die Extremstelle: $x = \frac{400}{\pi} \approx 127{,}32$. Einsetzen in die 2. Ableitung $\mathrm{A}''(x) = -\frac{\pi}{2}$ liefert: $\mathrm{A}''(127{,}32) = -\frac{\pi}{2} < 0$ und damit ein globales Maximum. Ein Überprüfen der Fläche für die Randstellen des Intervalles ist daher nicht nötig. Zum Schluss wird mit Hilfe der Nebenbedingung noch y bestimmt: $y = 200 - \pi \cdot \frac{\frac{400}{\pi}}{2} = 200 - \frac{400}{2} = 0$. Die Gesamtfläche des Sportplatzes wäre also bei kreisförmiger Gestalt am größten. Diese Lösung ist zwar mathematisch korrekt, würde aber bei der Planung eines tatsächlichen Sportplatzes keinen Sinn machen.

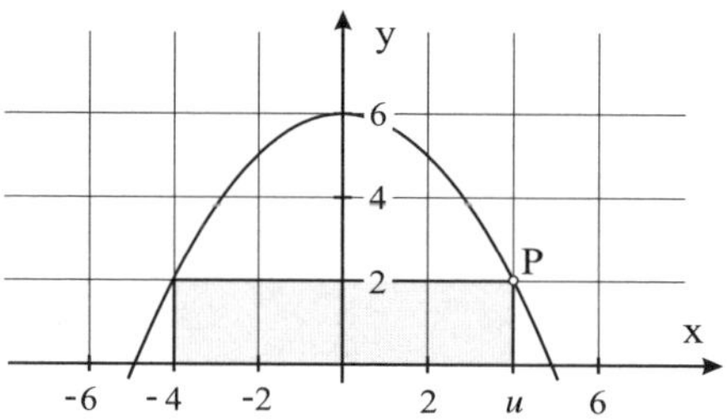

Aufgabe e) I)

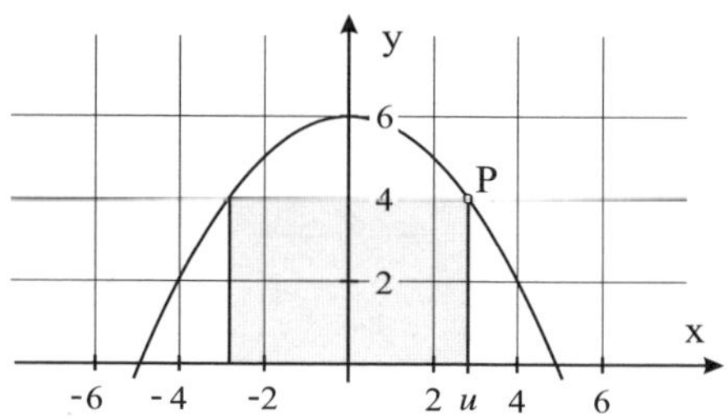

Aufgabe e) II)

e) I) Es ist $f(x) = 6 - \frac{1}{4}x^2$. Gesucht ist ein Rechteck mit maximalem Umfang, das der angegebenen Kurve einbeschrieben werden soll. Nebenbedingung: Zwei Eckpunkte des Rechtecks müssen auf der Kurve, die anderen beiden auf der x-Achse liegen. Der Punkt auf der Kurve im 1. Quadranten sei $\mathrm{P}(u \mid v)$ mit $v = f(u)$. Damit gilt für die Höhe $h = f(u)$. Für das Rechteck ist die Grundseite $2u$, mit $0 \leqslant u \leqslant \sqrt{24}$ ($x = \pm\sqrt{24}$ sind die Nullstellen von f). Durch Einsetzen der Nebenbedingung ergibt sich als Zielfunktion für den Umfang: $\mathrm{U}(u) = 4 \cdot u + 2 \cdot f(u) \Rightarrow \mathrm{U}(u) = 4u + 2 \cdot \left(6 - \frac{1}{4}u^2\right) = 4u + 12 - \frac{1}{2}u^2$. Ableiten führt auf: $\mathrm{U}'(u) = 4 - u$. Die Ableitung wird gleich Null gesetzt, um die Extremstelle zu bestimmen: $u = 4$. Einsetzen in die 2. Ableitung $\mathrm{U}''(u) = -1$ ergibt: $\mathrm{U}''(4) = -1 < 0$, daraus folgt, dass es sich um ein globales Maximum handelt. Die Randstellen müssen daher nicht mehr überprüft werden. Durch einsetzen in die Zielfunktion ergibt sich für den gesuchten Umfang:
$\mathrm{U}(4) = 4 \cdot 4 + 2 \cdot f(4) = 16 + 2 \cdot 2 = 20\,\mathrm{LE}$.

II) Gesucht ist ein Rechteck mit maximaler Fläche, das der angegebenen Kurve einbeschrieben werden soll. Nebenbedingung: Zwei Eckpunkte des Rechtecks müssen auf der Kurve, die anderen beiden auf der x-Achse liegen. Der Punkt auf der Kurve im 1. Quadranten sei $\mathrm{P}(u \mid v)$ mit $v = f(u)$. Damit gilt für die Höhe $h = f(u)$. Für dieses Rechteck ist die Grundseite $2u$, mit $0 \leqslant u \leqslant \sqrt{24}$. (Es sind $x = \pm\sqrt{24}$ Schnittstellen der Kurve mit der x-Achse.) Durch Einsetzen der Nebenbedingung ergibt sich als Zielfunktion für die Fläche: $\mathrm{A}(u) = 2 \cdot u \cdot f(u) \Rightarrow \mathrm{A}(u) = 2u \cdot \left(6 - \frac{1}{4}u^2\right) = 12u - \frac{1}{2}u^3$. Ableiten führt auf: $\mathrm{A}'(u) = 12 - \frac{3}{2}u^2$. Die Ableitung wird gleich Null gesetzt, um die

Extremstelle zu bestimmen: $\frac{3}{2}u^2 = 12 \Rightarrow u_{1,2} = \pm\sqrt{8} = \pm 2,83$. Der Wert $-\sqrt{8}$ scheidet aus, da es sich bei u um eine Länge handelt und diese immer positiv sind. Also ist $u = \sqrt{8} \approx 2,83$. Setzt man $\sqrt{8}$ in die 2. Ableitung $\mathrm{A}''(u) = -3u$ ein, ergibt sich: $\mathrm{A}''(\sqrt{8}) = -3\sqrt{8} < 0$. Daraus folgt, dass es sich um ein lokales Maximum handelt. Es muss noch überprüft werden, ob die Randstellen eventuell größere Funktionswerte liefern. Es ist $\mathrm{A}(0) = 0$ und $\mathrm{A}(\sqrt{24}) = 0$, damit existieren keine Randextremwerte und für $u = 2,83$ liegt ein globales Maximum vor. Setzt man $u = 2,83$ in die Zielfunktion ein, ergibt sich für die gesuchte Fläche: $\mathrm{A} = 12 \cdot \sqrt{8} - \frac{1}{2} \cdot \left(\sqrt{8}\right)^3 \approx 22,63\,\mathrm{FE}$.

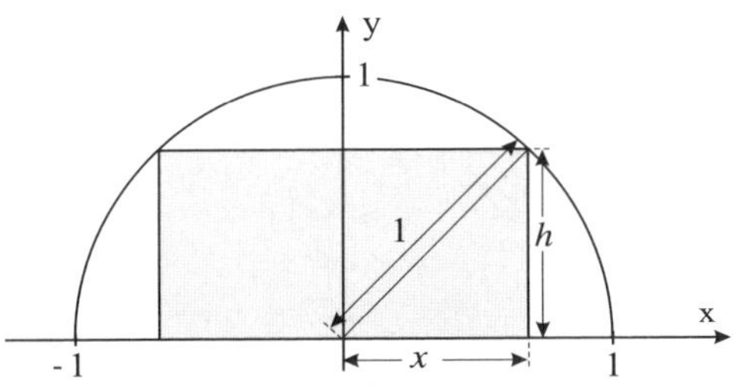

Aufgabe f)

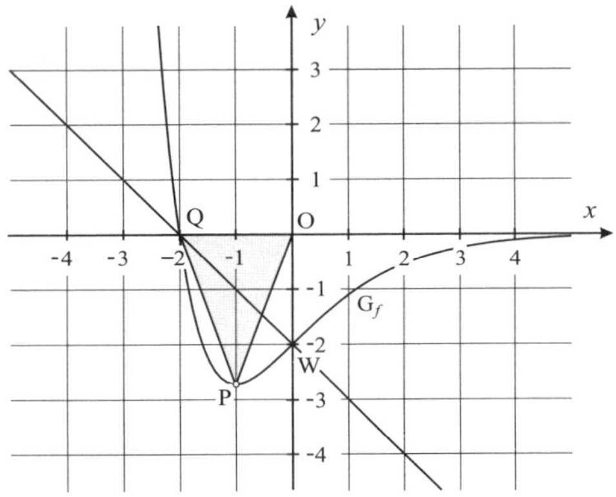

Aufgabe g)

f) Gesucht ist ein maximal großes Rechteck, das in einen Halbkreis mit Radius 1 einbeschrieben werden soll. Die Fläche ist die Größe, die maximiert werden soll. Für diese gilt: $\mathrm{A} = 2x \cdot h$ mit $0 \leqslant x \leqslant 1$. Nebenbedingung: Zwei Eckpunkte des Rechtecks müssen immer auf dem Kreis, die anderen beiden auf der x-Achse liegen. Es ergibt sich durch den Satz des Pythagoras: $x^2 + h^2 = 1$. Man stellt nach h um und setzt ein: $h = \sqrt{1-x^2}$, also ergibt sich: $\mathrm{A}(x) = 2x \cdot \sqrt{1-x^2}$. Um diese Funktion ableiten und maximieren zu können, behilft man sich mit einem «Trick»: Man quadriert die Funktion, um die Wurzel zu beseitigen, und definiert eine neue Funktion $f(x) = (\mathrm{A}(x))^2$. Dies ändert am Maximum nichts, denn A^2 besitzt das Maximum an der gleichen Stelle wie A, wegen $\mathrm{A} \geqslant 0$ für alle $0 \leqslant x \leqslant 1$, denn $\mathrm{A}(0) = 0$. Nun ist $f(x) = 4x^2 \cdot \left(1-x^2\right) = 4x^2 - 4x^4$. Ableiten führt zu $f'(x) = 8x - 16x^3$. Zur Bestimmung des Extremwertes wird die Ableitung gleich Null gesetzt: $8x - 16x^3 = 0$. Ausklammern von x führt zu: $x_1 = 0$ und $8 - 16x^2 = 0$ (an der Zeichnung oder durch Einsetzen in A kann man sich klarmachen, dass die Lösung $x_1 = 0$ zu einer minimalen Fläche führt). Aus $8 - 16x^2 = 0$ folgt: $x^2 = \frac{1}{2}$ und $x_{2,3} = \pm\frac{1}{\sqrt{2}} \approx \pm 0,71$. Die negative Lösung $x_3 = -\frac{1}{\sqrt{2}}$ scheidet aus, da es sich um Längen handelt. Damit ergibt sich die gesuchte Länge als $x_2 = \frac{1}{\sqrt{2}} \approx 0,71$. Einsetzen in die 2. Ableitung $f''(x) = 8 - 48x^2$ ergibt: $f''\left(\frac{1}{\sqrt{2}}\right) = 8 - 48 \cdot \left(\frac{1}{\sqrt{2}}\right)^2 = -16 < 0$. Es handelt sich um ein lokales Maximum, daher muss noch ein Vergleich mit den Randstellen gemacht werden: Es ist $\mathrm{A}(0) = 0$ und $\mathrm{A}(1) = 0$, $x = \frac{1}{\sqrt{2}} \approx 0,71$ liefert also die größte Fläche. Die Breite des gesuchten Rechtecks

ist dann $2 \cdot \frac{1}{\sqrt{2}} = \sqrt{2} \approx 1,41$ LE. Für die Höhe h ergibt sich: $h = \sqrt{1 - \left(\frac{1}{\sqrt{2}}\right)^2} = \frac{1}{\sqrt{2}} \approx 0,71$.
Damit ist der gesuchte Flächeninhalt $\text{A} = 2 \cdot x \cdot h = 2 \cdot \frac{1}{\sqrt{2}} \cdot \frac{1}{\sqrt{2}} = 1$ FE.

g) Es ist $f(x) = -(x+2)e^{-x}$. Zuerst werden f' und f'' bestimmt: Mit der Produktregel folgt: $f(x) = -(x+2)e^{-x} \Rightarrow f'(x) = e^{-x}(x+1)$ und $f''(x) = -x \cdot e^{-x}$
Gesucht ist die Normale in $\text{W}(0 \mid -2)$. Es ist $m_n = -\frac{1}{f'(0)} = -\frac{1}{1} = -1$. Damit folgt für die Gleichung der Normale: $y = -x - 2$. Bestimmung des zweiten Schnittpunktes Q der Normalen mit der Kurve G: $-(x+2)e^{-x} = -x - 2 \Rightarrow (x+2) - (x+2)e^{-x} = 0$. Ausklammern von $(x+2)$ führt nun zu: $(x+2)(1 - e^{-x}) = 0$. Damit ergibt sich $x_1 = -2$ und aus dem zweiten Faktor $x_2 = 0$. Die Lösung $x_1 = -2$ führt zum gesuchten Schnittpunkt $\text{Q}(-2 \mid 0)$.
Für den Punkt P gilt: $\text{P}(u \mid -(u+2) \cdot e^{-u})$ mit $-2 < u < 0$.
Die Grundseite des Dreiecks OPQ ist $\left|\overline{\text{QO}}\right| = 2$, die Höhe beträgt $-f(u)$. (Für $-2 < u < 0$ ist $f(u)$ negativ, die Höhe des Dreiecks muss aber eine positive Größe sein.)
Damit ergibt sich für den Flächeninhalt des Dreiecks OPQ:
$\text{A}(u) = \frac{1}{2} \cdot g \cdot h = \frac{1}{2} \cdot 2 \cdot (-f(u)) = (u+2) \cdot e^{-u}$
$\text{A}'(u) = 1 \cdot e^{-u} + (u+2) \cdot (-e^{-u}) = e^{-u}(1 - u - 2) = e^{-u} \cdot (-u - 1)$
$\text{A}''(u) = -e^{-u} \cdot (-u - 1) + e^{-u} \cdot (-1) = e^{-u}(u + 1 - 1) = e^{-u} \cdot u$
Für die Extremstelle ergibt sich damit: $e^{-u} \cdot (-u - 1) = 0 \Rightarrow -u - 1 = 0 \Rightarrow u_1 = -1$.
Einsetzen in $\text{A}''(u) : \text{A}''(-1) < 0 \Rightarrow$ es liegt ein lokales Maximum vor. Um zu prüfen, ob ein globales Maximum vorliegt, wird $\text{A}(-1) = (-1+2) \cdot e^1 = e$ mit den Randwerten verglichen: $\text{A}(-2) = 0$ und $\text{A}(0) = 2$. Da $\text{A}(-1) = e > 2$ ist, nimmt der Flächeninhalt für $u = -1$ ein globales Maximum an.

h) Es sind $f(x) = (2x+3) \cdot e^{-x}$ und $g(x) = e^{-x}$.
Der Punkt P liegt auf G_f und hat somit die Koordinaten: $\text{P}(u \mid (2u+3) \cdot e^{-u})$.

Der Punkt Q liegt auf G_g und hat somit die Koordinaten: $\text{Q}(u \mid e^{-u})$.

Die Länge l der Strecke PQ erhält man als Differenz der y-Werte von P und Q:
$l(u) = (2u+3) \cdot e^{-u} - e^{-u} = (2u+2) \cdot e^{-u}$

Zur Bestimmung des Maximums benötigt man die 1. und 2. Ableitung (Produkt- und Kettenregel):

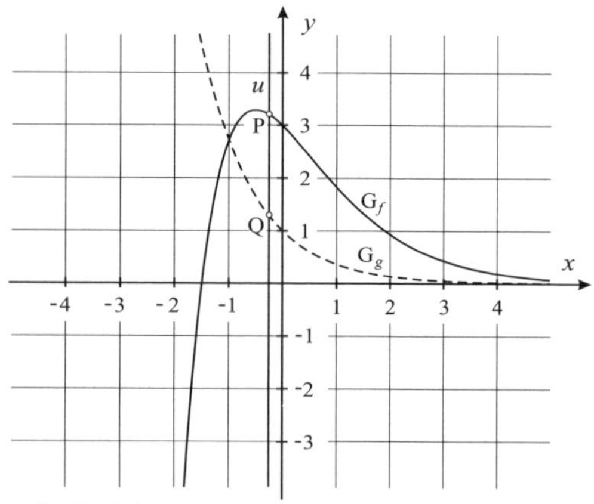

Aufgabe h)

$l'(u) = 2 \cdot e^{-u} + (2u+2) \cdot e^{-u} \cdot (-1) = -2u \cdot e^{-u}$
$l''(x) = -2 \cdot e^{-u} + (-2u \cdot e^{-u}) \cdot (-1) = (2u - 2) \cdot e^{-u}$
Die 1. Ableitung wird Null gesetzt: $-2u \cdot e^{-u} = 0 \Rightarrow u_\text{E} = 0$. Setzt man $u_\text{E} = 0$ in $l''(u)$ ein, so erhält man: $l''(0) = (2 \cdot 0 - 2) \cdot e^{-0} = -2 < 0 \Rightarrow$ globales Maximum.
Für $u = 0$ ist die Länge der Strecke PQ maximal.

Setzt man $u = 0$ in $l(u)$ ein, so erhält man: $l(0) = (2 \cdot 0 + 2) \cdot e^{-0} = 2$.
Die maximale Länge der Strecke PQ beträgt 2LE.

9.2 Wachstums- und Zerfallsprozesse

a) I) Das Zerfallsgesetz ist $\mathrm{B}(t) = \mathrm{B}_0 \cdot e^{k \cdot t}$, $t = 0$ wird auf den Zeitpunkt vor 2 Jahren gesetzt. Daraus ergibt sich: $\mathrm{B}(0) = 90000 \cdot e^{k \cdot 0} \Rightarrow \mathrm{B}_0 = 90000$. Nun ist noch k zu bestimmen: Aus $\mathrm{B}(2) = 30000$ folgt $\mathrm{B}(2) = 90000 \cdot e^{k \cdot 2} = 30000 \Rightarrow e^{k \cdot 2} = \frac{30000}{90000} = \frac{1}{3}$ $\Rightarrow k = \frac{\ln\left(\frac{1}{3}\right)}{2} \approx -0,5493$. Das Zerfallsgesetz ist damit: $\mathrm{B}(t) = 90000 \cdot e^{-0,5493 \cdot t}$

II) In 10 Jahren ab heute bedeutet $t = 12$. Setzt man $t = 12$ in $\mathrm{B}(t)$ ein, so erhält man:
$\mathrm{B}(12) = 90000 \cdot e^{-0,5493 \cdot 12} = 123,47$
In 10 Jahren gibt es etwa noch 123 Individuen.

III) Gesucht ist der Zeitpunkt t_{E}, an dem vom Anfangsbestand nur noch 10 % übrig sind. Die Population enthält dann noch $\frac{1}{10} \cdot \mathrm{B}_0 = 9000$ Individuen. Eingesetzt in die Funktion ergibt sich: $9000 = 90000 \cdot e^{-0,5493 \cdot t} \Rightarrow \frac{1}{10} = e^{-0,5493 \cdot t} \Rightarrow t_{\mathrm{E}} = \frac{\ln\left(\frac{1}{10}\right)}{-0,5493} \approx 4,19$. Aus $t = 4$ ergibt sich, dass es in etwa zwei Jahren nur noch 10 % der Ausgangspopulation gibt.

b) I) Die Temperatur der Probe wird durch folgende Gleichung bestimmt:
$\mathrm{T}(t) = 80 - 60e^{-0,1 \cdot t}$. Um die gesuchte Asymptote zu bestimmen, betrachtet man den Grenzwert für $t \to \infty$. Es ist $\lim\limits_{t \to \infty} \mathrm{T}(t) = 80$, da $60e^{-0,1 \cdot t}$ für größer werdende Werte von t immer kleiner wird. Die Asymptote ist die Gerade mit der Gleichung $\mathrm{T}_{y=80} = 80$.
Die Asymptote kennzeichnet die Temperatur, die die Probe erreicht, wenn sie lange erwärmt wurde. Dies ist die Temperatur der Umgebung, in der sich die Probe beim Erwärmen befindet. (Im streng mathematischen Sinne erreicht die Kurve nie den Wert der Asymptote, physikalisch wird sie diese Temperatur aber nach einer gewissen Zeit erreicht haben.)

II) Die Geschwindigkeit, mit der sich die Probe erwärmt, ist am größten, wenn die Temperaturänderung am größten ist. Diese Temperaturänderung wird durch die 1. Ableitung der Temperaturfunktion $\mathrm{T}(t)$ beschrieben. Es ist $\mathrm{T}'(t) = 6 \cdot e^{-0,1t}$. Diese Funktion ist streng monoton fallend, da für ihre Ableitung $\mathrm{T}''(t)$ gilt: $\mathrm{T}''(t) = (\mathrm{T}'(t))' = -0,6 \cdot e^{-0,1t} < 0$. Die größte Temperaturänderung findet daher für $t = 0$, d.h. am Anfang der Erwärmung statt.

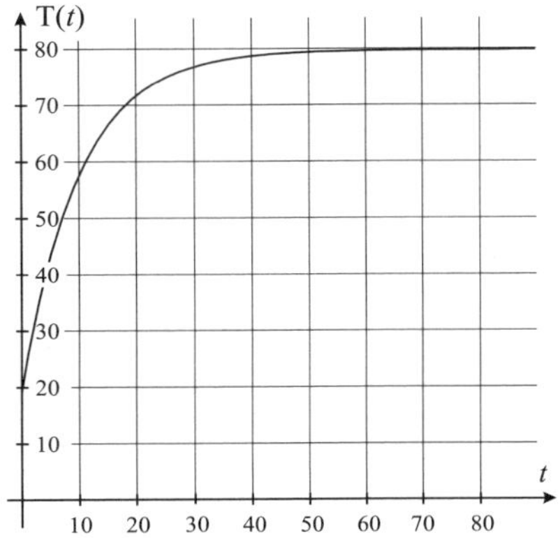

c) I) Da es sich um natürliches exponentielles Wachstum handelt, verwendet man den Ansatz: $\mathrm{G}(t) = a \cdot e^{k \cdot t}$; t in Tagen. Es ist $\mathrm{G}(0) = 1000$ bzw. $ae^{k \cdot 0} = 1000 \Rightarrow a = 1000$.

Nach 7 Tagen kennen 1200 Menschen das Gerücht (20 % von 1000 ist 200). Somit ist $G(7) = 1200$ bzw. $1000 \cdot e^{k \cdot 7} = 1200 \Rightarrow e^{k \cdot 7} = \frac{1200}{1000} \Rightarrow k = \frac{\ln\left(\frac{1200}{1000}\right)}{7} \approx 0{,}0260$.
Also lautet die Funktionsgleichung: $G(t) = 1000 \cdot e^{0{,}0260t}$

II) Setzt man $t = 10$ in $G(t)$ ein, so erhält man: $G(10) = 1000 \cdot e^{0{,}0260 \cdot 10} = 1296{,}93$
Nach 10 Tagen kennen etwa 1297 Personen das Gerücht.

III) Um zu berechnen, wann alle Freiburger das Gerücht kennen, setzt man $G(t) = 200\,000$ und man erhält:
$200\,000 = 1000 \cdot e^{0{,}0260t} \Rightarrow \frac{200\,000}{1000} = e^{0{,}0260t} \Rightarrow t = \frac{\ln(200)}{0{,}0260} \approx 203{,}78$
Nach etwa 204 Tagen kennen alle Freiburger das Gerücht.

d) I) Da es sich um natürliches exponentielles Wachstum handelt, verwendet man den Ansatz: $B(t) = a \cdot e^{k \cdot t}$; ($t$ in Jahren und $t = 0$ im Jahre 1975, $B(t)$ in Milliarden Menschen.) Es ist $B(0) = 4{,}033$ bzw. $ae^{k \cdot 0} = 4{,}033 \Rightarrow a = 4{,}033$. Nach einem Jahr gibt es $1{,}02 \cdot 4{,}033 = 4{,}1136$ Milliarden Menschen. Somit ist $B(1) = 4{,}1136$. Damit ist:
$4{,}033e^{k \cdot 1} = 4{,}1136 \Rightarrow e^k = \frac{4{,}1136}{4{,}033} \Rightarrow k = \ln\left(\frac{4{,}1136}{4{,}033}\right) \approx 0{,}0198$
Also lautet die Funktionsgleichung: $B(t) = 4{,}033 \cdot e^{0{,}0198 \cdot t}$.

Im Jahre 2030 ist $t = 55$. Setzt man $t = 55$ in $B(t)$ ein, so erhält man:
$B(55) = 4{,}033 \cdot e^{0{,}0198 \cdot 55} \approx 11{,}98$
Im Jahre 2030 gibt es etwa 12 Milliarden Menschen, vorausgesetzt, das jährliche Wachstum bleibt während dieser Zeit konstant.

II) Um den Zeitraum der Verdoppelung zu bestimmen, setzt man $2 \cdot 4{,}033 = 8{,}066$ mit $B(t)$ gleich und löst die Gleichung nach t auf:
$8{,}066 = 4{,}033 \cdot e^{0{,}0198t} \Rightarrow 2 = e^{0{,}0198t} \Rightarrow t = \frac{\ln 2}{0{,}0198} \approx 35{,}01$
Etwa alle 35 Jahre verdoppelt sich die Weltbevölkerung.

Lineare Algebra/ Analytische Geometrie

Für alle Parameter bei Geraden und Ebenen gilt $r, s, t, u, \ldots \in \mathbb{R}$, falls nicht anders angegeben.

10 Rechnen mit Vektoren

10.1 Addition und Subtraktion von Vektoren

Gegeben sind die Vektoren $\vec{a} = \begin{pmatrix} -1 \\ 2 \\ 4 \end{pmatrix}$ und $\vec{b} = \begin{pmatrix} 3 \\ 1 \\ 2 \end{pmatrix}$.

a) $\vec{a} + \vec{b} = \begin{pmatrix} 2 \\ 3 \\ 6 \end{pmatrix}$ b) $\vec{a} - \vec{b} = \begin{pmatrix} -4 \\ 1 \\ 2 \end{pmatrix}$ c) $2 \cdot \vec{a} = \begin{pmatrix} -2 \\ 4 \\ 8 \end{pmatrix}$

d) $-\vec{a} = \begin{pmatrix} 1 \\ -2 \\ -4 \end{pmatrix}$ e) $2\vec{a} + 3\vec{b} = \begin{pmatrix} 7 \\ 7 \\ 14 \end{pmatrix}$

f) $\vec{a} \cdot \vec{b} = (-1) \cdot 3 + 2 \cdot 1 + 4 \cdot 2 = 7$

g) $|\vec{a}| = \sqrt{(-1)^2 + 2^2 + 4^2} = \sqrt{1 + 4 + 16} = \sqrt{21}$

h) $|\vec{b}| = \sqrt{3^2 + 1^2 + 2^2} = \sqrt{14}$

i) $|\vec{a} + \vec{b}| = \left| \begin{pmatrix} 2 \\ 3 \\ 6 \end{pmatrix} \right| = \sqrt{2^2 + 3^2 + 6^2} = \sqrt{49} = 7$

10.2 Orthogonalität von Vektoren

a) $\vec{a} \cdot \vec{b} = \begin{pmatrix} -1 \\ 0 \\ 1 \end{pmatrix} \cdot \begin{pmatrix} 2 \\ 2 \\ 0 \end{pmatrix} = (-1) \cdot 2 + 0 \cdot 2 + 1 \cdot 0 = -2 \Rightarrow \vec{a}$ steht nicht orthogonal auf $\vec{b}$.

b) $\vec{r} \cdot \vec{n} = \begin{pmatrix} 5 \\ -1 \\ 3 \end{pmatrix} \cdot \begin{pmatrix} 2 \\ 1 \\ -3 \end{pmatrix} = 5 \cdot 2 + (-1) \cdot 1 + 3 \cdot (-3) = 0 \Rightarrow \vec{r}$ steht orthogonal auf $\vec{n}$.

c) $\vec{z} \cdot \vec{w} = \begin{pmatrix} 2 \\ -2 \\ 4 \end{pmatrix} \cdot \begin{pmatrix} 1 \\ 3 \\ 1 \end{pmatrix} = 2 \cdot 1 + (-2) \cdot 3 + 4 \cdot 1 = 0 \Rightarrow \vec{z}$ steht orthogonal auf $\vec{w}$.

10.3 Auffinden von orthogonalen Vektoren

Es sind Vektoren zu bestimmen, deren Skalarprodukt mit $\vec{n}$ Null ergibt. Dazu kann man zwei Komponenten des Vektors frei wählen, die dritte ergibt sich dann, z.B.:

$$\vec{a} = \begin{pmatrix} 4 \\ -2 \\ 0 \end{pmatrix}, \text{denn } \vec{a} \cdot \vec{n} = \begin{pmatrix} 4 \\ -2 \\ 0 \end{pmatrix} \cdot \begin{pmatrix} 1 \\ 2 \\ -3 \end{pmatrix} = 4 \cdot 1 + (-2) \cdot 2 + 0 \cdot (-3) = 4 - 4 = 0$$

$$\vec{b} = \begin{pmatrix} 0 \\ 3 \\ 2 \end{pmatrix}, \text{denn } \vec{b} \cdot \vec{n} = \begin{pmatrix} 0 \\ 3 \\ 2 \end{pmatrix} \cdot \begin{pmatrix} 1 \\ 2 \\ -3 \end{pmatrix} = 0 \cdot 1 + 3 \cdot 2 + 2 \cdot (-3) = 6 - 6 = 0$$

$$\vec{c} = \begin{pmatrix} 5 \\ -1 \\ 1 \end{pmatrix}, \text{denn } \vec{c} \cdot \vec{n} = \begin{pmatrix} 5 \\ -1 \\ 1 \end{pmatrix} \cdot \begin{pmatrix} 1 \\ 2 \\ -3 \end{pmatrix} = 5 \cdot 1 + (-1) \cdot 2 + 1 \cdot (-3) = 5 - 2 - 3 = 0$$

10.4 Orts- und Verbindungsvektoren

Gegeben sind die Punkte $A(2 \mid 3 \mid 2)$, $B(7 \mid 4 \mid 3)$ und $C(1 \mid 5 \mid -2)$.

a) $\vec{a} = \begin{pmatrix} 2 \\ 3 \\ 2 \end{pmatrix}, \vec{b} = \begin{pmatrix} 7 \\ 4 \\ 3 \end{pmatrix}, \vec{c} = \begin{pmatrix} 1 \\ 5 \\ -2 \end{pmatrix}$

b) $\overrightarrow{AB} = \vec{b} - \vec{a} = \begin{pmatrix} 7 \\ 4 \\ 3 \end{pmatrix} - \begin{pmatrix} 2 \\ 3 \\ 2 \end{pmatrix} = \begin{pmatrix} 5 \\ 1 \\ 1 \end{pmatrix}$

$$\overrightarrow{AC} = \vec{c} - \vec{a} = \begin{pmatrix} 1 \\ 5 \\ -2 \end{pmatrix} - \begin{pmatrix} 2 \\ 3 \\ 2 \end{pmatrix} = \begin{pmatrix} -1 \\ 2 \\ -4 \end{pmatrix}$$

$$\overrightarrow{BC} = \vec{c} - \vec{b} = \begin{pmatrix} 1 \\ 5 \\ -2 \end{pmatrix} - \begin{pmatrix} 7 \\ 4 \\ 3 \end{pmatrix} = \begin{pmatrix} -6 \\ 1 \\ -5 \end{pmatrix}$$

c) Nein, ein Verbindungsvektor verbindet zwei beliebige Punkte. Ein Ortsvektor geht immer vom Ursprung zu einem Punkt.

10.5 Verschiedene Aufgaben

a) I) $\overrightarrow{AB} = \begin{pmatrix} -4 \\ -2 \\ -1 \end{pmatrix}, \overrightarrow{AC} = \begin{pmatrix} -1 \\ -4 \\ -2 \end{pmatrix}, \overrightarrow{BC} = \begin{pmatrix} 3 \\ -2 \\ -1 \end{pmatrix}$, es ist $\overline{AB} = \overline{AC} = \sqrt{21}$,

damit ist das Dreieck gleichschenklig.

II) $\overrightarrow{AB} = \begin{pmatrix} 5 \\ 3 \\ -2 \end{pmatrix}, \overrightarrow{AC} = \begin{pmatrix} 4 \\ 4 \\ -2 \end{pmatrix}, \overrightarrow{BC} = \begin{pmatrix} -1 \\ 1 \\ 0 \end{pmatrix}$, es ist $\overline{AB} = \sqrt{38}$, $\overline{AC} = 6$

und $\overline{BC} = \sqrt{2}$, damit ist das Dreieck nicht gleichschenklig.

b) $\overrightarrow{AB} = \begin{pmatrix} -4 \\ 4 \\ 2 \end{pmatrix}, \overrightarrow{AC} = \begin{pmatrix} -6 \\ 0 \\ 6 \end{pmatrix}, \overrightarrow{BC} = \begin{pmatrix} -2 \\ -4 \\ 4 \end{pmatrix}$

$$\overrightarrow{AB} \cdot \overrightarrow{AC} = \begin{pmatrix} -4 \\ 4 \\ 2 \end{pmatrix} \cdot \begin{pmatrix} -6 \\ 0 \\ 6 \end{pmatrix} = 24 + 0 + 12 = 36$$

$$\overrightarrow{AB} \cdot \overrightarrow{BC} = \begin{pmatrix} -4 \\ 4 \\ 2 \end{pmatrix} \cdot \begin{pmatrix} -2 \\ -4 \\ 4 \end{pmatrix} = 8 - 16 + 8 = 0$$

$$\overrightarrow{AC} \cdot \overrightarrow{BC} = \begin{pmatrix} -6 \\ 0 \\ 6 \end{pmatrix} \cdot \begin{pmatrix} -2 \\ -4 \\ 4 \end{pmatrix} = 12 + 0 + 24 = 36$$

Da das Skalarprodukt von $\overrightarrow{AB}$ und $\overrightarrow{BC}$ gleich Null ist, stehen diese beiden Vektoren senkrecht aufeinander, d.h. das Dreieck ABC hat bei B einen rechten Winkel.

c) I)

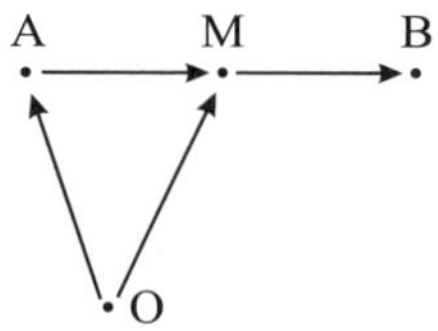

$$\overrightarrow{OM} = \overrightarrow{OA} + \tfrac{1}{2}\overrightarrow{AB} = \begin{pmatrix} 4 \\ 1 \\ 3 \end{pmatrix} + \tfrac{1}{2} \cdot \begin{pmatrix} -6 \\ 4 \\ -8 \end{pmatrix} = \begin{pmatrix} 1 \\ 3 \\ -1 \end{pmatrix}$$

$\Rightarrow M(1 \mid 3 \mid -1)$

II)

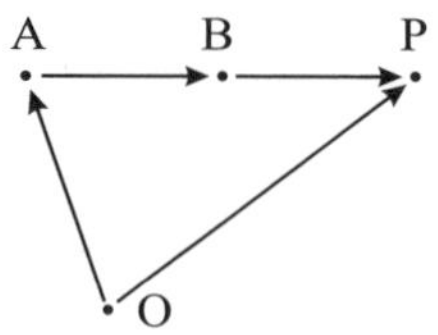

$$\overrightarrow{OP} = \overrightarrow{OA} + 2 \cdot \overrightarrow{AB} = \begin{pmatrix} 3 \\ -1 \\ -4 \end{pmatrix} + 2 \cdot \begin{pmatrix} 1 \\ 3 \\ 9 \end{pmatrix} = \begin{pmatrix} 5 \\ 5 \\ 14 \end{pmatrix}$$

$\Rightarrow P(5 \mid 5 \mid 14)$

d) I) Den Schwerpunkt S des Dreiecks ABC mit A (4 | 1 | 2), B (5 | 3 | 0) und C (0 | 2 | 1) erhalten Sie mit der Formel:

$$\vec{s} = \frac{1}{3} \cdot \left(\vec{a} + \vec{b} + \vec{c}\right) = \frac{1}{3} \cdot \left(\begin{pmatrix} 4 \\ 1 \\ 2 \end{pmatrix} + \begin{pmatrix} 5 \\ 3 \\ 0 \end{pmatrix} + \begin{pmatrix} 0 \\ 2 \\ 1 \end{pmatrix} \right) = \frac{1}{3} \cdot \begin{pmatrix} 9 \\ 6 \\ 3 \end{pmatrix} = \begin{pmatrix} 3 \\ 2 \\ 1 \end{pmatrix}$$

$\Rightarrow$ S (3 | 2 | 1).

II) Den Schwerpunkt S des Dreiecks PQR mit P (−3 | 2 | 4), Q (5 | 1 | 2) und R (−5 | 3 | 6) erhalten Sie mit der Formel:

$$\vec{s} = \frac{1}{3} \cdot (\vec{p} + \vec{q} + \vec{r}) = \frac{1}{3} \cdot \left(\begin{pmatrix} -3 \\ 2 \\ 4 \end{pmatrix} + \begin{pmatrix} 5 \\ 1 \\ 2 \end{pmatrix} + \begin{pmatrix} -5 \\ 3 \\ 6 \end{pmatrix} \right) = \frac{1}{3} \cdot \begin{pmatrix} -3 \\ 6 \\ 12 \end{pmatrix} = \begin{pmatrix} -1 \\ 2 \\ 4 \end{pmatrix}$$

$\Rightarrow$ S (−1 | 2 | 4).

e) I)

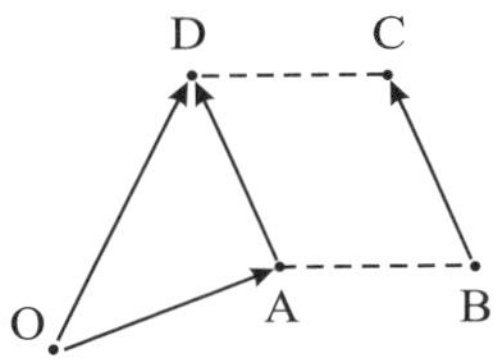

$$\overrightarrow{OD} = \overrightarrow{OA} + \overrightarrow{BC} = \begin{pmatrix} 4 \\ 2 \\ 3 \end{pmatrix} + \begin{pmatrix} -3 \\ -7 \\ -8 \end{pmatrix} = \begin{pmatrix} 1 \\ -5 \\ -5 \end{pmatrix}$$

$\Rightarrow$ D (1 | −5 | −5)

II)

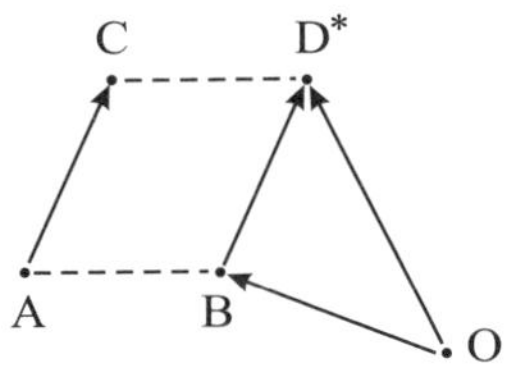

$$\overrightarrow{OD^*} = \overrightarrow{OB} + \overrightarrow{AC} = \begin{pmatrix} 1 \\ 8 \\ 5 \end{pmatrix} + \begin{pmatrix} -6 \\ -1 \\ -6 \end{pmatrix} = \begin{pmatrix} -5 \\ 7 \\ -1 \end{pmatrix}$$

$\Rightarrow$ D* (−5 | 7 | −1)

III)

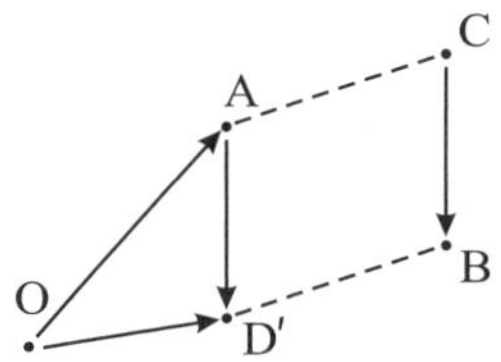

$$\overrightarrow{OD'} = \overrightarrow{OA} + \overrightarrow{CB} = \begin{pmatrix} 4 \\ 2 \\ 3 \end{pmatrix} + \begin{pmatrix} 3 \\ 7 \\ 8 \end{pmatrix} = \begin{pmatrix} 7 \\ 9 \\ 11 \end{pmatrix}$$

$\Rightarrow$ D′ (7 | 9 | 11)

f) I) Es ergeben sich folgende mögliche Vektorketten:

$$\overrightarrow{OD} = \overrightarrow{OA} + \overrightarrow{BC} = \begin{pmatrix} 3 \\ 1 \\ 4 \end{pmatrix} + \begin{pmatrix} 7 \\ -3 \\ 6 \end{pmatrix} = \begin{pmatrix} 10 \\ -2 \\ 10 \end{pmatrix} \Rightarrow \mathrm{D}(10 \mid -2 \mid 10)$$

$$\overrightarrow{OE} = \overrightarrow{OA} + \overrightarrow{BF} = \begin{pmatrix} 3 \\ 1 \\ 4 \end{pmatrix} + \begin{pmatrix} 11 \\ 1 \\ 9 \end{pmatrix} = \begin{pmatrix} 14 \\ 2 \\ 13 \end{pmatrix} \Rightarrow \mathrm{E}(14 \mid 2 \mid 13)$$

$$\overrightarrow{OG} = \overrightarrow{OC} + \overrightarrow{BF} = \begin{pmatrix} 5 \\ -2 \\ 3 \end{pmatrix} + \begin{pmatrix} 11 \\ 1 \\ 9 \end{pmatrix} = \begin{pmatrix} 16 \\ -1 \\ 12 \end{pmatrix} \Rightarrow \mathrm{G}(16 \mid -1 \mid 12)$$

$$\overrightarrow{OH} = \overrightarrow{OD} + \overrightarrow{BF} = \begin{pmatrix} 10 \\ -2 \\ 10 \end{pmatrix} + \begin{pmatrix} 11 \\ 1 \\ 9 \end{pmatrix} = \begin{pmatrix} 21 \\ -1 \\ 19 \end{pmatrix} \Rightarrow H(21 \mid -1 \mid 19)$$

II) Die Länge der Raumdiagonalen AG ist die Länge des Verbindungsvektors $\overrightarrow{AG}$:

$$AG = |\overrightarrow{AG}| = \left| \begin{pmatrix} 13 \\ -2 \\ 8 \end{pmatrix} \right| = \sqrt{169+4+64} = \sqrt{237}$$

g) Bei einem schiefen Dreiecksprisma sind folgende 3 Kanten parallel: AD, BE und CF

$\Rightarrow \overrightarrow{AD} = \overrightarrow{BE} = \overrightarrow{CF}$. Daher gilt: $\overrightarrow{OE} = \overrightarrow{OB} + \overrightarrow{AD} = \begin{pmatrix} 5 \\ -2 \\ -1 \end{pmatrix} + \begin{pmatrix} 3 \\ 3 \\ 5 \end{pmatrix} = \begin{pmatrix} 8 \\ 1 \\ 4 \end{pmatrix}$

$\Rightarrow E(8 \mid 1 \mid 4)$

$$\overrightarrow{OF} = \overrightarrow{OC} + \overrightarrow{AD} = \begin{pmatrix} -1 \\ 3 \\ -2 \end{pmatrix} + \begin{pmatrix} 3 \\ 3 \\ 5 \end{pmatrix} = \begin{pmatrix} 2 \\ 6 \\ 3 \end{pmatrix} \Rightarrow F(2 \mid 6 \mid 3)$$

Die Länge der Kante EF ist $|\overrightarrow{EF}| = \left| \begin{pmatrix} -6 \\ 5 \\ -1 \end{pmatrix} \right| = \sqrt{36+25+1} = \sqrt{62}\,\text{LE}$.

10.6 Lineare Abhängigkeit

a) Der Ansatz $k \cdot \begin{pmatrix} 2 \\ 1 \\ -3 \end{pmatrix} = \begin{pmatrix} -4 \\ -2 \\ 6 \end{pmatrix}$ führt zu $\begin{aligned} 2k &= -4 \\ k &= -2 \\ -3k &= 6 \end{aligned}$

und damit zu $k = -2$, d.h. $\vec{a}$ und $\vec{b}$ sind linear abhängig.

b) Der Ansatz $k \cdot \begin{pmatrix} 2 \\ 0 \\ 3 \end{pmatrix} = \begin{pmatrix} -2 \\ 1 \\ -3 \end{pmatrix}$ führt zu $\begin{aligned} 2k &= -2 \\ 0 &= 1 \\ 3k &= -3 \end{aligned}$

und damit zu einem Widerspruch, d.h. $\vec{a}$ und $\vec{b}$ sind linear unabhängig.

c) Der Ansatz $k \cdot \begin{pmatrix} 6 \\ 3 \\ -9 \end{pmatrix} = \begin{pmatrix} 2 \\ 1 \\ -3 \end{pmatrix}$ führt zu $\begin{aligned} 6k &= 2 \\ 3k &= 1 \\ -9k &= -3 \end{aligned}$

und damit zu $k = \frac{1}{3}$, d.h. $\vec{a}$ und $\vec{b}$ sind linear abhängig.

d) Der Ansatz $k \cdot \begin{pmatrix} 4 \\ -2 \\ 3 \end{pmatrix} = \begin{pmatrix} 5 \\ 1 \\ 9 \end{pmatrix}$ führt zu $\begin{aligned} 4k &= 5 \\ -2k &= 1 \\ 3k &= 9 \end{aligned}$

und damit zu verschiedenen Werten für k, also sind $\vec{a}$ und $\vec{b}$ linear unabhängig.

11 Geraden

11.1 Aufstellen von Geradengleichungen

Der Ortsvektor des einen Punktes wird als Stützvektor für die Gerade benutzt. Einen Richtungsvektor erhält man, indem man einen Verbindungsvektor zwischen den beiden Punkten aufstellt. Da es beliebig ist, welcher Punkt als «Stützpunkt» genommen wird, bzw. in welche Richtung man den Richtungsvektor aufstellt, gibt es mehrere Lösungen. Für Aufgabe a) sind alle vier Lösungen dargestellt, für die Aufgaben b) und c) ist eine mögliche Lösung aufgeführt.

a) I) $g:\ \vec{x}=\begin{pmatrix}1\\0\\2\end{pmatrix}+r\cdot\begin{pmatrix}2\\1\\1\end{pmatrix}$ II) $g:\ \vec{x}=\begin{pmatrix}3\\1\\3\end{pmatrix}+r\cdot\begin{pmatrix}2\\1\\1\end{pmatrix}$

III) $g:\ \vec{x}=\begin{pmatrix}1\\0\\2\end{pmatrix}+r\cdot\begin{pmatrix}-2\\-1\\-1\end{pmatrix}$ IV) $g:\ \vec{x}=\begin{pmatrix}3\\1\\3\end{pmatrix}+r\cdot\begin{pmatrix}-2\\-1\\-1\end{pmatrix}$

b) $g:\ \vec{x}=\begin{pmatrix}2\\1\\-4\end{pmatrix}+s\cdot\begin{pmatrix}2\\-1\\5\end{pmatrix}$ c) $g:\ \vec{x}=\begin{pmatrix}1\\1\\0\end{pmatrix}+t\cdot\begin{pmatrix}1\\1\\-1\end{pmatrix}$

11.2 Punktprobe

Die Ortsvektoren der Punkte werden in die Geradengleichung eingesetzt. Dann ermittelt man den Parameter mit Hilfe der Gleichungen des dazugehörigen Gleichungssystems. Es muss sich für alle drei Gleichungen der gleiche Parameter ergeben.

a) Einsetzen ergibt:

$$\begin{array}{lrcrcr} \text{I} & 2 & = & 1 & + & r \\ \text{II} & 7 & = & 3 & + & 4r \\ \text{III} & 0 & = & -2 & + & 2r \end{array}$$

Lösen von Gleichung I, II und III führt zu $r = 1$. Also liegt der Punkt A auf der Geraden.

b) Einsetzen ergibt:

$$\begin{array}{lrcrcr} \text{I} & 3 & = & 1 & + & r \\ \text{II} & 11 & = & 3 & + & 4r \\ \text{III} & 3 & = & -2 & + & 2r \end{array}$$

Lösen von Gleichung I und II führt zu $r = 2$. Lösen von Gleichung III ergibt $r = 2,5$. Dies ist ein Widerspruch. Der Punkt liegt also nicht auf der Geraden.

c) Lösen von Gleichung I, II und III führt zu $r = -3$. Also liegt der Punkt C auf der Geraden.

11.3 Projektion von Geraden

a) Die x_1x_2-Ebene hat die Gleichung $x_3 = 0$, daher müssen die x_3-Komponenten der Geraden gleich Null gesetzt werden. Damit ist die Projektionsgerade:

$$g^*: \vec{x} = \begin{pmatrix} 3 \\ 1 \\ 0 \end{pmatrix} + r \cdot \begin{pmatrix} 4 \\ 6 \\ 0 \end{pmatrix}$$

b) Die x_2x_3-Ebene hat die Gleichung $x_1 = 0$, daher müssen die x_1-Komponenten der Geraden gleich Null gesetzt werden. Damit ist die Projektionsgerade:

$$h^*: \vec{x} = \begin{pmatrix} 0 \\ 3 \\ 4 \end{pmatrix} + t \cdot \begin{pmatrix} 0 \\ 4 \\ -1 \end{pmatrix}$$

11.4 Parallele Geraden

Wenn die Geraden parallel sind, müssen die Richtungsvektoren linear abhängig sein. Außerdem darf kein «Stützpunkt» einer Geraden in einer anderen enthalten sein.

Da $r \cdot \begin{pmatrix} 2 \\ -1 \\ -3 \end{pmatrix} = \begin{pmatrix} 4 \\ -2 \\ -6 \end{pmatrix}$ für $r = 2$ und $r \cdot \begin{pmatrix} 2 \\ -1 \\ -3 \end{pmatrix} = \begin{pmatrix} -6 \\ 3 \\ 9 \end{pmatrix}$ für $r = -3$ gilt, sind die Richtungsvektoren linear abhängig. Punktproben der Stützvektoren in den jeweils anderen Geraden ergeben, dass die Geraden nicht identisch sind. Also sind alle Geraden echt parallel zueinander.

11.5 Gegenseitige Lage von Geraden

Für einige Aufgaben ist die Lösung ausführlich dargestellt, ansonsten sind Zwischenergebnisse und das Endergebnis angegeben.

a) Die Richtungsvektoren der Geraden sind kein Vielfaches voneinander, da es kein k gibt, so dass gilt: $k \cdot \begin{pmatrix} 1 \\ 1 \\ 2 \end{pmatrix} = \begin{pmatrix} 2 \\ 0 \\ 1 \end{pmatrix}$, also können sich die Geraden schneiden oder windschief sein.
Gleichsetzen der Geraden führt zu:

$$\begin{array}{lcccccc} \text{I} & 4 & + & t & = & 2r \\ \text{II} & 2 & + & t & = & 0 \\ \text{III} & 5 & + & 2t & = & r \end{array}$$

Gleichung II ergibt: $t = -2$. Eingesetzt in I ergibt sich $r = 1$. t und r müssen noch in Gleichung III überprüft werden: $5 + 2 \cdot (-2) = 1$. Nun setzt man r in die Gleichung von g_2 ein, es ergibt sich der Schnittpunkt S mit $S(2 \mid 0 \mid 1)$.

b) Die Richtungsvektoren der Geraden sind kein Vielfaches voneinander, da es kein k gibt, so dass gilt: $k \cdot \begin{pmatrix} 1 \\ 1 \\ 1 \end{pmatrix} = \begin{pmatrix} 3 \\ 4 \\ 5 \end{pmatrix}$, also können sich die Geraden schneiden oder windschief sein.
Gleichsetzen der Geraden führt zu:

$$\begin{array}{llcl} \text{I} & 2 + r & = & 3 + 3t \\ \text{II} & r & = & 2 + 4t \\ \text{III} & r & = & 3 + 5t \end{array}$$

Gleichung I − Gleichung II ergibt: $t = -1$. Eingesetzt in Gleichung II ergibt sich $r = -2$. t und r müssen noch in III überprüft werden: $-2 = 3 + 5 \cdot (-1)$. Einsetzen von r in g_1 ergibt den Schnittpunkt S mit $S\,(0 \mid -2 \mid -2)$.

c) Die Richtungsvektoren der Geraden sind kein Vielfaches voneinander, da es kein k gibt, so dass gilt: $k \cdot \begin{pmatrix} 2 \\ 1 \\ -3 \end{pmatrix} = \begin{pmatrix} 4 \\ -5 \\ -1 \end{pmatrix}$.
Gleichsetzen der Geraden führt zu:

$$\begin{array}{llcl} \text{I} & 1 + 2s & = & 5 + 4t \\ \text{II} & -3 + s & = & 1 - 5t \\ \text{III} & 5 - 3s & = & -3 - t \end{array}$$

Gleichung I − 2· Gl. II ergibt: $t = \frac{2}{7}$. Eingesetzt in Gleichung II ergibt sich $s = \frac{18}{7}$. Es müssen s und t noch in Gleichung III überprüft werden, es ergibt sich: $\frac{4}{7} = 0$. Dies ist ein Widerspruch, also sind die Geraden windschief.

d) Die Richtungsvektoren der Geraden sind kein Vielfaches voneinander, da es kein k gibt, so dass gilt: $k \cdot \begin{pmatrix} 2 \\ 0 \\ 1 \end{pmatrix} = \begin{pmatrix} 0 \\ 1 \\ -1 \end{pmatrix}$. Gleichsetzen der Geradengleichungen und Berechnen von t und r mit Gleichung I und II ergibt: $t = \frac{1}{2}$ und $r = -1$. Prüfen in Gleichung III führt auf einen Widerspruch, also sind die Geraden windschief.

e) Prüfung der Richtungsvektoren:
$k \cdot \begin{pmatrix} 2 \\ -1 \\ 3 \end{pmatrix} = \begin{pmatrix} -2 \\ 1 \\ -3 \end{pmatrix} \Rightarrow k = -1$, d.h. die Richtungsvektoren sind ein Vielfaches voneinander (linear abhängig), also können die Geraden parallel oder identisch sein.

Man prüft nun, ob P(4 | 0 | 1) der Geraden g auch auf der Geraden h liegt:

$$\begin{pmatrix} 4 \\ 0 \\ 1 \end{pmatrix} = \begin{pmatrix} 6 \\ -1 \\ 4 \end{pmatrix} + t \cdot \begin{pmatrix} -2 \\ 1 \\ -3 \end{pmatrix}$$

$4 = 6 - 2t \Rightarrow t = 1$
$0 = -1 + t \Rightarrow t = 1$
$1 = 4 - 3t \Rightarrow t = 1$, positive Punktprobe, also sind die Geraden identisch.

f) Prüfung der Richtungsvektoren:

$k \cdot \begin{pmatrix} 1 \\ -1 \\ 2 \end{pmatrix} = \begin{pmatrix} -3 \\ 3 \\ -6 \end{pmatrix} \Rightarrow k = -3$, d.h. die Richtungsvektoren sind ein Vielfaches voneinander (linear abhängig), also können die Geraden parallel oder identisch sein.
Man prüft nun, ob P(1 | 2 | 3) der Geraden g auch auf der Geraden h liegt:

$$\begin{pmatrix} 1 \\ 2 \\ 3 \end{pmatrix} = \begin{pmatrix} -1 \\ 4 \\ -1 \end{pmatrix} + s \cdot \begin{pmatrix} -3 \\ 3 \\ -6 \end{pmatrix}$$

$1 = -1 - 3s \Rightarrow s = -\frac{2}{3}$
$2 = 4 + 3s \Rightarrow s = -\frac{2}{3}$
$3 = -1 - 6s \Rightarrow s = -\frac{2}{3}$, positive Punktprobe, also sind die Geraden identisch.

g) Prüfung der Richtungsvektoren:

$k \cdot \begin{pmatrix} -2 \\ -1 \\ 3 \end{pmatrix} = \begin{pmatrix} 4 \\ 2 \\ -6 \end{pmatrix} \Rightarrow k = -2$, d.h. die Richtungsvektoren sind ein Vielfaches voneinander (linear abhängig), also können die Geraden parallel oder identisch sein.
Man prüft nun, ob P(1 | 4 | −2) der Geraden g auch auf der Geraden h liegt:

$$\begin{pmatrix} 1 \\ 4 \\ -2 \end{pmatrix} = \begin{pmatrix} -1 \\ 3 \\ -1 \end{pmatrix} + r \cdot \begin{pmatrix} 4 \\ 2 \\ -6 \end{pmatrix}$$

$1 = -1 + 4r \Rightarrow r = \frac{1}{2}$
$4 = 3 + 2r \Rightarrow r = \frac{1}{2}$
$-2 = -1 - 6r \Rightarrow r = \frac{1}{6}$, dies ist ein Widerspruch, d.h. negative Punktprobe, also sind die Geraden parallel.

h) Prüfung der Richtungsvektoren:

$k \cdot \begin{pmatrix} 4 \\ 6 \\ -8 \end{pmatrix} = \begin{pmatrix} 2 \\ 3 \\ -4 \end{pmatrix} \Rightarrow k = \frac{1}{2}$, d.h. die Richtungsvektoren sind ein Vielfaches voneinander (linear abhängig), also können die Geraden parallel oder identisch sein.

Man prüft nun, ob P(0 | 1 | 4) der Geraden g auch auf der Geraden h liegt:

$$\begin{pmatrix} 0 \\ 1 \\ 4 \end{pmatrix} = \begin{pmatrix} 4 \\ 8 \\ -4 \end{pmatrix} + t \cdot \begin{pmatrix} 2 \\ 3 \\ -4 \end{pmatrix}$$

$0 = 4 + 2t \Rightarrow t = -2$

$1 = 8 + 3t \Rightarrow t = -\frac{7}{3}$

$4 = -4 - 4t \Rightarrow t = -2$, Widerspruch, d.h. negative Punktprobe, also sind die Geraden parallel.

11.6 Parallele Geraden mit Parameter

Wenn die beiden Geraden parallel sein sollen, müssen die beiden Richtungsvektoren linear abhängig sein. Dazu bestimmt man t so, dass der eine Vektor ein Vielfaches des anderen ist.

a) Gesucht ist t, so dass gilt: $\begin{pmatrix} 0 \\ 2 \\ 2t \end{pmatrix} = r \cdot \begin{pmatrix} 0 \\ 4 \\ 4 \end{pmatrix}$. Es ergibt sich:

$$\begin{array}{lccc} \text{I} & 0 & = & 0 \\ \text{II} & 2 & = & 4r \\ \text{III} & 2t & = & 4r \end{array}$$

Lösen führt zu $r = \frac{1}{2}$ und $t = 1$. Es muss noch sichergestellt sein, dass die Geraden nicht identisch sind, also macht man die Punktprobe:

$$\begin{array}{lccccc} \text{I} & 1 & = & 4 & & \\ \text{II} & 1 & = & 1 & + & 4r \\ \text{III} & 1 & = & 7 & + & 4r \end{array}$$

Für I ergibt sich unmittelbar ein Widerspruch, also sind die Geraden echt parallel (da sie keinen Schnittpunkt besitzen).

b) Gesucht ist t, so dass gilt: $\begin{pmatrix} 0,5t \\ t \\ 4 \end{pmatrix} = r \cdot \begin{pmatrix} 1 \\ 2 \\ -2 \end{pmatrix}$. Es ergibt sich:

$$\begin{array}{lrcr} \text{I} & 0,5t & = & r \\ \text{II} & t & = & 2r \\ \text{III} & 4 & = & -2r \end{array}$$

Aus III ergibt sich $r = -2$. Einsetzen in II führt zu $t = -4$. Überprüfen in I ergibt eine wahre Aussage. Es muss noch sichergestellt sein, dass die Geraden nicht identisch sind, also macht man die Punktprobe. Dies führt zu einen Widerspruch, also sind die Geraden echt parallel.

c) Gesucht ist t, so dass gilt: $\begin{pmatrix} t \\ 2t \\ -3 \end{pmatrix} = s \cdot \begin{pmatrix} 3 \\ 6 \\ -t \end{pmatrix}$. Es ergibt sich:

$$\begin{array}{lrcr} \text{I} & t & = & 3s \\ \text{II} & 2t & = & 6s \\ \text{III} & -3 & = & -t \cdot s \end{array}$$

I und II sind ein Vielfaches voneinander, daher benutzt man die Gleichungen I und III. Einsetzen von I in III führt zu $s = \pm 1$. Lösen führt auf $t_1 = 3$ und $t_2 = -3$. Es gibt also zwei Werte von t, für die die Geraden parallel sind. Macht man jeweils die Punktprobe, führt dies auf einen Widerspruch, damit sind die Geraden echt parallel.

11.7 Allgemeines Verständnis von Geraden

a) I) Die Richtungsvektoren $\vec{r}$ und $\vec{v}$ müssen linear abhängig (ein Vielfaches voneinander) sein. Für die Stützvektoren muss gelten: $\vec{a} \neq \vec{b}$. Außerdem darf der zu $\vec{b}$ gehörende Punkt B nicht auf g liegen, das heißt: $\vec{b} \neq \vec{a} + s \cdot \vec{r}$. (Bzw. der zu $\vec{a}$ gehörende Punkt A darf nicht auf h liegen.)

II) Die Stützvektoren müssen nicht unbedingt gleich sein, aber jeder «Stützpunkt» muss ein Punkt der anderen Gerade sein (Nachweis durch Punktprobe). Die Richtungsvektoren $\vec{r}$ und $\vec{v}$ müssen linear abhängig sein.

III) Die Stützvektoren müssen nicht unbedingt gleich sein, aber die Geraden müssen sich schneiden. Die Richtungsvektoren müssen orthogonal sein: $\vec{r} \cdot \vec{v} = 0$.

b) Für die Winkelbestimmung braucht man die beiden Richtungsvektoren $\vec{r}$ und $\vec{v}$. Für den spitzen Winkel δ gilt dann:

$$\cos \delta = \frac{|\vec{r} \cdot \vec{v}|}{|\vec{r}| \cdot |\vec{v}|}$$

c) Zur Bestimmung der gegenseitigen Lage prüft man zuerst die Richtungsvektoren auf lineare Abhängigkeit bzw. Unabhängigkeit:

1. Sind die Richtungsvektoren ein Vielfaches voneinander (linear abhängig), können die Geraden parallel oder identisch sein.
   Sie sind identisch, wenn ein Punkt der einen Geraden auf der anderen Geraden liegt (positive Punktprobe), sonst sind sie parallel (negative Punktprobe).
2. Sind die Richtungsvektoren kein Vielfaches voneinander (linear unabhängig), können die Geraden sich schneiden oder windschief sein.
   Durch Gleichsetzen erhält man den Schnittpunkt oder einen Widerspruch, welcher angibt, dass die Geraden windschief sind.

12 Ebenen

12.1 Parameterform der Ebenengleichung

a) Einer der angegebenen Punkte, z.B. A, wird als «Stützpunkt» genommen; die Verbindungsvektoren $\overrightarrow{AB}$ und $\overrightarrow{AC}$ sind dann die Spannvektoren der Ebene. Konkret ergibt sich damit:

$$E: \vec{x} = \begin{pmatrix} 1 \\ 4 \\ 3 \end{pmatrix} + r \cdot \begin{pmatrix} 1 \\ 3 \\ -6 \end{pmatrix} + s \cdot \begin{pmatrix} 2 \\ 1 \\ -2 \end{pmatrix}$$

b) Auch hier wird einer der angegebenen Punkte als Stützpunkt genommen, die Verbindungsvektoren $\overrightarrow{PQ}$ und $\overrightarrow{PR}$ ermittelt und als Spannvektoren genommen. Damit gilt:

$$E: \vec{x} = \begin{pmatrix} 3 \\ 1 \\ 2 \end{pmatrix} + r \cdot \begin{pmatrix} 1 \\ 6 \\ 1 \end{pmatrix} + s \cdot \begin{pmatrix} 1 \\ -1 \\ -3 \end{pmatrix}$$

c) Der «Stützpunkt» und der erste Spannvektor können direkt von der Geraden g übernommen werden. Den zweiten Spannvektor erhält man, indem man den Verbindungsvektor zwischen dem Stützpunkt und dem angegebenen Punkt aufstellt. Damit gilt:

$$E: \vec{x} = \begin{pmatrix} -1 \\ 2 \\ 4 \end{pmatrix} + r \cdot \begin{pmatrix} 3 \\ 6 \\ -1 \end{pmatrix} + s \cdot \begin{pmatrix} 2 \\ 1 \\ 2 \end{pmatrix}$$

d) Auch hier können der «Stützpunkt» und der erste Spannvektor direkt von der Geraden g übernommen werden. Den zweiten Spannvektor erhält man, indem man den Verbindungsvektor zwischen dem angegebenen Punkt und dem Stützpunkt aufstellt. Damit gilt:

$$E: \vec{x} = \begin{pmatrix} 7 \\ 3 \\ 2 \end{pmatrix} + r \cdot \begin{pmatrix} 1 \\ 2 \\ 1 \end{pmatrix} + s \cdot \begin{pmatrix} 7 \\ 2 \\ 0 \end{pmatrix}$$

12.2 Koordinatengleichung einer Ebene

Es gibt verschiedene Wege, die Koordinatenform der Ebenengleichung zu bestimmen. In der Lösung ist der Weg über die Punkt-Normalenform gewählt, weil er der anschaulichste ist. Es ist aber z.B. auch möglich, die Koordinatenform zu bestimmen, indem man ein Gleichungssystem bildet und dieses ausrechnet.

a) Zuerst legt man fest, welcher Ortsvektor als Stützvektor benutzt wird, dann bildet man zwei Spannvektoren und errechnet mit diesen den Normalenvektor $\vec{n}$. Dieser wird in die Punkt-Normalenform eingesetzt und ausgerechnet:

Als Stützvektor wird $\vec{a}$ gewählt, damit ergibt sich für die Spannvektoren $\overrightarrow{AB} = \begin{pmatrix} 2 \\ -1 \\ 1 \end{pmatrix}$

und $\overrightarrow{AC} = \begin{pmatrix} 6 \\ 2 \\ 3 \end{pmatrix}$. Das Vektorprodukt (siehe Seite 52) der Spannvektoren ergibt $\begin{pmatrix} -5 \\ 0 \\ 10 \end{pmatrix}$.

Ausklammern von 5 führt zu $\vec{n} = \begin{pmatrix} -1 \\ 0 \\ 2 \end{pmatrix}$. Einsetzen in die Punkt-Normalenform und Ausrechnen ergibt

$\begin{pmatrix} -1 \\ 0 \\ 2 \end{pmatrix} \cdot \left(\begin{pmatrix} x_1 \\ x_2 \\ x_3 \end{pmatrix} - \begin{pmatrix} 2 \\ 2 \\ 2 \end{pmatrix} \right) = 0 \Rightarrow -x_1 + 2 + 2x_3 - 4 = 0$. Ordnen der Gleichung führt auf: $x_1 - 2x_3 = -2$.

b) Stützvektor $= \vec{p}$, Spannvektoren $\overrightarrow{PQ} = \begin{pmatrix} 1 \\ 4 \\ -2 \end{pmatrix}$ und $\overrightarrow{PR} = \begin{pmatrix} 4 \\ -2 \\ -2 \end{pmatrix}$. Das Vektorprodukt (siehe Seite 52) der Spannvektoren ergibt $\begin{pmatrix} -12 \\ -6 \\ -18 \end{pmatrix}$. Ausklammern von (-6) führt zu $\vec{n} = \begin{pmatrix} 2 \\ 1 \\ 3 \end{pmatrix}$. Einsetzen von $\vec{p}$ und $\vec{n}$ in die Punkt-Normalenform und Ausrechnen führt zu $2x_1 + x_2 + 3x_3 = 20$.

c) Lösungsweg: Der Stützvektor der Geraden wird als Punkt der Ebene in der Punkt-Normalenform benutzt. Der erste Spannvektor ist der Richtungsvektor der Geraden, der zweite Spannvektor ergibt sich als Verbindungsvektor des «Stützpunktes» der Geraden zu dem gegebenen Punkt. Mit den beiden Spannvektoren wird $\vec{n}$ berechnet und über die Punkt-Normalenform die Koordinatengleichung ausgerechnet.
Stützvektor $= \vec{s} = \begin{pmatrix} 3 \\ 5 \\ 7 \end{pmatrix}$, Spannvektoren $\begin{pmatrix} 1 \\ 1 \\ 1 \end{pmatrix}$ und $\begin{pmatrix} 1 \\ -4 \\ -5 \end{pmatrix}$. Das Vektorprodukt (siehe Seite 52) der Spannvektoren und Ausklammern von (-1) führt zu $\vec{n} = \begin{pmatrix} 1 \\ -6 \\ 5 \end{pmatrix}$. Einsetzen von $\vec{s}$ und $\vec{n}$ in die Punkt-Normalenform und Ausrechnen führt zu $x_1 - 6x_2 + 5x_3 = 8$.

d) Stützvektor $= \vec{s} = \begin{pmatrix} 7 \\ 2 \\ 3 \end{pmatrix}$, Spannvektoren $\begin{pmatrix} 1 \\ -3 \\ -3 \end{pmatrix}$ und $\begin{pmatrix} -3 \\ 1 \\ 1 \end{pmatrix}$. Das Vektorprodukt (siehe Seite 52) der Spannvektoren und Ausklammern von 8 führt zu $\vec{n} = \begin{pmatrix} 0 \\ 1 \\ -1 \end{pmatrix}$. Einsetzen von $\vec{s}$ und $\vec{n}$ in die Punkt-Normalenform und Ausrechnen führt zu $x_2 - x_3 = -1$.

e) Lösungsweg: Zuerst wird der Schnittpunkt der Geraden ermittelt. Bevor man die Gleichungen gleichsetzt, überprüft man, ob sie den gleichen Stützvektor besitzen. Der eine Richtungsvektor bildet einen Spannvektor, der andere Richtungsvektor den anderen. Mit den beiden Spannvektoren wird $\vec{n}$ berechnet und über die Punkt-Normalenform die Koordinatengleichung ausgerechnet.

Beide Geraden besitzen den gleichen Stützvektor $\vec{s} = \begin{pmatrix} 1 \\ 2 \\ 3 \end{pmatrix}$, die Spannvektoren sind $\begin{pmatrix} 1 \\ 3 \\ 4 \end{pmatrix}$ und $\begin{pmatrix} 2 \\ -1 \\ 3 \end{pmatrix}$. Damit ist $\vec{n} = \begin{pmatrix} 13 \\ 5 \\ -7 \end{pmatrix}$. Einsetzen von $\vec{s}$ und $\vec{n}$ in die Punkt-Normalenform und Ausrechnen führt zu $13x_1 + 5x_2 - 7x_3 = 2$.

f) Die Geraden besitzen nicht den gleichen Stützvektor, daher wird zuerst der Schnittpunkt der Geraden durch Gleichsetzen der dazugehörigen Gleichungen bestimmt:

$$\begin{array}{lrcrcrcr} \text{I} & 1 & + & s & = & 3 & + & 2t \\ \text{II} & 2 & + & 3s & = & 3 & + & t \\ \text{III} & 4 & + & 2s & = & 7 & + & 3t \end{array}$$

Die Gleichung II wird mit -2 multipliziert und zu I addiert. Auflösen nach s ergibt: $s = 0$. Einsetzen in I führt auf $t = -1$. Beide Variablen müssen noch in III überprüft werden. Um den Schnittpunkt zu bestimmen, setzt man s oder t in eine der beiden Geradengleichungen ein. Der Schnittpunkt S ist damit $S(1 \mid 2 \mid 4)$. Nun wählt man wieder die beiden Richtungsvektoren als Spannvektoren und bestimmt $\vec{n}$: Damit ist $\vec{n} = \begin{pmatrix} 7 \\ 1 \\ -5 \end{pmatrix}$. Einsetzen von $\vec{s}$ und $\vec{n}$ in die Punkt-Normalenform und Ausrechnen führt zu $7x_1 + x_2 - 5x_3 = -11$.

g) Zuerst wird der Schnittpunkt durch Gleichsetzen der Gleichungen bestimmt: $s = -1$ und $t = 2$. Der Schnittpunkt S ist damit $S(1 \mid 0 \mid 2)$. Nun wählt man wieder die beiden Richtungsvektoren als Spannvektoren und bestimmt $\vec{n}$: $\vec{n} = \begin{pmatrix} -17 \\ 6 \\ 7 \end{pmatrix}$. Einsetzen von $\vec{s}$ und $\vec{n}$ in die Punkt-Normalenform und Ausrechnen führt zu $-17x_1 + 6x_2 + 7x_3 = -3$.

h) Zuerst wird der Schnittpunkt durch Gleichsetzen der dazugehörigen Gleichungen bestimmt:

$$\begin{array}{lrcrcrcr} \text{I} & 1 & + & 3s & = & 4 & + & 6t \\ \text{II} & & & s & = & 1 & + & 2t \\ \text{III} & 2 & + & 2s & = & 1 & + & 4t \end{array}$$

Die Gleichung II wird mit -2 multipliziert zu III addiert. Es ergibt sich der Ausdruck $3 = 0$. Dies ist ein Widerspruch. Die Gleichung hat damit keine Lösung, d.h. die Geraden schneiden sich nicht. Da die Richtungsvektoren linear abhängig sind, sind die Geraden parallel. Der «Stützpunkt» der einen Geraden wird als Punkt in der Punkt-Normalenform benutzt. Der erste Spannvektor der Ebene ist der Richtungsvektor der Geraden, der zweite Spannvektor ergibt sich aus dem Verbindungsvektor zwischen dem «Stützpunkt» der ersten Geraden und dem des «Stützpunktes» der zweiten Geraden. Mit den beiden Spannvektoren wird $\vec{n}$ berechnet und über die Punkt-Normalenform die Koordinatengleichung ausgerechnet. Stützvektor $\vec{s} = \begin{pmatrix} 1 \\ 0 \\ 2 \end{pmatrix}$, die Spannvektoren sind $\begin{pmatrix} 3 \\ 1 \\ 2 \end{pmatrix}$ und $\begin{pmatrix} 3 \\ 1 \\ -1 \end{pmatrix}$. Das Vektorprodukt (siehe Seite 52) der Spannvektoren und Ausklammern von (-3) führt zu $\vec{n} = \begin{pmatrix} 1 \\ -3 \\ 0 \end{pmatrix}$.
Einsetzen von $\vec{s}$ und $\vec{n}$ in die Punkt-Normalenform und Ausrechnen führt zu $x_1 - 3x_2 = 1$.

i) Zuerst wird der Schnittpunkt durch Gleichsetzen bestimmt. Das Lösen des Gleichungssystems führt zu einem Widerspruch, daher schneiden sich die Geraden nicht. Die Richtungsvektoren sind linear abhängig $\Rightarrow$ die Geraden sind parallel. Die Ebene wird wie in der vorangehenden Aufgabe aufgestellt, die Spannvektoren sind $\begin{pmatrix} 2 \\ 1 \\ 2 \end{pmatrix}$ und $\begin{pmatrix} 2 \\ -1 \\ 2 \end{pmatrix}$.
Das Vektorprodukt (siehe Seite 52) der Spannvektoren und Ausklammern von 4 führt zu
$\vec{n} = \begin{pmatrix} 1 \\ 0 \\ -1 \end{pmatrix}$.
Einsetzen in die Punkt-Normalenform und Ausrechnen führt zu $x_1 - x_3 = 0$.

j) Der Verbindungsvektor $\overrightarrow{AA^*}$ ist orthogonal zur Spiegelebene. Damit kann man ihn als Normalenvektor der Ebene benutzen. Dann wird der Punkt P in der Mitte der beiden Punkte ausgerechnet.
Es ist $\overrightarrow{AA^*} = \begin{pmatrix} 2 \\ -2 \\ -4 \end{pmatrix}$. Ausklammern von 2 ergibt $\vec{n} = \begin{pmatrix} 1 \\ -1 \\ -2 \end{pmatrix}$. Für $\vec{p}$ ergibt sich $\vec{p} = \overrightarrow{OA} + \frac{1}{2} \cdot \overrightarrow{AA^*} = \begin{pmatrix} 2 \\ 3 \\ 5 \end{pmatrix}$. Einsetzen in die Punkt-Normalenform ergibt die Koordinatengleichung $x_1 - x_2 - 2x_3 = -11$.

k) Da E die Gerade g enthalten soll, muss der Normalenvektor $\vec{n}$ senkrecht auf dem Richtungsvektor der Geraden stehen: $\begin{pmatrix} n_1 \\ n_2 \\ n_3 \end{pmatrix} \cdot \begin{pmatrix} 2 \\ 0 \\ -1 \end{pmatrix} = 0$. Außerdem soll die Ebene auch auf der angegebenen Ebene F mit $\overrightarrow{n_F} = \begin{pmatrix} -1 \\ 1 \\ 2 \end{pmatrix}$ senkrecht stehen. Damit gilt

$\begin{pmatrix} n_1 \\ n_2 \\ n_3 \end{pmatrix} \cdot \begin{pmatrix} -1 \\ 1 \\ 2 \end{pmatrix} = 0$. Die beiden Skalarprodukte werden ausgerechnet, es ergibt sich das folgende Gleichungssystem:

$$\begin{array}{lccccccc} \text{I} & 2n_1 & & & - & n_3 & = & 0 \\ \text{II} & -n_1 & + & n_2 & + & 2n_3 & = & 0 \end{array}$$

Aus I ergibt sich $n_3 = 2n_1$. Da es sich um zwei Gleichungen mit drei Unbekannten handelt, wählt man eine Unbekannte und setzt ein: $n_1 = 1$, damit ist $n_3 = 2$ und $n_2 = -3$. Der so bestimmte Normalenvektor und der Stützvektor von g werden in die Punkt-Normalenform eingesetzt und diese ausgerechnet. Damit ist die Koordinatenform: $x_1 - 3x_2 + 2x_3 = 4$.

l) Lösungsweg: Mit drei Punkten wird eine Ebene aufgestellt. Anschließend prüft man, ob der 4. Punkt in der Ebene liegt. Da eine Punktprobe in der Parameterform relativ aufwändig ist, lohnt es sich, die Koordinatenform aufzustellen.

Als Stützvektor wird $\vec{a}$ gewählt, damit ergibt sich für die Spannvektoren $\overrightarrow{AB} = \begin{pmatrix} 2 \\ 2 \\ 2 \end{pmatrix}$ und $\overrightarrow{AC} = \begin{pmatrix} 5 \\ 1 \\ 1 \end{pmatrix}$. Das Vektorprodukt (siehe Seite 52) der Spannvektoren und Ausklammern von 8 führt zu $\vec{n} = \begin{pmatrix} 0 \\ 1 \\ -1 \end{pmatrix}$. Einsetzen in die Punkt-Normalenform und Ausrechnen ergibt: $x_2 - x_3 = -1$. Einsetzen von $D\,(8 \mid -1 \mid 0)$ ergibt $-1 = -1$, damit liegen alle vier Punkte in einer Ebene.

12.3 Ebenen im Koordinatensystem

Die Spurpunkte einer Ebene liegen auf den Koordinatenachsen. Für den Spurpunkt auf der x_1-Achse sind die x_2- und die x_3-Komponente des Punktes gleich Null. Also setzt man in der Koordinatengleichung für diese 0 ein und stellt nach x_1 um. Die Spurgeraden sind die Verbindungsgeraden der entsprechenden Spurpunkte.

a) Koordinatengleichung von E: $3x_1 + 4x_2 + 3x_3 = 12$. Spurpunkt auf der x_1-Achse: Für x_2 und x_3 wird 0 eingesetzt, man erhält: $3x_1 = 12 \Rightarrow x_1 = 4 \Rightarrow$ Spurpunkt: $S_1\,(4 \mid 0 \mid 0)$. Entsprechend verfährt man für die anderen Punkte: $4x_2 = 12 \Rightarrow x_2 = 3 \Rightarrow S_2\,(0 \mid 3 \mid 0)$ und $3x_3 = 12 \Rightarrow x_3 = 4 \Rightarrow S_3\,(0 \mid 0 \mid 4)$.

b) $E: 4x_1 - 8x_2 + 4x_3 = 16$. Spurpunkte: $4x_1 = 16, \Rightarrow S_1\,(4 \mid 0 \mid 0)$, $-8x_2 = 16 \Rightarrow S_2\,(0 \mid -2 \mid 0)$ und $4x_3 = 16 \Rightarrow S_3\,(0 \mid 0 \mid 4)$.

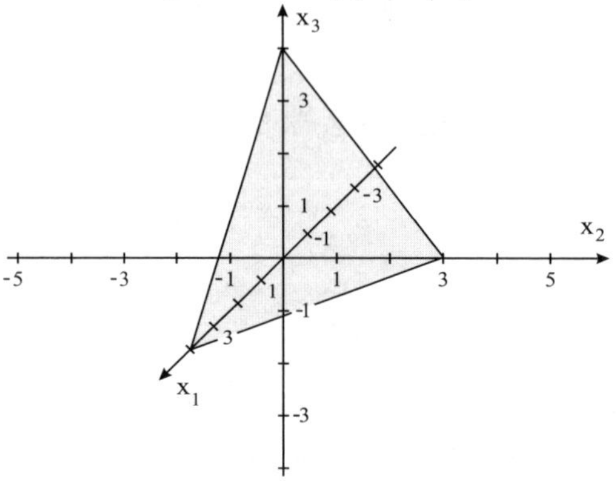

Aufgabe a)

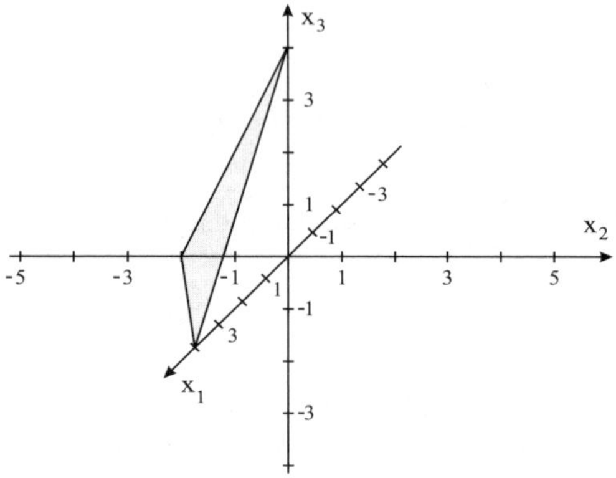

Aufgabe b)

c) $E: 3x_1 - 3x_2 - 3x_3 = 9$. Spurpunkte: $3x_1 = 9 \Rightarrow S_1\,(3 \mid 0 \mid 0)$, $-3x_2 = 9 \Rightarrow S_2\,(0 \mid -3 \mid 0)$ und $-3x_3 = 9 \Rightarrow S_3\,(0 \mid 0 \mid -3)$.

d) $E: 2x_1 + 4x_2 = 8$. Spurpunkte: $2x_1 = 8 \Rightarrow S_1\,(4 \mid 0 \mid 0)$ und $4x_2 = 8 \Rightarrow S_2\,(0 \mid 2 \mid 0)$. Da es keinen Spurpunkt auf der x_3-Achse gibt, bedeutet dies, dass die Ebene parallel zur x_3-Achse ist.

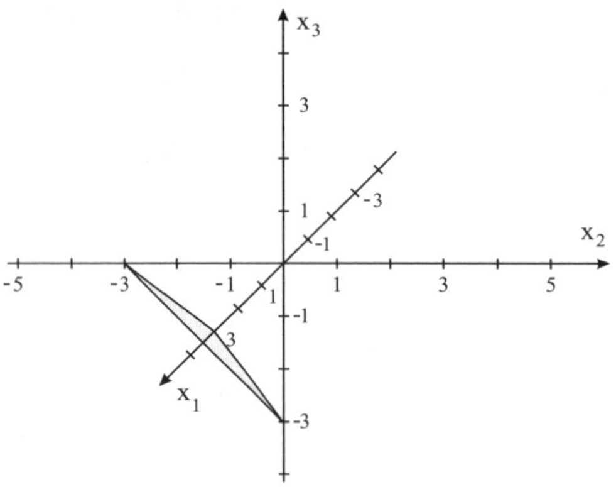

Aufgabe c)

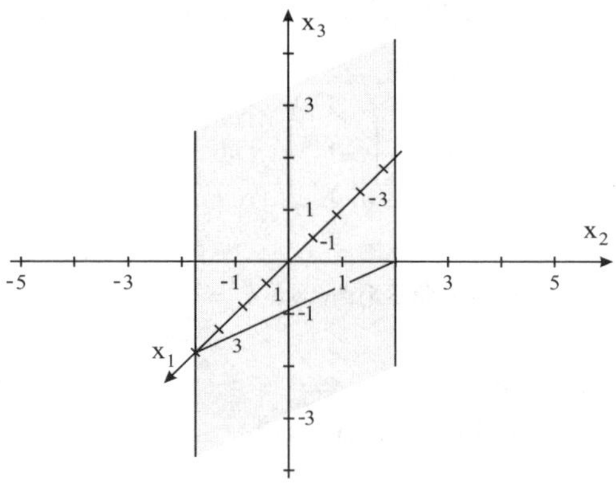

Aufgabe d)

e) $E: x_1 + 2x_3 = 4$. Spurpunkte: $x_1 = 4 \Rightarrow S_1\,(4 \mid 0 \mid 0)$ und $2x_3 = 4 \Rightarrow S_3\,(0 \mid 0 \mid 2)$. Da es keinen Spurpunkt auf der x_2-Achse gibt, bedeutet dies, dass die Ebene parallel zur x_2-Achse ist.

f) $E: 3x_2 + x_3 = 3$. Spurpunkte: $3x_2 = 3 \Rightarrow S_2\,(0 \mid 1 \mid 0)$ und $x_3 = 3 \Rightarrow S_3\,(0 \mid 0 \mid 3)$. Da es keinen Spurpunkt auf der x_1-Achse gibt, bedeutet dies, dass die Ebene parallel zur x_1-Achse ist.

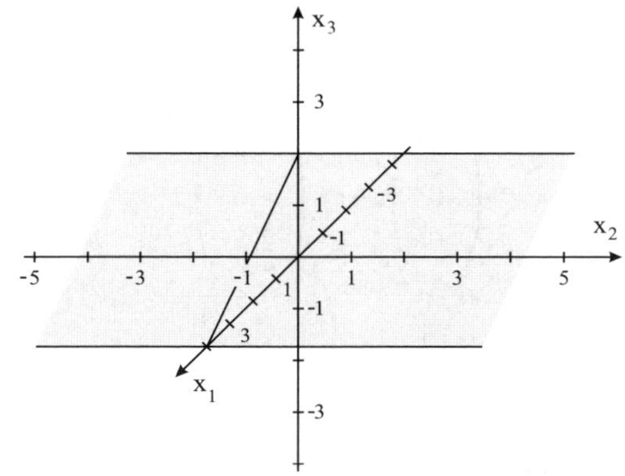

Aufgabe e)

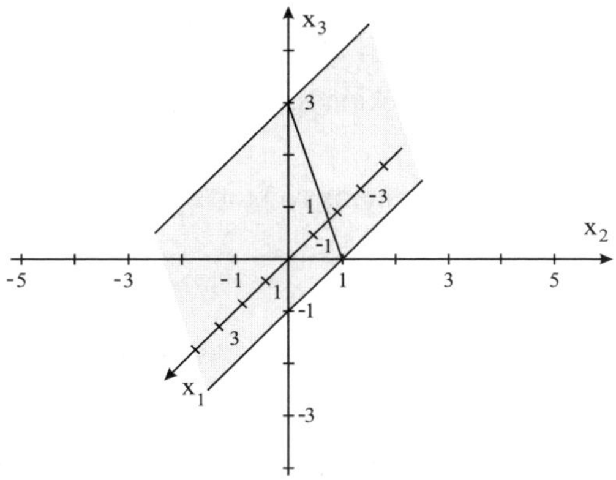

Aufgabe f)

g) E : $x_2 = 3$. Spurpunkt: $x_2 = 3 \Rightarrow S_2\,(0 \mid 3 \mid 0)$. Da es keinen Spurpunkt auf der x_1- und der x_3-Achse gibt, bedeutet dies, dass die Ebene parallel zur x_1x_3-Ebene ist.

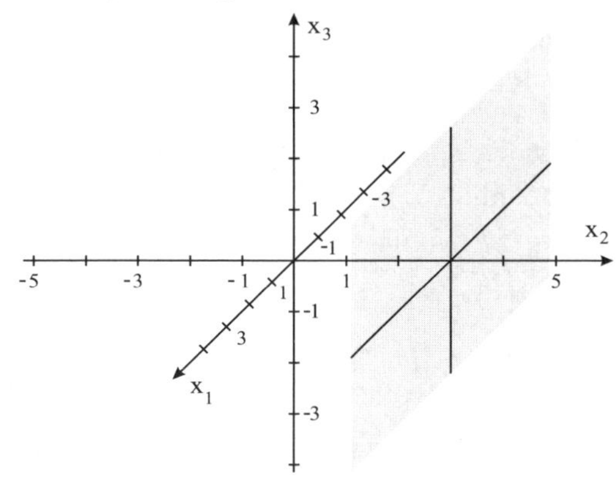

Aufgabe g)

12.4 Bestimmen von Geraden und Ebenen in einem Quader

a) $\overrightarrow{OB} = \overrightarrow{OA} + \overrightarrow{OC} \Rightarrow \overrightarrow{OB} = \begin{pmatrix} 4 \\ 6 \\ 0 \end{pmatrix} \Rightarrow B\,(4 \mid 6 \mid 0)$

$\overrightarrow{OD} = \overrightarrow{OA} + \overrightarrow{OG} \Rightarrow D\,(4 \mid 0 \mid 5)$ $\qquad \overrightarrow{OE} = \overrightarrow{OB} + \overrightarrow{OG} \Rightarrow E\,(4 \mid 6 \mid 5)$

$\overrightarrow{OF} = \overrightarrow{OC} + \overrightarrow{OG} \Rightarrow F\,(0 \mid 6 \mid 5)$ $\qquad \overrightarrow{OM} = \overrightarrow{OB} + \frac{1}{2} \cdot \overrightarrow{OG} \Rightarrow M\,(4 \mid 6 \mid 2{,}5)$

$\overrightarrow{ON} = \overrightarrow{OC} + \frac{1}{2} \cdot \overrightarrow{OG} \Rightarrow N\,(0 \mid 6 \mid 2{,}5)$

b) Wenn man ein kartesisches Koordinatensystem zugrundelegt, ergibt sich aus der Zeichnung für den Normalenvektor $\vec{n} = \begin{pmatrix} 0 \\ 1 \\ 0 \end{pmatrix}$. Einsetzen von $\vec{b}$ in die Punkt-Normalenform ergibt für die Koordinatengleichung $x_2 = 6$.

c) Der Ortsvektor von A wird als Stützvektor genommen, der Verbindungsvektor von A zu N ist der Richtungsvektor. Die Gerade ist damit: $g: \vec{x} = \begin{pmatrix} 4 \\ 0 \\ 0 \end{pmatrix} + r \cdot \begin{pmatrix} -4 \\ 6 \\ 2,5 \end{pmatrix}$.

Für die zweite Gerade verfährt man analog: $h: \vec{x} = \begin{pmatrix} 0 \\ 0 \\ 5 \end{pmatrix} + r \cdot \begin{pmatrix} 4 \\ 6 \\ -2,5 \end{pmatrix}$.

d) Da die Ebene durch den Nullpunkt geht, muss man nur den Normalenvektor bestimmen: $\overrightarrow{OE}$ und $\overrightarrow{OF}$ dienen als Spannvektoren. Damit ergibt sich für die Ebene: $-5x_2 + 6x_3 = 0$. Zum Schluss wird noch eine Punktprobe mit A gemacht.

12.5 Bestimmen von Geraden und Ebenen in einer Pyramide

a) Da der Mittelpunkt der Pyramide der Koordinatenursprung ist, lassen sich die Punkte durch Symmetriebetrachtungen bestimmen: $Q(2 \mid 2 \mid 0)$, $R(-2 \mid 2 \mid 0)$, $S(-2 \mid -2 \mid 0)$.

b) Der Ortsvektor von P wird als Stützvektor der Geraden genommen, der Verbindungsvektor von P nach T als Richtungsvektor: Die Gerade ist damit:

$$g: \vec{x} = \begin{pmatrix} 2 \\ -2 \\ 0 \end{pmatrix} + r \cdot \begin{pmatrix} -2 \\ 2 \\ 6 \end{pmatrix}.$$

c) Der Ortsvektor von T dient als Stützvektor der Ebene, die Vektoren $\overrightarrow{TQ}$ und $\overrightarrow{TR}$ sind die Spannvektoren. Bestimmen des Normalenvektors und Einsetzen in die Punkt-Normalenform führt zu: $3x_2 + x_3 = 6$.

13 Gegenseitige Lage von Geraden und Ebenen

13.1 Gegenseitige Lage

a) Für die Gerade gilt:

$$\begin{aligned} x_1 &= 4 + t \\ x_2 &= 6 + 2t \\ x_3 &= 2 + 3t \end{aligned}$$

Die Werte für x_1, x_2 und x_3 setzt man in die Ebenengleichung ein und löst nach t auf (die Gerade wird als «allgemeiner Punkt» $P_t\,(4+t \mid 6+2t \mid 2+3t)$ in die Ebenengleichung eingesetzt):

$2\cdot(4+t)+4\cdot(6+2t)+6\cdot(2+3t)+12=0$. Auflösen der Klammern führt zu: $28t+56=0$ bzw. zu $t=-2$. Dies wird in die Geradengleichung eingesetzt, damit ist der Schnittpunkt $S\,(2 \mid 2 \mid -4)$.

b) Die Gerade wird als «allgemeiner Punkt» geschrieben und in die Ebenengleichung eingesetzt: $2\cdot(3+2s)+1\cdot(2+5s)-3\cdot(2+7s)=4$. Auflösen der Klammern führt zu: $s=-\frac{1}{6}$. In die Geradengleichung eingesetzt ergibt sich der Schnittpunkt $S\left(\frac{8}{3} \mid \frac{7}{6} \mid \frac{5}{6}\right)$.

c) Die Gerade und die Ebene werden gleichgesetzt:

$$\begin{pmatrix}1\\-2\\-2\end{pmatrix}+r\cdot\begin{pmatrix}3\\6\\-3\end{pmatrix}+s\cdot\begin{pmatrix}8\\-4\\4\end{pmatrix}=\begin{pmatrix}4\\1\\3\end{pmatrix}+t\cdot\begin{pmatrix}2\\-1\\1\end{pmatrix}$$

daraus ergibt sich folgendes Gleichungssystem:

$$\begin{aligned} 3r + 8s - 2t &= 3 \\ 6r - 4s + t &= 3 \\ -3r + 4s - t &= 5 \end{aligned}$$

Löst man dieses Gleichungssystem mit dem Gaußschen Lösungsverfahren oder mit dem GTR/CAS, ergibt sich ein Widerspruch, d.h. es gibt keine Lösung. Das bedeutet, dass sich Gerade und Ebene nicht schneiden, die Gerade liegt also parallel zur Ebene.

d) Die Gerade und die Ebene werden gleichgesetzt:

$$\begin{pmatrix}4\\6\\8\end{pmatrix}+r\cdot\begin{pmatrix}3\\8\\9\end{pmatrix}+s\cdot\begin{pmatrix}10\\5\\4\end{pmatrix}=\begin{pmatrix}3\\4\\7\end{pmatrix}+t\cdot\begin{pmatrix}1\\0\\1\end{pmatrix}$$

daraus ergibt sich folgendes Gleichungssystem:

$$\begin{aligned} 3r + 10s - t &= -1 \\ 8r + 5s \phantom{{}-t} &= -2 \\ 9r + 4s - t &= -1 \end{aligned}$$

Löst man dieses Gleichungssystem mit dem Gaußschen Lösungsverfahren oder mit dem GTR/CAS ergibt sich $r=-\frac{2}{13}$, $s=-\frac{2}{13}$ und $t=-1$. Einsetzen von t in die Geradengleichung führt zum Schnittpunkt $S\,(2 \mid 4 \mid 6)$.

e) Die Gerade wird als «allgemeiner Punkt» geschrieben und in die Ebenengleichung eingesetzt: $1 \cdot (1+2s) - 1 \cdot (3+2s) = 0$. Auflösen der Klammern führt zu: $-2 = 0$. Dies ist ein Widerspruch, die Gleichung hat keine Lösung, also ist die Gerade parallel zur Ebene.

f) Die Gerade wird als «allgemeiner Punkt» geschrieben und in die Ebenengleichung eingesetzt: $13 \cdot (1+t) + 5 \cdot (2+3t) - 7 \cdot (3+4t) - 2 = 0$. Auflösen der Klammern führt zu: $0 = 0$. Die Gleichung hat unendlich viele Lösungen, also liegt die Gerade in der Ebene.

13.2 Gerade und Ebene parallel

a) Damit die Gerade g_t und die Ebene E parallel sind, muss der Normalenvektor $\vec{n}$ von E orthogonal zum Richtungsvektor $\vec{r}$ der Geraden sein: $\vec{n} \cdot \vec{r} = 0$. Ausrechnen des Skalarproduktes ergibt:

$$\begin{pmatrix} 2 \\ 1 \\ t \end{pmatrix} \cdot \begin{pmatrix} 1 \\ 2 \\ 4 \end{pmatrix} = 2 \cdot 1 + 1 \cdot 2 + t \cdot 4 = 0 \quad \Rightarrow \quad t = -1.$$

Für $t = -1$ ist g_t parallel zu E. Zum Nachweis, dass die Gerade echt parallel ist, setzt man noch den «Stützpunkt» der Gerade in die Ebenengleichung ein (Punktprobe). Dies führt auf einen Widerspruch, also ist die Gerade echt parallel.

b) Damit die Gerade g_t und die Ebene E_t parallel sind, muss der Normalenvektor $\vec{n}$ der Ebene orthogonal zum Richtungsvektor $\vec{r}$ der Geraden sein: $\vec{n} \cdot \vec{r} = 0$. Ausrechnen des Skalarproduktes ergibt: $1 \cdot t + t \cdot 2 + 2 \cdot (-1) = 0 \Rightarrow t = \frac{2}{3}$. Für $t = \frac{2}{3}$ ist g_t parallel zu E_t. Zum Schluss wird eine Punktprobe mit dem «Stützpunkt» der Geraden gemacht, welche die echte Parallelität zeigt.

c) Damit die Gerade g_t und die Ebene E_t parallel sind, muss der Normalenvektor $\vec{n}$ der Ebene orthogonal zum Richtungsvektor $\vec{r}$ der Geraden sein: $\vec{n} \cdot \vec{r} = 0$. Ausrechnen des Skalarproduktes ergibt: $1 \cdot 2t + t \cdot t + 2 \cdot (-1{,}5) = 0 \Rightarrow t^2 + 2t - 3 = 0$. Lösen mit der pq- oder abc-Formel ergibt $t_1 = 1$ und $t_2 = -3$. Die Gerade und die Ebene sind für $t = 1$ und $t = -3$ parallel zueinander. Zum Schluss wird eine Punktprobe mit dem «Stützpunkt» der Geraden gemacht, welche die echte Parallelität zeigt.

13.3 Allgemeines Verständnis von Geraden und Ebenen

a) Einen Normalenvektor $\vec{n}$ der Ebene E erhält man, indem man die Werte n_1, n_2 und n_3 der Koordinatengleichung von E: $n_1x_1 + n_2x_2 + n_3x_3 = b$ als Vektor $\vec{n} = \begin{pmatrix} n_1 \\ n_2 \\ n_3 \end{pmatrix}$ schreibt.

I) Damit die Gerade parallel zur Ebene liegt, muss der Richtungsvektor $\vec{r}$ der Geraden orthogonal zum Normalenvektor $\vec{n}$ der Ebene sein. Das Skalarprodukt der beiden muss Null ergeben: $\vec{r} \cdot \vec{n} = 0$. Außerdem muss eine Punktprobe des «Stützpunktes» A der Geraden in der Ebenengleichung einen Widerspruch ergeben, damit Gerade und Ebene echt parallel liegen.

II) Damit die Gerade senkrecht auf der Ebene steht, müssen der Richtungsvektor $\vec{r}$ der Geraden und der Normalenvektor $\vec{n}$ der Ebene linear abhängig (kollinear) sein. Also muss gelten: $\vec{n} = t \cdot \vec{r}$ mit $t \in \mathbb{R}$.

III) Damit die Gerade in der Ebene liegt, muss der «Stützpunkt» A der Geraden in der Ebene liegen und der Richtungsvektor $\vec{r}$ der Geraden orthogonal zum Normalenvektor $\vec{n}$ der Ebene stehen: $\vec{r} \cdot \vec{n} = 0$.

b) Man weist nach, dass eine Gerade in einer Ebene enthalten ist, indem man die Gerade als «allgemeinen Punkt» umschreibt und in die Koordinatengleichung einsetzt. Falls die Gleichung unendlich viele Lösungen besitzt, liegt die Gerade in der Ebene.
Alternativ kann man so vorgehen wie unter a) III) beschrieben.

13.4 Vermischte Aufgaben

a) Als Stützvektor der Geraden wählt man $\vec{p} = \begin{pmatrix} 4 \\ 9 \\ 7 \end{pmatrix}$, der Normalenvektor der Ebene ist

$\vec{n} = \begin{pmatrix} 2 \\ 1 \\ -2 \end{pmatrix}$. Nun ist ein Richtungsvektor $\vec{r_g}$ so zu wählen, dass $\vec{r_g} \cdot \vec{n} = 0$. Beispiel:

$\vec{r_g} = \begin{pmatrix} 1 \\ -2 \\ 0 \end{pmatrix}$ oder $\vec{r_g} = \begin{pmatrix} 1 \\ 0 \\ 1 \end{pmatrix}$.

Eine mögliche Geradengleichung ist $g: \vec{x} = \begin{pmatrix} 4 \\ 9 \\ 7 \end{pmatrix} + t \cdot \begin{pmatrix} 1 \\ -2 \\ 0 \end{pmatrix}; t \in \mathbb{R}$.

b) Als Stützvektor der Geraden wählt man $\vec{q} = \begin{pmatrix} 4 \\ -1 \\ 3 \end{pmatrix}$, der Normalenvektor der Ebene ist

$\vec{n} = \begin{pmatrix} 4 \\ -3 \\ 5 \end{pmatrix}$. Da $g \perp$ E ist, kann man $\vec{r_g} = 1 \cdot \vec{n}$ wählen (oder ein anderes Vielfaches).

Eine mögliche Geradengleichung ist $g: \vec{x} = \begin{pmatrix} 4 \\ -1 \\ 3 \end{pmatrix} + t \cdot \begin{pmatrix} 4 \\ -3 \\ 5 \end{pmatrix}; t \in \mathbb{R}$.

14 Gegenseitige Lage zweier Ebenen

14.1 Schnitt von zwei Ebenen

a) Die beiden Gleichungen werden addiert, es ergibt sich $7x_1 + x_3 = 0 \Rightarrow 7x_1 = -x_3$. Nun wird x_1 als t festgelegt und eingesetzt $7 \cdot t = -x_3 \Rightarrow x_3 = -7t$. Einsetzen in die Gleichung von E_1 ergibt: $t - x_2 + 2 \cdot (-7t) = 7 \Rightarrow -x_2 - 13t = 7$ bzw. $x_2 = -7 - 13t$. Nun hat man je eine Gleichung für x_1, x_2 und x_3:

$$\begin{array}{rcrcr} x_1 & = & & & t \\ x_2 & = & -7 & - & 13t \\ x_3 & = & & - & 7t \end{array}$$

Daraus ergibt sich als Geradengleichung

$$g: \vec{x} = \begin{pmatrix} 0 \\ -7 \\ 0 \end{pmatrix} + t \cdot \begin{pmatrix} 1 \\ -13 \\ -7 \end{pmatrix}$$

b) Gleichung II wird von Gleichung I abgezogen, es ergibt sich $-x_2 + 4x_3 = 7$. Es wird x_3 als t festgelegt und eingesetzt: $-x_2 + 4 \cdot t = 7 \Rightarrow x_2 = 4t - 7$. Einsetzen in I ergibt $x_1 + 5 \cdot t = 8$ $\Rightarrow x_1 = 8 - 5t$. Umschreiben zu einer Geradengleichung wie in Aufgabe a) ergibt:

$$g: \vec{x} = \begin{pmatrix} 8 \\ -7 \\ 0 \end{pmatrix} + t \cdot \begin{pmatrix} -5 \\ 4 \\ 1 \end{pmatrix}$$

c) Aus Gleichung I ergibt sich direkt: $4x_2 = 5 \Rightarrow x_2 = \frac{5}{4}$. In Gleichung II setzt man $x_1 = t$, damit ist $6 \cdot t = -5x_3 \Rightarrow x_3 = -\frac{6}{5}t$. Umschreiben zu einer Geradengleichung ergibt

$$g: \vec{x} = \begin{pmatrix} 0 \\ \frac{5}{4} \\ 0 \end{pmatrix} + t \cdot \begin{pmatrix} 1 \\ 0 \\ -\frac{6}{5} \end{pmatrix} \text{ bzw. } g: \vec{x} = \begin{pmatrix} 0 \\ 1{,}25 \\ 0 \end{pmatrix} + t \cdot \begin{pmatrix} 5 \\ 0 \\ -6 \end{pmatrix}$$

d) Die Ebene E_1 wird als drei Gleichungen geschrieben:

$$\begin{array}{rcrcrcr} x_1 & = & 5 & & & + & 2s \\ x_2 & = & 6 & - & 4r & - & 3s \\ x_3 & = & -4 & + & 7r & + & 4s \end{array}$$

Nun werden x_1, x_2 und x_3 in E_2 eingesetzt:

$$2(5 + 2s) - (6 - 4r - 3s) + (-4 + 7r + 4s) = 0$$

Nach dem Auflösen der Klammern ergibt sich $11s + 11r = 0$. Auflösen der Gleichung nach s führt zu $s = -r$. Dies wird in E_1 eingesetzt:

$$\vec{x} = \begin{pmatrix} 5 \\ 6 \\ -4 \end{pmatrix} + r \cdot \begin{pmatrix} 0 \\ -4 \\ 7 \end{pmatrix} - r \cdot \begin{pmatrix} 2 \\ -3 \\ 4 \end{pmatrix}$$

Zusammenfassen der Vektoren ergibt die Schnittgerade:

$$g:\ \vec{x} = \begin{pmatrix} 5 \\ 6 \\ -4 \end{pmatrix} + r \cdot \begin{pmatrix} -2 \\ -1 \\ 3 \end{pmatrix}$$

e) Die Ebene E_1 wird als drei Gleichungen geschrieben:

$$\begin{array}{rcrcrcr} x_1 & = & 2 & - & r & + & s \\ x_2 & = & 2 & + & 2r & - & s \\ x_3 & = & 2 & + & r & + & 2s \end{array}$$

Nun werden x_1, x_2 und x_3 in E_2 eingesetzt:

$$(2-r+s)+(2+2r-s)-2(2+r+2s) = -4$$

Nach dem Auflösen der Klammern ergibt sich $-r-4s=-4$. Auflösen der Gleichung nach r führt zu $r = 4-4s$. Dies wird in E_1 eingesetzt:

$$\vec{x} = \begin{pmatrix} 2 \\ 2 \\ 2 \end{pmatrix} + (4-4s) \cdot \begin{pmatrix} -1 \\ 2 \\ 1 \end{pmatrix} + s \cdot \begin{pmatrix} 1 \\ -1 \\ 2 \end{pmatrix}$$

Auflösen der Klammern ergibt:

$$\vec{x} = \begin{pmatrix} 2 \\ 2 \\ 2 \end{pmatrix} + \begin{pmatrix} -4 \\ 8 \\ 4 \end{pmatrix} + s \cdot \begin{pmatrix} 4 \\ -8 \\ -4 \end{pmatrix} + s \cdot \begin{pmatrix} 1 \\ -1 \\ 2 \end{pmatrix}$$

Die Schnittgerade ist damit

$$g:\ \vec{x} = \begin{pmatrix} -2 \\ 10 \\ 6 \end{pmatrix} + s \cdot \begin{pmatrix} 5 \\ -9 \\ -2 \end{pmatrix}$$

f) Die Ebenengleichungen werden gleichgesetzt:

$$\begin{pmatrix} -4 \\ 1 \\ 6 \end{pmatrix} + r \cdot \begin{pmatrix} 5 \\ -3 \\ -2 \end{pmatrix} + s \cdot \begin{pmatrix} 2 \\ 2 \\ -1 \end{pmatrix} = \begin{pmatrix} 4 \\ 5 \\ -3 \end{pmatrix} + t \cdot \begin{pmatrix} 0 \\ -2 \\ 1 \end{pmatrix} + u \cdot \begin{pmatrix} -3 \\ 1 \\ 3 \end{pmatrix}$$

daraus ergibt sich folgendes Gleichungssystem:

$$\begin{array}{lrcrcrcrcr} \text{I} & 5r & + & 2s & & & + & 3u & = & 8 \\ \text{II} & -3r & + & 2s & + & 2t & - & u & = & 4 \\ \text{III} & -2r & - & s & - & t & - & 3u & = & -9 \end{array}$$

Vereinfachen mit dem Gauß-Verfahren führt zu:

$$\begin{array}{lrcrcrcrcr} \text{I} & 5r & + & 2s & & & + & 3u & = & 8 \\ \text{II}a & & & 16s & + & 10t & + & 4u & = & 44 \\ \text{III}b & & & & & t & + & 2u & = & 6 \end{array}$$

Alternativ kann man das Gleichungssystem auch mit Hilfe von Matrizenumformungen (GTR/CAS) lösen und erhält als Lösungsmatrix:

$$\begin{pmatrix} 5 & 2 & 0 & 3 & 8 \\ -3 & 2 & 2 & -1 & 4 \\ -2 & -1 & -1 & -1 & -9 \end{pmatrix} \Rightarrow \begin{pmatrix} 1 & 0 & 0 & 1 & 2 \\ 0 & 1 & 0 & -1 & -1 \\ 0 & 0 & 1 & 2 & 6 \end{pmatrix}$$

In beiden Fällen ergibt sich für die unterste Zeile: $t + 2u = 6$. Nun stellt man nach einem Parameter um, es bietet sich t an, da sonst Brüche auftreten: $t = 6 - 2u$. Anschließend setzt man diesen Ausdruck für t in E_2 ein:

$$\vec{x} = \begin{pmatrix} 4 \\ 5 \\ -3 \end{pmatrix} + (6 - 2u) \cdot \begin{pmatrix} 0 \\ -2 \\ 1 \end{pmatrix} + \cdot u \cdot \begin{pmatrix} -3 \\ 1 \\ 3 \end{pmatrix}$$

Ausmultiplizieren ergibt:

$$\vec{x} = \begin{pmatrix} 4 \\ 5 \\ -3 \end{pmatrix} + \begin{pmatrix} 0 \\ -12 \\ 6 \end{pmatrix} + u \cdot \begin{pmatrix} 0 \\ 4 \\ -2 \end{pmatrix} + u \cdot \begin{pmatrix} -3 \\ 1 \\ 3 \end{pmatrix}$$

Die Schnittgerade ist damit:

$$g\colon\ \vec{x} = \begin{pmatrix} 4 \\ -7 \\ 3 \end{pmatrix} + u \cdot \begin{pmatrix} -3 \\ 5 \\ 1 \end{pmatrix}$$

g) Die Ebenengleichungen werden gleichgesetzt:

$$\begin{pmatrix} 4 \\ 5 \\ 7 \end{pmatrix} + r \cdot \begin{pmatrix} 1 \\ 1 \\ 2 \end{pmatrix} + s \cdot \begin{pmatrix} 2 \\ 3 \\ 6 \end{pmatrix} = \begin{pmatrix} 3 \\ 2 \\ 11 \end{pmatrix} + t \cdot \begin{pmatrix} 1 \\ -1 \\ 2 \end{pmatrix} + u \cdot \begin{pmatrix} 2 \\ -5 \\ 8 \end{pmatrix}$$

Daraus ergibt sich folgendes Gleichungssystem:

$$\begin{array}{lrcrcrcrcr} \text{I} & r & + & 2s & - & t & - & 2u & = & -1 \\ \text{II} & r & + & 3s & + & t & + & 5u & = & -3 \\ \text{III} & 2r & + & 6s & - & 2t & - & 8u & = & 4 \end{array}$$

Vereinfachen mit dem Gauß-Verfahren führt zu:

$$\begin{array}{lrcrcrcrcr} \text{I} & r & + & 2s & - & t & - & 2u & = & -1 \\ \text{II}a & & & -s & - & 2t & - & 7u & = & 2 \\ \text{III}b & & & & - & 4t & - & 18u & = & 10 \end{array}$$

Aus der letzten Zeile ergibt sich $t + 4,5u = -2,5$. Alternativ kann man das Gleichungssystem auch mit Hilfe von Matrizenumformungen (GTR/CAS) lösen und erhält als Lösungsmatrix:

$$\begin{pmatrix} 1 & 2 & -1 & -2 & -1 \\ 1 & 3 & +1 & 5 & -3 \\ 2 & 6 & -2 & -8 & 4 \end{pmatrix} \Rightarrow \begin{pmatrix} 1 & 0 & 0 & 6,5 & -9,5 \\ 0 & 1 & 0 & -2 & 3 \\ 0 & 0 & 1 & 4,5 & -2,5 \end{pmatrix}$$

In beiden Fällen ergibt sich für die unterste Zeile: $t + 4,5u = -2,5$. Dieser Ausdruck wird nach t umgestellt: $t = -2,5 - 4,5u$ und für t in E_2 eingesetzt:

$$\vec{x} = \begin{pmatrix} 3 \\ 2 \\ 11 \end{pmatrix} + (-2,5 - 4,5u) \cdot \begin{pmatrix} 1 \\ -1 \\ 2 \end{pmatrix} + u \cdot \begin{pmatrix} 2 \\ -5 \\ 8 \end{pmatrix}$$

Ausmultiplizieren ergibt:

$$\vec{x} = \begin{pmatrix} 3 \\ 2 \\ 11 \end{pmatrix} + \begin{pmatrix} -2,5 \\ 2,5 \\ -5 \end{pmatrix} + u \cdot \begin{pmatrix} -4,5 \\ 4,5 \\ -9 \end{pmatrix} + u \cdot \begin{pmatrix} 2 \\ -5 \\ 8 \end{pmatrix}$$

Die Schnittgerade ist damit:

$$g\colon\ \vec{x} = \begin{pmatrix} 0,5 \\ 4,5 \\ 6 \end{pmatrix} + u \cdot \begin{pmatrix} -2,5 \\ -0,5 \\ -1 \end{pmatrix} \text{ bzw. } g\colon\ \vec{x} = \begin{pmatrix} 0,5 \\ 4,5 \\ 6 \end{pmatrix} + u \cdot \begin{pmatrix} 5 \\ 1 \\ 2 \end{pmatrix}$$

14.2 Parallele Ebenen

a) Die beiden Ebenengleichungen werden so addiert, dass x_1 wegfällt: $-2 \cdot \mathrm{I} + \mathrm{II}$: Es ergibt sich $15 = 14$, dies ist ein Widerspruch; es gibt keine Lösung für das Gleichungssystem, die Ebenen sind parallel. Alternativ könnte man auch die Normalenvektoren vergleichen, müsste dann aber noch eine Punktprobe machen, um die Identität auszuschließen.

b) Die beiden Gleichungen werden addiert: $2 \cdot \mathrm{I} + \mathrm{II}$: Es ergibt sich $5 = 0$, dies ist ein Widerspruch; die Ebenen sind parallel.

c) Die beiden Gleichungen werden addiert: $\mathrm{I} + 3 \cdot \mathrm{II}$: Es ergibt sich $11 = 0$; dies ist ein Widerspruch, die Ebenen sind parallel.

d) Damit die beiden Ebenen parallel sind, müssen die Normalenvektoren von E_t und F linear abhängig sein. Es muss also gelten: $\overrightarrow{n_E} = r \cdot \overrightarrow{n_F}$ mit $r \in \mathbb{R}$. Gesucht ist ein r, so dass gilt:

$$\begin{pmatrix} t \\ -2t \\ -4 \end{pmatrix} = r \cdot \begin{pmatrix} -2 \\ 4 \\ -4 \end{pmatrix}$$

Dies führt zu folgendem Gleichungssystem:

$$\begin{array}{lrcr} \mathrm{I} & t & = & -2r \\ \mathrm{II} & -2t & = & 4r \\ \mathrm{III} & -4 & = & -4r \end{array}$$

Die Gleichung III führt auf $r = 1$. Einsetzen in Gl. I führt zu: $t = -2$. Prüfen in II bestätigt diese Lösung. Zur Kontrolle, ob die Ebenen echt parallel sind, subtrahiert man noch die Gleichungen der Ebenen, es ergibt sich $0 = -1$, dies ist ein Widerspruch, die Ebenen sind also echt parallel.

e) Man geht vor wie in der vorangegangenen Aufgabe, es ergibt sich das Gleichungssystem

$$\begin{array}{lrcr} \text{I} & 2t & = & 8r \\ \text{II} & 1 & = & -2r \\ \text{III} & 3 & = & -6r \end{array}$$

Die Gleichungen II und III führen auf $r = -\frac{1}{2}$. Eingesetzt in I ergibt sich $t = -2$. Zur Kontrolle, ob die Ebenen echt parallel sind, addiert man noch die Gleichungen der Ebenen: $2 \cdot \text{I} + \text{II}$, es ergibt sich $0 = 23$. Dies ist ein Widerspruch; die Ebenen sind also echt parallel.

14.3 Verschiedene Aufgaben zur Lage zweier Ebenen

a) Wenn man die Gleichung von E mit $-1{,}5$ multipliziert, so ergibt sich die Gleichung von F, also sind die Ebenen identisch.

b) Damit die Ebenen identisch sind, muss sich bei der Addition der Ebenengleichungen $0 = 0$ ergeben. Aus den Faktoren vor x_1, x_2 und x_3 liest man ab, dass man Gleichung I mit 2 multiplizieren muss. Es wird also $2 \cdot \text{I}$ zu II addiert, damit ergibt sich $0 = 2d + 9$ $\Rightarrow d = -4,5$.

c) Wenn die Ebenen orthogonal zueinander sind, muss das Skalarprodukt der beiden Normalenvektoren gleich Null sein. Es ist

$$\begin{pmatrix} 3 \\ 4 \\ -2 \end{pmatrix} \cdot \begin{pmatrix} 2 \\ 1 \\ 5 \end{pmatrix} = 6 + 4 - 10 = 0.$$

Also sind die beiden Ebenen orthogonal.

d) Damit die Ebenen orthogonal zueinander sind, muss das Skalarprodukt der beiden Normalenvektoren gleich Null sein:

$$\begin{pmatrix} 2 \\ -1 \\ 3 \end{pmatrix} \cdot \begin{pmatrix} t \\ -2t \\ -4 \end{pmatrix} = 2t + 2t - 12 = 0.$$

Daraus ergibt sich $4t = 12 \Rightarrow t = 3$. Für $t = 3$ sind die Ebenen orthogonal zueinander.

15 Matrizen

Ausführliche Rechenregeln zum Rechnen mit Matrizen finden Sie bei den Tipps auf Seite **??**.

15.1 Rechnen mit Matrizen

a) I) $A+B=\begin{pmatrix}2&1\\3&2\end{pmatrix}+\begin{pmatrix}4&0\\1&3\end{pmatrix}=\begin{pmatrix}6&1\\4&5\end{pmatrix}$

II) $3\cdot A=3\cdot\begin{pmatrix}2&1\\3&2\end{pmatrix}=\begin{pmatrix}6&3\\9&6\end{pmatrix}$

III) $(-2)\cdot B=(-2)\cdot\begin{pmatrix}4&0\\1&3\end{pmatrix}=\begin{pmatrix}-8&0\\-2&-6\end{pmatrix}$

IV) $\vec{x}\cdot\vec{y}=\begin{pmatrix}3\\1\end{pmatrix}\cdot\begin{pmatrix}4\\-1\end{pmatrix}=3\cdot4+1\cdot(-1)=11$

V) $A\cdot\vec{x}=\begin{pmatrix}2&1\\3&2\end{pmatrix}\cdot\begin{pmatrix}3\\1\end{pmatrix}=\begin{pmatrix}2\cdot3+1\cdot1\\3\cdot3+2\cdot1\end{pmatrix}=\begin{pmatrix}7\\11\end{pmatrix}$

VI) $B\cdot\vec{y}=\begin{pmatrix}4&0\\1&3\end{pmatrix}\cdot\begin{pmatrix}4\\-1\end{pmatrix}=\begin{pmatrix}4\cdot4+0\cdot(-1)\\1\cdot4+3\cdot(-1)\end{pmatrix}=\begin{pmatrix}16\\1\end{pmatrix}$

VII) $A\cdot B=\begin{pmatrix}2&1\\3&2\end{pmatrix}\cdot\begin{pmatrix}4&0\\1&3\end{pmatrix}=\begin{pmatrix}2\cdot4+1\cdot1&2\cdot0+1\cdot3\\3\cdot4+2\cdot1&3\cdot0+2\cdot3\end{pmatrix}=\begin{pmatrix}9&3\\14&6\end{pmatrix}$

VIII) $B\cdot A=\begin{pmatrix}4&0\\1&3\end{pmatrix}\cdot\begin{pmatrix}2&1\\3&2\end{pmatrix}=\begin{pmatrix}4\cdot2+0\cdot3&4\cdot1+0\cdot2\\1\cdot2+3\cdot3&1\cdot1+3\cdot2\end{pmatrix}=\begin{pmatrix}8&4\\11&7\end{pmatrix}$

b) I) $\vec{x}\cdot\vec{y}=\begin{pmatrix}1\\4\\-2\end{pmatrix}\cdot\begin{pmatrix}0\\-2\\1\end{pmatrix}=1\cdot0+4\cdot(-2)+(-2)\cdot1=-10$

II) $A\cdot\vec{x}=\begin{pmatrix}3&2&-1\\1&0&1\\2&1&2\end{pmatrix}\cdot\begin{pmatrix}1\\4\\-2\end{pmatrix}=\begin{pmatrix}3\cdot1+2\cdot4+(-1)\cdot(-2)\\1\cdot1+0\cdot4+1\cdot(-2)\\2\cdot1+1\cdot4+2\cdot(-2)\end{pmatrix}=\begin{pmatrix}13\\-1\\2\end{pmatrix}$

III) $B\cdot\vec{y}=\begin{pmatrix}4&1&0\\2&-1&1\\3&0&-2\end{pmatrix}\cdot\begin{pmatrix}0\\-2\\1\end{pmatrix}=\begin{pmatrix}-2\\3\\-2\end{pmatrix}$

IV) $A\cdot B=\begin{pmatrix}3&2&-1\\1&0&1\\2&1&2\end{pmatrix}\cdot\begin{pmatrix}4&1&0\\2&-1&1\\3&0&-2\end{pmatrix}=\begin{pmatrix}13&1&4\\7&1&-2\\16&1&-3\end{pmatrix}$

$$\text{V) } \mathrm{B}\cdot\mathrm{A} = \begin{pmatrix} 4 & 1 & 0 \\ 2 & -1 & 1 \\ 3 & 0 & -2 \end{pmatrix} \cdot \begin{pmatrix} 3 & 2 & -1 \\ 1 & 0 & 1 \\ 2 & 1 & 2 \end{pmatrix} = \begin{pmatrix} 13 & 8 & -3 \\ 7 & 5 & -1 \\ 5 & 4 & -7 \end{pmatrix}$$

c) I) $$\begin{pmatrix} 2 & 4 \\ 9 & 0 \\ 3 & -1 \end{pmatrix} \cdot \begin{pmatrix} 1 \\ 3 \end{pmatrix} = \begin{pmatrix} 2\cdot 1 + 4\cdot 3 \\ 9\cdot 1 + 0\cdot 3 \\ 3\cdot 1 + (-1)\cdot 3 \end{pmatrix} = \begin{pmatrix} 14 \\ 9 \\ 0 \end{pmatrix}$$

II) $$\begin{pmatrix} 2 & 1 \\ 4 & 2 \\ 1 & 5 \end{pmatrix} \cdot \begin{pmatrix} 4 & 2 & 1 \\ 1 & 3 & 2 \end{pmatrix} = \begin{pmatrix} 9 & 7 & 4 \\ 18 & 14 & 8 \\ 9 & 17 & 11 \end{pmatrix}$$

15.2 Alternative 1: Matrizen bei Abbildungen

a) $\alpha : \vec{x}' = \begin{pmatrix} 1 & 2 \\ 5 & -4 \end{pmatrix} \cdot \vec{x} + \begin{pmatrix} -4 \\ 7 \end{pmatrix}$

Setzt man die Koordinaten von $\mathrm{P}(2 \mid 3)$ in die Gleichung von α ein, so erhält man:

$$\vec{p}\,' = \begin{pmatrix} 1 & 2 \\ 5 & -4 \end{pmatrix} \cdot \begin{pmatrix} 2 \\ 3 \end{pmatrix} + \begin{pmatrix} -4 \\ 7 \end{pmatrix} = \begin{pmatrix} 1\cdot 2 + 2\cdot 3 \\ 5\cdot 2 + (-4)\cdot 3 \end{pmatrix} + \begin{pmatrix} -4 \\ 7 \end{pmatrix}$$

$$= \begin{pmatrix} 8 \\ -2 \end{pmatrix} + \begin{pmatrix} -4 \\ 7 \end{pmatrix} = \begin{pmatrix} 4 \\ 5 \end{pmatrix} \Rightarrow \mathrm{P}'(4 \mid 5)$$

Setzt man die Koordinaten von $\mathrm{Q}(-1 \mid 4)$ in die Gleichung von α ein, so erhält man:

$$\vec{q}\,' = \begin{pmatrix} 1 & 2 \\ 5 & -4 \end{pmatrix} \cdot \begin{pmatrix} -1 \\ 4 \end{pmatrix} + \begin{pmatrix} -4 \\ 7 \end{pmatrix} = \begin{pmatrix} 7 \\ -21 \end{pmatrix} + \begin{pmatrix} -4 \\ 7 \end{pmatrix} = \begin{pmatrix} 3 \\ -14 \end{pmatrix}$$

$\Rightarrow \mathrm{Q}'(3 \mid -14)$

Setzt man die Koordinaten der Geraden $g : \vec{x} = \begin{pmatrix} 4 \\ -3 \end{pmatrix} + t \cdot \begin{pmatrix} 1 \\ 2 \end{pmatrix}$ in die Gleichung von α ein, so erhält man

$$\begin{pmatrix} 1 & 2 \\ 5 & -4 \end{pmatrix} \cdot \begin{pmatrix} 4+t \\ -3+2t \end{pmatrix} + \begin{pmatrix} -4 \\ 7 \end{pmatrix} = \begin{pmatrix} 4+t + 2\cdot(-3+2t) \\ 5\cdot(4+t) + (-4)\cdot(-3+2t) \end{pmatrix} + \begin{pmatrix} -4 \\ 7 \end{pmatrix}$$

$$= \begin{pmatrix} -2+5t \\ 32-3t \end{pmatrix} + \begin{pmatrix} -4 \\ 7 \end{pmatrix} = \begin{pmatrix} -6+5t \\ 39-3t \end{pmatrix}$$

$$\Rightarrow g' : \vec{x} = \begin{pmatrix} -6 \\ 39 \end{pmatrix} + t \cdot \begin{pmatrix} 5 \\ -3 \end{pmatrix}$$

b) Da bei dieser Aufgabe der Nullvektor und die Einheitsvektoren abgebildet werden, lässt sich die Abbildung relativ einfach bestimmen: Man benötigt die Verbindungsvektoren von O' zu E_1' bzw. zu E_2' und von O zu O'. Es gilt

$$\overrightarrow{\mathrm{O}'\mathrm{E}_1'} = \begin{pmatrix} 7-2 \\ 2-5 \end{pmatrix} = \begin{pmatrix} 5 \\ -3 \end{pmatrix}, \overrightarrow{\mathrm{O}'\mathrm{E}_2'} = \begin{pmatrix} -2-2 \\ 6-5 \end{pmatrix} = \begin{pmatrix} -4 \\ 1 \end{pmatrix} \text{ und } \overrightarrow{\mathrm{OO}'} = \begin{pmatrix} 2 \\ 5 \end{pmatrix}.$$

Die Vektoren $\overrightarrow{O'E_1'}$ und $\overrightarrow{O'E_2'}$ bilden die «Spaltenvektoren» der Matrix, somit gilt für die Abbildung: $\alpha : \vec{x}' = \begin{pmatrix} 5 & -4 \\ -3 & 1 \end{pmatrix} \cdot \vec{x} + \begin{pmatrix} 2 \\ 5 \end{pmatrix}$.

c) Als Ansatz für die affine Abbildung α verwendet man:

$$\alpha : \begin{pmatrix} x_1{}' \\ x_2{}' \end{pmatrix} = \begin{pmatrix} a_1 & b_1 \\ a_2 & b_2 \end{pmatrix} \cdot \begin{pmatrix} x_1 \\ x_2 \end{pmatrix} + \begin{pmatrix} c_1 \\ c_2 \end{pmatrix}$$

bzw.

$$\begin{array}{rcrcrcr} x_1{}' & = & a_1x_1 & + & b_1x_2 & + & c_1 \\ x_2{}' & = & a_2x_1 & + & b_2x_2 & + & c_2 \end{array}$$

Setzt man die Koordinaten von $\mathrm{A}\,(2 \mid 3)$, $\mathrm{A}'(7 \mid -6)$, $\mathrm{B}\,(5 \mid 1)$, $\mathrm{B}'(11 \mid -2)$, $\mathrm{C}\,(-2 \mid -3)$ und $\mathrm{C}'(-7 \mid 6)$ in α ein, so erhält man insgesamt 6 Gleichungssysteme, die man entsprechend der Variablen in zwei Gleichungssysteme aufteilt:

$$\begin{array}{lrcrcrcl} \text{I} & 7 & = & 2a_1 & + & 3b_1 & + & c_1 \\ \text{II} & 11 & = & 5a_1 & + & b_1 & + & c_1 \\ \text{III} & -7 & = & -2a_1 & - & 3b_1 & + & c_1 \end{array} \quad \text{und} \quad \begin{array}{lrcrcrcl} \text{IV} & -6 & = & 2a_2 & + & 3b_2 & + & c_2 \\ \text{V} & -2 & = & 5a_2 & + & b_2 & + & c_2 \\ \text{VI} & 6 & = & -2a_2 & - & 3b_2 & + & c_2 \end{array}$$

Addiert man Gleichung I und III, so erhält man: $c_1 = 0$.
Subtrahiert man das 3-fache der Gleichung II von Gleichung I, so erhält man: $a_1 = 2 \Rightarrow b_1 = 1$.
Addiert man Gleichung IV und VI, so erhält man: $c_2 = 0$.
Subtrahiert man das 3-fache der Gleichung V von Gleichung IV, so erhält man: $a_2 = 0 \Rightarrow b_2 = -2$.
Somit hat die affine Abbildung α folgende Matrixdarstellung: $\alpha : \vec{x}' = \begin{pmatrix} 2 & 1 \\ 0 & -2 \end{pmatrix} \cdot \vec{x}$.

d) Man verwendet für die affine Abbildung den gleichen Ansatz wie in der vorangehenden Aufgabe.
Setzt man die Koordinaten von $\mathrm{A}\,(3 \mid 0)$, $\mathrm{A}'(-1 \mid -2)$, $\mathrm{B}\,(0 \mid -3)$, $\mathrm{B}'(-7 \mid -5)$, $\mathrm{C}\,(-2 \mid 0)$ und $\mathrm{C}'(-1 \mid -2)$ in α ein, so erhält man insgesamt 6 Gleichungssysteme, die man entsprechend der Variablen in zwei Gleichungssysteme aufteilt:

$$\begin{array}{lrcrcrcl} \text{I} & -1 & = & 3a_1 & & & + & c_1 \\ \text{II} & -7 & = & & - & 3b_1 & + & c_1 \\ \text{III} & -1 & = & -2a_1 & & & + & c_1 \end{array} \quad \text{und} \quad \begin{array}{lrcrcrcl} \text{IV} & -2 & = & 3a_2 & & & + & c_2 \\ \text{V} & -5 & = & & - & 3b_2 & + & c_2 \\ \text{VI} & -2 & = & -2a_2 & & & + & c_2 \end{array}$$

Subtrahiert man Gleichung III von Gleichung I, so erhält man: $a_1 = 0 \Rightarrow c_1 = -1$ und $b_1 = 2$.
Subtrahiert man Gleichung VI von Gleichung IV, so erhält man: $a_2 = 0 \Rightarrow c_2 = -2$ und $b_2 = 1$. Somit hat die affine Abbildung α folgende Matrixdarstellung:
$\alpha : \vec{x}' = \begin{pmatrix} 0 & 2 \\ 0 & 1 \end{pmatrix} \cdot \vec{x} + \begin{pmatrix} -1 \\ -2 \end{pmatrix}$.

e) Eine Verschiebung um einen Vektor $\vec{v}$ hat die Darstellung $\alpha: \vec{x}' = \vec{x} + \vec{v}$, also

$\alpha: \vec{x}' = \vec{x} + \begin{pmatrix} -1 \\ 3 \end{pmatrix}$.

Eine Drehung um den Ursprung um einen Winkel α hat die Darstellung

$\beta: \vec{x}' = \begin{pmatrix} \cos\alpha & -\sin\alpha \\ \sin\alpha & \cos\alpha \end{pmatrix} \cdot \vec{x}$, also $\beta: \vec{x}' = \begin{pmatrix} \cos 60^\circ & -\sin 60^\circ \\ \sin 60^\circ & \cos 60^\circ \end{pmatrix} \cdot \vec{x}$ bzw.

$\beta: \vec{x}' = \begin{pmatrix} 0{,}5 & -\frac{1}{2}\sqrt{3} \\ \frac{1}{2}\sqrt{3} & 0{,}5 \end{pmatrix} \cdot \vec{x}$.

Eine zentrische Streckung vom Ursprung aus mit Streckfaktor $k \neq 0$ hat die Darstellung

$\gamma: \vec{x}' = \begin{pmatrix} k & 0 \\ 0 & k \end{pmatrix} \cdot \vec{x}$, also $\gamma: \vec{x}' = \begin{pmatrix} -\frac{2}{5} & 0 \\ 0 & -\frac{2}{5} \end{pmatrix} \cdot \vec{x}$.

Eine Spiegelung an einer Ursprungsgeraden, die mit der x_1-Achse einen Winkel α einschließt, hat die Darstellung $\delta: \vec{x}' = \begin{pmatrix} \cos(2\alpha) & \sin(2\alpha) \\ \sin(2\alpha) & -\cos(2\alpha) \end{pmatrix} \cdot \vec{x}$.

Da die Gerade $g: \vec{x} = t \cdot \begin{pmatrix} 2 \\ 3 \end{pmatrix}$ die Steigung $\frac{3}{2}$ hat, gilt: $\tan\alpha = \frac{3}{2} \Rightarrow \alpha \approx 56{,}3^\circ$. Somit

gilt $\delta: \vec{x}' = \begin{pmatrix} \cos(2\cdot 56{,}3) & \sin(2\cdot 56{,}3) \\ \sin(2\cdot 56{,}3) & -\cos(2\cdot 56{,}3) \end{pmatrix} \cdot \vec{x}$ bzw. $\delta: \vec{x}' = \begin{pmatrix} -0{,}38 & 0{,}92 \\ 0{,}92 & 0{,}38 \end{pmatrix} \cdot \vec{x}$.

f) Bei $\alpha: \vec{x}' = \begin{pmatrix} \frac{12}{13} & \frac{5}{13} \\ \frac{5}{13} & -\frac{12}{13} \end{pmatrix} \cdot \vec{x}$ handelt es sich um eine Spiegelung, da die Matrix die Form einer Spiegelmatrix $\begin{pmatrix} \cos(2\gamma) & \sin(2\gamma) \\ \sin(2\gamma) & -\cos(2\gamma) \end{pmatrix}$ hat. Für den Winkel zwischen Spiegelachse und x_1-Achse gilt $\cos(2\gamma) = \frac{12}{13} \Rightarrow \gamma \approx 11{,}31^\circ$ und $\sin(2\gamma) = \frac{5}{13} \Rightarrow \gamma \approx 11{,}31^\circ$.

Bei $\beta: \vec{x}' = \begin{pmatrix} \frac{12}{13} & -\frac{5}{13} \\ \frac{5}{13} & \frac{12}{13} \end{pmatrix} \cdot \vec{x}$ handelt es sich um eine Drehung, da die Matrix die Form einer Drehmatrix $\begin{pmatrix} \cos\alpha & -\sin\alpha \\ \sin\alpha & \cos\alpha \end{pmatrix}$ hat. Der Drehwinkel kann wie folgt berechnet werden: $\cos\alpha = \frac{12}{13} \Rightarrow \alpha \approx 22{,}62^\circ$ und $\sin\alpha = \frac{5}{13} \Rightarrow \alpha \approx 22{,}62^\circ$.

15.3 Alternative 1: Verkettete Abbildungen

a) I) Bei der Verkettung «erst α, dann β» ($\beta \circ \alpha$) wird die Matrix von β von links mit der Matrix von α multipliziert: $\vec{x}' = \begin{pmatrix} 0 & -2 \\ -2 & 0 \end{pmatrix} \cdot \begin{pmatrix} 2 & 3 \\ 0 & 4 \end{pmatrix} \cdot \vec{x} = \begin{pmatrix} 0 & -8 \\ -4 & -6 \end{pmatrix} \cdot \vec{x}$

II) Bei der Verkettung «erst β, dann α», also $\alpha \circ \beta$, wird die Matrix von α von links mit der Matrix von β multipliziert: $\vec{x}' = \begin{pmatrix} 2 & 3 \\ 0 & 4 \end{pmatrix} \cdot \begin{pmatrix} 0 & -2 \\ -2 & 0 \end{pmatrix} \cdot \vec{x} = \begin{pmatrix} -6 & -4 \\ -8 & 0 \end{pmatrix} \cdot \vec{x}$

b) I) Die Matrix D bei einer Drehung um O (0 | 0) um 30° lautet:

$$\mathrm{D} = \begin{pmatrix} \cos 30^\circ & -\sin 30^\circ \\ \sin 30^\circ & \cos 30^\circ \end{pmatrix} = \begin{pmatrix} \frac{1}{2}\sqrt{3} & -0,5 \\ 0,5 & \frac{1}{2}\sqrt{3} \end{pmatrix}$$

Die Gerade $g : \vec{x} = t \cdot \begin{pmatrix} 1 \\ 1 \end{pmatrix}$ hat die Steigung 1 und schließt somit mit der x_1-Achse einen Winkel von 45° ein. Somit lautet die Spiegelmatrix S

$$\mathrm{S} = \begin{pmatrix} \cos 90^\circ & \sin 90^\circ \\ \sin 90^\circ & -\cos 90^\circ \end{pmatrix} = \begin{pmatrix} 0 & 1 \\ 1 & 0 \end{pmatrix}$$

Wird zuerst gedreht und dann gespiegelt, gilt für die Verkettung:

$$\mathrm{M} = \mathrm{S} \cdot \mathrm{D} = \begin{pmatrix} 0 & 1 \\ 1 & 0 \end{pmatrix} \cdot \begin{pmatrix} \frac{1}{2}\sqrt{3} & -0,5 \\ 0,5 & \frac{1}{2}\sqrt{3} \end{pmatrix} = \begin{pmatrix} 0,5 & \frac{1}{2}\sqrt{3} \\ \frac{1}{2}\sqrt{3} & -0,5 \end{pmatrix}.$$

II) Die Matrix Z bei einer zentrischen Streckung von O (0 | 0) aus mit Streckfaktor $k = 3$ lautet: $\mathrm{Z} = \begin{pmatrix} 3 & 0 \\ 0 & 3 \end{pmatrix}$. Die x_2-Achse schließt mit der x_1-Achse einen Winkel von 90° ein, also gilt für die Spiegelmatrix $\mathrm{S} = \begin{pmatrix} \cos 180^\circ & \sin 180^\circ \\ \sin 180^\circ & -\cos 180^\circ \end{pmatrix} = \begin{pmatrix} -1 & 0 \\ 0 & 1 \end{pmatrix}$

Wird zuerst gestreckt und dann gespiegelt, gilt für die Verkettung:

$$\mathrm{M} = \mathrm{S} \cdot \mathrm{Z} = \begin{pmatrix} -1 & 0 \\ 0 & 1 \end{pmatrix} \cdot \begin{pmatrix} 3 & 0 \\ 0 & 3 \end{pmatrix} = \begin{pmatrix} -3 & 0 \\ 0 & 3 \end{pmatrix}.$$

15.4 Alternative 2: Übergangsmatrizen

a) I) Das Übergangsdiagramm kann wie untenstehend gezeichnet werden, wobei W für Wald und L für Lichtung steht. Es ist dabei nicht zwingend, die Übergangswahrscheinlichkeit einzuzeichnen, die den Übergang eines Zustands zu sich selbst beschreibt, doch kann es zur Übersichtlichkeit beitragen, da die Summe aller Übergänge in einem geschlossenen System immer 1 sein muss.

Beim Erstellen der Tabelle ist zu beachten, dass die Übergänge von «Spalten zu Zeilen» stattfinden.

	W	L
W	0,55	0,4
L	0,45	0,6

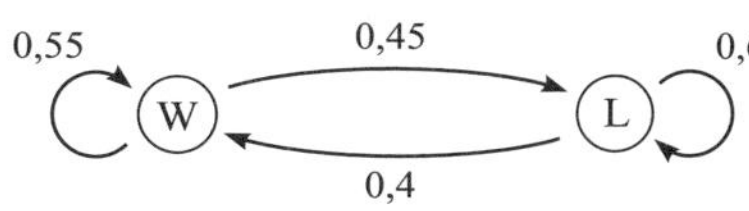

II) Die Übergangsmatrix lässt sich direkt an der Tabelle ablesen: $\mathrm{A} = \begin{pmatrix} 0,55 & 0,4 \\ 0,45 & 0,6 \end{pmatrix}$.

Die Verteilung der Vögel wird durch einen Zustandsvektor beschrieben. Dabei entspricht die Reihenfolge der Komponenten dieses Vektors der Reihenfolge der Zeilen bzw. Spalten in der Tabelle bzw. der Übergangsmatrix. Der Vektor des Anfangszustands ist also $\overrightarrow{v_0} = \begin{pmatrix} 0 \\ 200 \end{pmatrix}$.

Um die Verteilung der Vögel nach einem Tag zu berechen, multipliziert man A mit dem Zustandsvektor: $\begin{pmatrix} 0,55 & 0,4 \\ 0,45 & 0,6 \end{pmatrix} \cdot \begin{pmatrix} 0 \\ 200 \end{pmatrix} = \begin{pmatrix} 80 \\ 120 \end{pmatrix} = \overrightarrow{v_1}$

Nach einem Tag halten sich 80 Vögel im Wald und 120 Vögel auf der Lichtung auf.

b) I) Um die Übergänge zwischen Hauptschule H, Realschule R und Gymnasium G zu veranschaulichen, stellt man einen Übergangsgraphen und eine Tabelle auf. Bei den Einträgen in der Tabelle ist wichtig, dass die Übergänge von «Spalten zu Zeilen» stattfinden:

	H	R	G
H	0,88	0,07	0,01
R	0,1	0,81	0,06
G	0,02	0,12	0,93

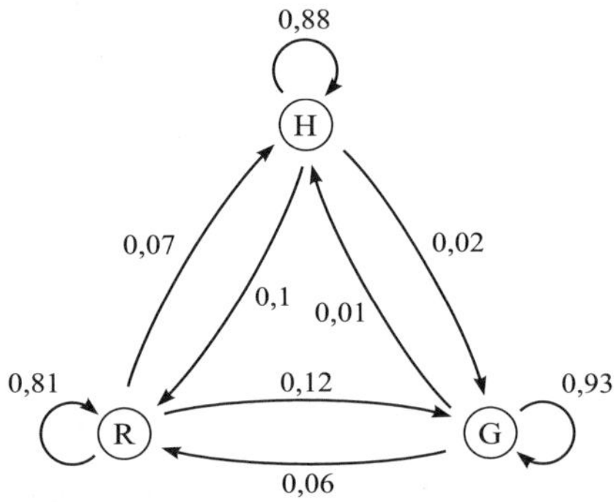

II) Als Übergangsmatrix ergibt sich: $A = \begin{pmatrix} 0,88 & 0,07 & 0,01 \\ 0,1 & 0,81 & 0,06 \\ 0,02 & 0,12 & 0,93 \end{pmatrix}$.

III) Der Zustandsvektor $\vec{v}$ gibt die Anzahl an Hauptschülern, Realschülern und Gymnasiasten an. Die Verteilung für das folgende Jahr erhält man, indem man zuerst den Zustandsvektor der momentanen Verteilung aufstellt und dann die Matrix M mit diesem Zustandsvektor multipliziert. Beim Aufstellen das Zustandsvektors ist zu beachten, dass die Reihenfolge der jeweiligen Anzahlen so gewählt wird, wie die Reihenfolge der Zeilen bzw. Spalten in der Tabelle (also Hauptschule, Realschule, Gymnasium).

Als Zustandsvektor erhält man: $\overrightarrow{v_0} = \begin{pmatrix} 40\,000 \\ 50\,000 \\ 60\,000 \end{pmatrix}$

$$\overrightarrow{v_1} = \begin{pmatrix} 0,88 & 0,07 & 0,01 \\ 0,1 & 0,81 & 0,06 \\ 0,02 & 0,12 & 0,93 \end{pmatrix} \cdot \begin{pmatrix} 40000 \\ 50000 \\ 60000 \end{pmatrix} = \begin{pmatrix} 39\,300 \\ 48\,100 \\ 62\,600 \end{pmatrix}$$

Es gibt im folgenden Jahr 39 300 Hauptschüler, 48 100 Realschüler und 62 600 Gymnasiasten.

c) I) Es handelt sich um einen Entwicklungsprozess, d.h. von jedem Zustand gibt es immer nur einen Übergang in einen anderen Zustand; daher bestehen Tabelle und Matrix zum überwiegenden Teil aus Nullen. Es bezeichnet N die Anzahl der Neupflanzen, E die Anzahl der einjährigen Pflanzen und Z die Anzahl der zweijährigen Pflanzen. Das Entwicklungsdiagramm und die Tabelle zeichnet man wie folgt:

	N	E	Z
N	0	0	5
E	0,8	0	0
Z	0	0,4	0

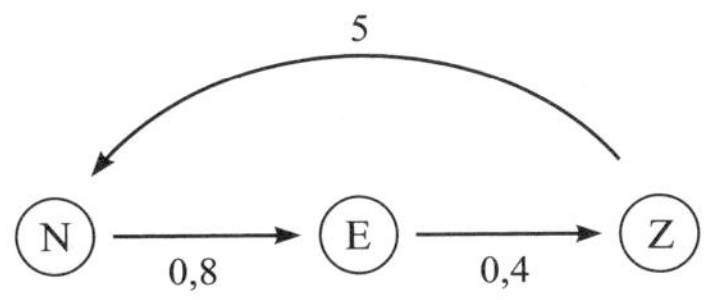

Die Übergangsmatrix ist damit: $A = \begin{pmatrix} 0 & 0 & 5 \\ 0,8 & 0 & 0 \\ 0 & 0,4 & 0 \end{pmatrix}$

II) Am Anfang sind 10 Neupflanzen, 15 einjährige Pflanzen und 20 zweijährige Pflanzen vorhanden. Damit ist der Zustandsvektor (Reihenfolge N, E, Z): $\overrightarrow{v_0} = \begin{pmatrix} 10 \\ 15 \\ 20 \end{pmatrix}$.

Um die Anzahl der Pflanzen nach einem Jahr zur berechnen, multipliziert man die Übergangsmatrix mit dem Zustandsvektor:

$$\overrightarrow{v_1} = \begin{pmatrix} 0 & 0 & 5 \\ 0,8 & 0 & 0 \\ 0 & 0,4 & 0 \end{pmatrix} \cdot \begin{pmatrix} 10 \\ 15 \\ 20 \end{pmatrix} = \begin{pmatrix} 100 \\ 8 \\ 6 \end{pmatrix}$$

Damit sind nach einem Jahr 100 Neupflanzen, 8 einjährige Pflanzen und 6 zweijährige Pflanzen vorhanden.

15.5 Alternative 2: Verkettete Übergänge

a) Um die Verteilung der Vögel nach zwei Tagen zu berechnen, muss man den Zustandsvektor $\overrightarrow{v_2}$ für das System nach zwei Tagen berechnen. Dazu multipliziert man die Matrix A mit dem Zustandsvektor $\overrightarrow{v_1}$:

$$\begin{pmatrix} 0,55 & 0,4 \\ 0,45 & 0,6 \end{pmatrix} \cdot \begin{pmatrix} 80 \\ 120 \end{pmatrix} = \begin{pmatrix} 92 \\ 108 \end{pmatrix} = \overrightarrow{v_2}.$$

Alternativ kann man $\overrightarrow{v_2}$ auch durch $A^2 \cdot \overrightarrow{v_0}$ berechnen. Nach zwei Tagen halten sich 92 Vögel im Wald und 108 auf der Lichtung auf.
Die Verteilung nach 5 Tagen wird berechnet durch $A^5 \cdot \overrightarrow{v_0} = A \cdot A \cdot A \cdot A \cdot A \cdot \overrightarrow{v_0}$:

$$\begin{pmatrix} 0,47 & 0,47 \\ 0,53 & 0,53 \end{pmatrix} \cdot \begin{pmatrix} 0 \\ 200 \end{pmatrix} = \begin{pmatrix} 94 \\ 106 \end{pmatrix} = \overrightarrow{v_5}.$$

Nach 5 Tagen halten sich ca. 94 Vögel im Wald und ca. 106 Vögel auf der Lichtung auf. (Es wurde mit gerundeten Werten gerechnet.)

b) Es ist $A = \begin{pmatrix} 0,88 & 0,07 & 0,01 \\ 0,1 & 0,81 & 0,06 \\ 0,02 & 0,12 & 0,93 \end{pmatrix}$. Um zu berechnen, wie viele Schüler die einzelnen Schularten nach vier Jahren besuchen, berechnet man $A^4 \cdot \overrightarrow{v_0} = A \cdot A \cdot A \cdot A \cdot \overrightarrow{v_0}$:

$$\overrightarrow{v_4} = \begin{pmatrix} 0,63 & 0,18 & 0,05 \\ 0,25 & 0,49 & 0,17 \\ 0,12 & 0,33 & 0,78 \end{pmatrix} \cdot \begin{pmatrix} 40000 \\ 50000 \\ 60000 \end{pmatrix} = \begin{pmatrix} 37\,200 \\ 44\,700 \\ 68\,100 \end{pmatrix}$$

Damit besuchen nach 4 Jahren ca. 37 200 Schüler die Hauptschule, ca. 44 700 die Realschule und ca. 68 100 das Gymnasium (es wurde mit gerundeten Werten gerechnet).

c) Es ist $A = \begin{pmatrix} 0 & 0 & 5 \\ 0,8 & 0 & 0 \\ 0 & 0,4 & 0 \end{pmatrix}$. Um die Anzahl $\overrightarrow{v_2}$ der Pflanzen nach zwei Jahren zu bestimmen, wird $A^2 \cdot \overrightarrow{v_0}$ berechnet:

$$\overrightarrow{v_2} = \begin{pmatrix} 0 & 2 & 0 \\ 0 & 0 & 4 \\ 0,32 & 0 & 0 \end{pmatrix} \cdot \begin{pmatrix} 10 \\ 15 \\ 20 \end{pmatrix} = \begin{pmatrix} 30 \\ 80 \\ 3,2 \end{pmatrix}$$

Damit sind nach zwei Jahren 30 Neupflanzen, 80 einjährige Pflanzen und etwa drei zweijährige Pflanzen vorhanden.
Um die Anzahl $\overrightarrow{v_7}$ der Pflanzen nach 7 Jahren zu bestimmen, berechnet man $A^7 \cdot \overrightarrow{v_0}$:

$$\overrightarrow{v_7} = \begin{pmatrix} 0 & 0 & 12,8 \\ 2,048 & 0 & 0 \\ 0 & 1,024 & 0 \end{pmatrix} \cdot \begin{pmatrix} 10 \\ 15 \\ 20 \end{pmatrix} = \begin{pmatrix} 256 \\ 20,48 \\ 15,36 \end{pmatrix}$$

Damit sind nach 7 Jahren 256 Neupflanzen, etwa 20 einjährige Pflanzen und etwa 15 zweijährige Pflanzen vorhanden.

15.6 Alternative 2: Fixvektoren

a) I) Gegeben sind die Matrix $A = \begin{pmatrix} 0,7 & 0,8 \\ 0,3 & 0,2 \end{pmatrix}$ und der Zustandsvektor $\overrightarrow{v_0} = \begin{pmatrix} 150 \\ 10 \end{pmatrix}$.

Schreibt man die Gleichung $A \cdot \vec{v} = \vec{v}$ als Gleichungssystem, ergibt sich:

$$\begin{aligned} 0,7v_1 &+ 0,8v_2 &= v_1 \\ 0,3v_1 &+ 0,2v_2 &= v_2 \end{aligned}$$

bzw.

$$\begin{aligned} -0,3v_1 &+ 0,8v_2 &= 0 \\ 0,3v_1 &- 0,8v_2 &= 0 \end{aligned}$$

Die Gleichungen sind ein Vielfaches voneinander, also wird eine Gleichung gestrichen.

Nun nimmt man zur Gleichung $0,3v_1 = 0,8v_2$ die Bedingung hinzu, dass es sich um Anteile handelt, d. h. $v_1 + v_2 = 1$. Umstellen und Einsetzen ergibt: $\frac{8}{3}v_2 + v_2 = 1 \Rightarrow 8v_2 + 3v_2 = 3$ bzw. $11v_2 = 3 \Rightarrow v_2 = \frac{3}{11} \approx 0,27$ bzw. 27 % und $v_1 = \frac{8}{11} \approx 0,73$ bzw. 73 %. Damit ergibt sich für den Fixvektor $\vec{v} = \begin{pmatrix} 0,73 \\ 0,27 \end{pmatrix}$.

Alternativ nimmt man die verbleibende Gleichung des Gleichungssystems und bestimmt die Lösungsmenge: Es ist $0,3v_1 - 0,8v_2 = 0$ bzw. $v_1 = \frac{0,8}{0,3}v_2 = \frac{8}{3}v_2$. Setzt man $v_2 = t$ $(t \neq 0)$ so ergibt sich für die Lösungsmenge $L = \left\{ \left(\frac{8}{3}t\,;t\right) \mid t \in \mathbb{R}, t \neq 0 \right\}$.

Der (allgemeine) Fixvektor ist also $\vec{v} = t \cdot \begin{pmatrix} \frac{8}{3} \\ 1 \end{pmatrix}$.

Die prozentualen Anteile ergeben sich, indem man die jeweiligen Komponenten des Vektors durch die Summe der Komponenten teilt: $v_1 = \frac{\frac{8}{3}}{\frac{8}{3}+1} = \frac{\frac{8}{3}}{\frac{11}{3}} = \frac{8}{11} \approx 0,73$ bzw. 73%, $v_2 = \frac{1}{\frac{8}{3}+1} = \frac{1}{\frac{11}{3}} = \frac{3}{11} \approx 0,27$ bzw. 27%. Damit ergibt sich auch hier für den Fixvektor $\vec{v} = \begin{pmatrix} 0,73 \\ 0,27 \end{pmatrix}$. Um den Fixvektor zu bestimmen, der zum Zustandsvektor $\overrightarrow{v_0} = \begin{pmatrix} 150 \\ 10 \end{pmatrix}$ gehört, muss man den Vektor $\begin{pmatrix} 0,73 \\ 0,27 \end{pmatrix}$ mit $150 + 10 = 160$ multiplizieren: $\begin{pmatrix} 0,73 \\ 0,27 \end{pmatrix} \cdot 160 = \begin{pmatrix} 116,8 \\ 43,2 \end{pmatrix}$

II) Gegeben sind die Matrix $A = \begin{pmatrix} 0,55 & 0,85 \\ 0,45 & 0,15 \end{pmatrix}$ und der Zustandsvektor $\overrightarrow{v_0} = \begin{pmatrix} 135 \\ 15 \end{pmatrix}$.

Schreibt man die Gleichung $A \cdot \vec{v} = \vec{v}$ als Gleichungssystem, ergibt sich:

$$\begin{aligned} 0,55v_1 &+ 0,85v_2 &= v_1 \\ 0,45v_1 &+ 0,15v_2 &= v_2 \end{aligned}$$

bzw.

$$\begin{array}{rcrcl} -0,45v_1 & + & 0,85v_2 & = & 0 \\ 0,45v_1 & - & 0,85v_2 & = & 0 \end{array}$$

Die Gleichungen sind ein Vielfaches voneinander, also wird eine Gleichung gestrichen. Es bleibt: $-0,45v_1 + 0,85v_2 = 0$.
Nun nimmt man zu dieser Gleichung die Bedingung hinzu, dass es sich um Anteile handelt, d.h. dass die Summe der Komponenten 1 ergeben muss: $v_1 + v_2 = 1$. Umstellen und einsetzen: $\frac{17}{9}v_2 + v_2 = 1 \Rightarrow\ 17v_2 + 9v_2 = 9$ bzw. $v_2 = \frac{9}{26} \approx 0,35$ bzw. 35 % und $v_1 = \frac{17}{26} \approx 0,65$ bzw. 65 %. Damit ergibt sich für den Fixvektor $\vec{v} = \begin{pmatrix} 0,65 \\ 0,35 \end{pmatrix}$

Alternativ kann man auch hier für die Bestimmung des Fixvektors die Lösungsmenge der Gleichung $-0,45v_1 + 0,85v_2 = 0$ bestimmen. Es ist: $v_1 = \frac{0,85}{0,45}v_2 = \frac{17}{9}v_2$. Setzt man $v_2 = t$ mit $t \neq 0$, so ergibt sich für die Lösungsmenge $L = \left\{ \left(\frac{17}{9}t\,;\, t \right) \mid t \in \mathbb{R},\, t \neq 0 \right\}$.
Der (allgemeine) Fixvektor ist also $\vec{v} = t \cdot \begin{pmatrix} \frac{17}{9} \\ 1 \end{pmatrix}$.
Die prozentualen Anteile ergeben sich, indem man die jeweiligen Komponenten des Vektors durch die Summe der Komponenten teilt: $v_1 = \frac{\frac{17}{9}}{\frac{17}{9}+1} = \frac{\frac{17}{9}}{\frac{26}{9}} = \frac{17}{26} \approx 0,65$ bzw. 65%, $v_2 = \frac{1}{\frac{17}{9}+1} = \frac{1}{\frac{26}{9}} = \frac{9}{26} \approx 0,35$ bzw. 35%. Damit ergibt sich wie in der vorherigen Rechnung für den Fixvektor $\vec{v} = \begin{pmatrix} 0,65 \\ 0,35 \end{pmatrix}$.

Möchte man den Fixvektor bestimmen, der zum Zustandsvektor $\vec{v_0} = \begin{pmatrix} 135 \\ 15 \end{pmatrix}$ gehört, muss man den Vektor $\begin{pmatrix} 0,65 \\ 0,35 \end{pmatrix}$ mit 150 multiplizieren:

$$\begin{pmatrix} 0,65 \\ 0,35 \end{pmatrix} \cdot 150 = \begin{pmatrix} 97,5 \\ 52,5 \end{pmatrix}.$$

Durch das Rechnen mit den gerundeten Prozentzahlen ergibt sich ein Rundungsfehler. Rechnet man mit Brüchen, kommt man zu folgender Verteilung:

$$\begin{pmatrix} \frac{17}{26} \\ \frac{9}{26} \end{pmatrix} \cdot 150 = \begin{pmatrix} 98\frac{1}{13} \\ 51\frac{12}{13} \end{pmatrix}.$$

III) Gegeben ist die Matrix $A = \begin{pmatrix} 0,6 & 0,4 & 0,2 \\ 0,2 & 0,5 & 0,4 \\ 0,2 & 0,1 & 0,4 \end{pmatrix}$. Schreibt man die Gleichung $A \cdot \vec{v} = \vec{v}$ als Gleichungssystem, ergibt sich:

$$\begin{array}{rcrcrcl} 0,6v_1 & + & 0,4v_2 & + & 0,2v_3 & = & v_1 \\ 0,2v_1 & + & 0,5v_2 & + & 0,4v_3 & = & v_2 \\ 0,2v_1 & + & 0,1v_2 & + & 0,4v_3 & = & v_3 \end{array}$$

bzw.

$$\begin{array}{rcrcrcl} -0,4v_1 & + & 0,4v_2 & + & 0,2v_3 & = & 0 \\ 0,2v_1 & - & 0,5v_2 & + & 0,4v_3 & = & 0 \\ 0,2v_1 & + & 0,1v_2 & - & 0,6v_3 & = & 0 \end{array}$$

Addiert man jeweils die erste Gleichung zum Doppelten der zweiten bzw. der dritten Gleichung, ergibt sich:

$$\begin{array}{rcrcrcl} -0,4v_1 & + & 0,4v_2 & + & 0,2v_3 & = & 0 \\ & - & 0,6v_2 & + & v_3 & = & 0 \\ & & 0,6v_2 & - & v_3 & = & 0 \end{array}$$

Die zweite und die dritte Gleichung sind Vielfache voneinander, also wird eine der beiden Gleichungen gestrichen. Nimmt man zu den beiden oberen Gleichungen die Bedingung hinzu, dass es sich um Anteile handelt, d. h. dass die Summe der Anteile 1 ergeben muss, ergibt sich: $v_1 + v_2 + v_3 = 1$. Mit dieser Gleichung ergänzt man das umgeformte Gleichungssystem, bei dem eine Zeile gestrichen wurde:

$$\begin{array}{rcrcrcl} -0,4v_1 & + & 0,4v_2 & + & 0,2v_3 & = & 0 \\ & - & 0,6v_2 & + & v_3 & = & 0 \\ v_1 & + & v_2 & + & v_3 & = & 1 \end{array}$$

Multipliziert man die dritte Zeile mit $0,4$ und addiert anschließend die erste Zeile, ergibt sich:

$$\begin{array}{rcrcrcl} -0,4v_1 & + & 0,4v_2 & + & 0,2v_3 & = & 0 \\ & - & 0,6v_2 & + & v_3 & = & 0 \\ & & 0,8v_2 & + & 0,6v_3 & = & 0,4 \end{array}$$

Nun wird die zweite Zeile mit 4 und die dritte Zeile mit 3 multipliziert und addiert:

$$\begin{array}{rcrcrcl} -0,4v_1 & + & 0,4v_2 & + & 0,2v_3 & = & 0 \\ & - & 0,6v_2 & + & v_3 & = & 0 \\ & & & & 5,8v_3 & = & 1,2 \end{array}$$

Die Lösungsmenge ist damit $\mathrm{L} = \left\{ \left(\frac{13}{29}; \frac{10}{29}; \frac{6}{29}\right) \right\}$.

Damit ergibt sich für den Fixvektor $\vec{v} = \begin{pmatrix} \frac{13}{29} \\ \frac{10}{29} \\ \frac{6}{29} \end{pmatrix} \approx \begin{pmatrix} 0,448 \\ 0,345 \\ 0,207 \end{pmatrix}$.

(Durch das Runden auf zwei Stellen hinter dem Komma würde sich eine Gesamtsumme von 1,01 ergeben; rechnet man mit drei Stellen hinter dem Komma, ergibt sich die korrekte Summe 1).

Alternativ setzt man $v_3 = t$ mit $t \neq 0$ und bestimmt die Lösungsmenge des Gleichungssystems. Es ergibt sich: $0,6v_2 - t = 0$ bzw. $v_2 = \frac{5}{3}t$. Einsetzen in die erste Gleichung ergibt: $-0,4v_1 + 0,4 \cdot \frac{5}{3}t + 0,2 \cdot t = 0$ bzw. $v_1 = \frac{13}{6}t$.
Es ergibt sich also die Lösungsmenge $\mathrm{L} = \left\{ \left(\frac{13}{6}t; \frac{5}{3}t; t\right) \mid t \in \mathbb{R}, t \neq 0 \right\}$. Der (allge-

meine) Fixvektor ist damit $\vec{v} = t \cdot \begin{pmatrix} \frac{13}{6} \\ \frac{5}{3} \\ 1 \end{pmatrix}$.

Die prozentualen Anteile errechnen sich, indem man die jeweiligen Komponenten des Vektors durch die Summe der Komponenten teilt: $v_1 = \frac{\frac{13}{6}}{\frac{13}{6}+\frac{5}{3}+1} = \frac{\frac{13}{6}}{\frac{29}{6}} = \frac{13}{29} \approx 0,448$ bzw. 44,8 %, $v_2 = \frac{\frac{5}{3}}{\frac{29}{6}} = \frac{10}{29} \approx 0,345$ bzw. 34,5 % und $v_3 = \frac{1}{\frac{29}{6}} = \frac{6}{29} \approx 0,207$ bzw. 20,7 %. Damit ist der Fixvektor $\vec{v} = \begin{pmatrix} 0,448 \\ 0,345 \\ 0,207 \end{pmatrix}$.

b) I) Gegeben ist die Matrix $A = \begin{pmatrix} 0,7 & 0,6 \\ 0,2 & 0,4 \end{pmatrix}$. Schreibt man die Gleichung $A \cdot \vec{v} = \vec{v}$ als Gleichungssystem, folgt daraus:

$$\begin{array}{rcrcl} 0,7v_1 & + & 0,6v_2 & = & v_1 \\ 0,2v_1 & + & 0,4v_2 & = & v_2 \end{array}$$

bzw.

$$\begin{array}{rcrcl} -0,3v_1 & + & 0,6v_2 & = & 0 \\ 0,2v_1 & - & 0,6v_2 & = & 0 \end{array}$$

Addiert man die beiden Gleichungen, ergibt sich $v_1 = 0$ und damit $v_2 = 0$. Also besitzt das Gleichungssystem nur die sog. triviale Lösung $\vec{v} = \begin{pmatrix} 0 \\ 0 \end{pmatrix}$. Es gibt keinen Fixvektor. Also existiert kein stabiler Zustand.

II) Gegeben ist die Matrix $A = \begin{pmatrix} 0,1 & 0,2 & 0,1 \\ 0 & 0,5 & 0,3 \\ 0 & 0,1 & 0,4 \end{pmatrix}$. Schreibt man die Gleichung $A \cdot \vec{v} = \vec{v}$ als Gleichungssystem, ergibt sich:

$$\begin{array}{rcrcrcl} 0,1v_1 & + & 0,2v_2 & + & 0,1v_3 & = & v_1 \\ & & 0,5v_2 & + & 0,3v_3 & = & v_2 \\ & & 0,1v_2 & + & 0,4v_3 & = & v_3 \end{array}$$

bzw.

$$\begin{array}{rcrcrcl} -0,9v_1 & + & 0,2v_2 & + & 0,1v_3 & = & 0 \\ & - & 0,5v_2 & + & 0,3v_3 & = & 0 \\ & & 0,1v_2 & - & 0,6v_3 & = & 0 \end{array}$$

Addieren des Doppelten der zweiten Zeile zur letzten Zeile, führt zu $-0,9v_2 = 0$. Daraus resultiert zunächst $v_2 = 0$ und dann $v_3 = 0$ und $v_1 = 0$. Das Gleichungssystem besitzt nur die triviale Lösung; also gibt es keinen stabilen Zustand.

Stochastik

16 Grundlegende Begriffe

16.1 Zufallsexperimente und Ereignisse

a) I) $\Omega = \{\text{www, wwz, wzw, zww, wzz, zwz, zzw, zzz}\}$, die Reihenfolge spielt bei einer Mengenaufzählung keine Rolle.

II) $\Omega = \{6, \text{keine } 6\}$.
Die Lösung $\Omega = \{1, 2, 3, 4, 5, 6\}$ wäre auch möglich, ist aber der Fragestellung weniger angemessen.

III) $\Omega = \{$Alter zwischen 14 und 18 Jahren einschließlich, nicht zur Altersgruppe gehörend$\}$
oder: $\Omega = \{$jünger als 14, zwischen 14 und 18, älter als 18$\}$
Möglich wäre auch die (unnötig große) Menge $\Omega = \{0, 1, 2, \ldots, 100, \ldots\}$.

b) Lösungen:
$A = \{2; 4; 6\}$.
$B = \{1; 2\}$.
$C = \{2; 3; 5\}$; 1 ist keine Primzahl.
$D = \{1, 2; 3; 4; 5; 6\}$; dies nennt man das sichere Ereignis, da es auf jeden Fall eintritt.
$E = \{\}$ oder $E = \emptyset$; E ist hier die leere Menge, da keine der Zahlen von 1 bis 6 durch 7 teilbar ist. Man spricht vom unmöglichen Ereignis.

c) I) A: Es erscheint dreimal dieselbe Seite.
B: Es taucht höchstens einmal «Zahl» auf oder
B: Es taucht mindestens zweimal «Wappen» auf oder
B: Es taucht mehr als einmal «Wappen» auf.
C: Beim ersten Wurf erscheint Zahl.

II) $\overline{A} = \{\text{wwz, wzw, zww, zzw, zwz, wzz}\}$.
$\overline{A}$: Es tauchen sowohl «Wappen» als auch «Zahl» auf oder
$\overline{A}$: Es erscheint nicht dreimal dieselbe Seite.
$\overline{B} = \{\text{zzz, zzw, zwz, wzz}\}$.
$\overline{B}$: Es taucht mehr als einmal «Zahl» auf.
$\overline{C} = \{\text{www, wwz, wzw, wzz}\}$.
$\overline{C}$: Beim ersten Wurf erscheint «Wappen».

16.2 Absolute und relative Häufigkeit

a) Es sind insgesamt 20 Ziffern. Die Anzahl, mit der eine bestimmte Ziffer auftritt, stellt deren absolute Häufigkeit H dar. Teilt man diese Anzahl durch die Gesamtanzahl an Ziffern, erhält man die relative Häufigkeit h:

Die Ziffer 1 kommt 10-mal, die Ziffer 2 kommt 6-mal und die Ziffer 3 kommt 4-mal vor,

also gilt:

$$\begin{aligned} H(1) &= 10 \qquad & h(1) &= \tfrac{10}{20} = \tfrac{1}{2} = 0,5 \\ H(2) &= 6 & h(2) &= \tfrac{6}{20} = \tfrac{3}{10} = 0,3 \\ H(3) &= 4 & h(3) &= \tfrac{4}{20} = \tfrac{1}{5} = 0,2 \end{aligned}$$

b) Es sind insgesamt 30 Schüler. Für die relativen Häufigkeiten gilt dann:

$$\begin{aligned} h(1) &= \tfrac{3}{30} = \tfrac{1}{10} \qquad & h(4) &= \tfrac{8}{30} = \tfrac{4}{15} \\ h(2) &= \tfrac{5}{30} = \tfrac{1}{6} & h(5) &= \tfrac{3}{30} = \tfrac{1}{10} \\ h(3) &= \tfrac{10}{30} = \tfrac{1}{3} & h(6) &= \tfrac{1}{30} \end{aligned}$$

c) Die Werte der relativen Häufigkeit h liegen zwischen Null und Eins (einschließlich): $0 \leqslant h \leqslant 1$.

Die relative Häufigkeit ist 0, wenn ein Ereignis gar nicht auftritt; sie ist 1, wenn bei der Versuchsreihe immer dasselbe Ereignis auftritt. Addiert man die relativen Häufigkeiten aller möglichen Ereignisse, so erhält man 1.

16.3 Wahrscheinlichkeit bei Laplace-Versuchen

a) Das empirische Gesetz der großen Zahl besagt, dass sich bei sehr langen Versuchsreihen die relative Häufigkeit eines Ergebnisses immer mehr der Wahrscheinlichkeit dieses Ergebnisses annähert.

b) Insgesamt gibt es 20 mögliche Ergebnisse.
Die Zahlen 4, 8, 12, 16 und 20 sind durch 4 teilbar, also gibt es 5 günstige Ergebnisse bei Ereignis A, die Wahrscheinlichkeit P(A) ist also: $P(A) = \frac{5}{20} = \frac{1}{4} = 0,25$.
Die Zahlen 14, 15, 16, 17, 18, 19 und 20 sind größer als 13, also gibt es 7 günstige Ergebnisse bei Ereignis B, die Wahrscheinlichkeit P(B) ist also: $P(B) = \frac{7}{20} = 0,35$.
Die Zahlen 1, 4, 9 und 16 sind Quadratzahlen, also gibt es 4 günstige Ergebnisse bei Ereignis C, die Wahrscheinlichkeit P(C) ist also: $P(C) = \frac{4}{20} = \frac{1}{5} = 0,2$.

c) Es gibt bei zweimaligem Würfeln insgesamt 36 mögliche Ergebnisse (6 Möglichkeiten für den 1. Wurf und 6 Möglichkeiten für den 2. Wurf). Für die Wahrscheinlichkeiten ergibt sich somit:
$P(A) = \frac{1}{36}$, da (6,6) nur einmal vorkommt.
$P(B) = \frac{4}{36} = \frac{1}{9}$, da (1,4), (4,1), (2,3) und (3,2) die Augensumme 5 ergeben.
$P(C) = \frac{9}{36} = \frac{1}{4}$, da bei (2,2), (2,4), (2,6), (4,2), (4,4), (4,6), (6,2), (6,4) und (6,6) beide Augenzahlen gerade sind.

d) Es gibt für das Tennis-Doppel mit Anke (A), Britta (B), Christine (C) und Doris (D) insgesamt 12 mögliche Ziehungen: AB, AC, AD, BA, BC, BD, CA, CB, CD, DA, DB, DC.
Davon sind AB, BA, CD und DC für das gefragte Ereignis günstig.
Also gilt: P(«Anke und Britta bilden ein Team») $= \frac{4}{12} = \frac{1}{3}$.
Alternativ kann man auch so argumentieren:
Es gibt drei mögliche Paarungen: AB/CD, AC/BD und AD/BC, die alle gleich wahrscheinlich sind, also hat jede die Wahrscheinlichkeit $\frac{1}{3}$.

17 Berechnung von Wahrscheinlichkeiten

17.1 Additionssatz, Vierfeldertafel

a) Es ergeben sich folgende ergänzte Tafeln:

I)

	A	$\overline{A}$	
B	0,3	0,1	0,4
$\overline{B}$	0,5	0,1	0,6
	0,8	0,2	1

II)

	A	$\overline{A}$	
B	$\frac{1}{8}$	$\frac{1}{2}$	$\frac{5}{8}$
$\overline{B}$	$\frac{1}{4}$	$\frac{1}{8}$	$\frac{3}{8}$
	$\frac{3}{8}$	$\frac{5}{8}$	1

b) I)

	F	$\overline{F}$	
S	0,4	0,2	0,6
$\overline{S}$	0,3	0,1	0,4
	0,7	0,3	1

Es sind:
F: mag Fußball
S: mag Schwimmen
$\overline{F}$: mag Fußball nicht
$\overline{S}$: mag Schwimmen nicht

Gegeben sind P(F) = 0,7 und P(S) = 0,6 sowie $P(F \cup S) = 0{,}9$ bzw.
$P(\overline{F} \cap \overline{S}) = 0{,}1$, da sich 10 % der Schüler für keine der beiden Sportarten begeistern.
Aus der Vierfeldertafel ergibt sich: $P(F \cap S) = 0{,}4$.
Somit begeistern sich 40 % der Schüler für beide Sportarten.

II) Der Additionssatz besagt in diesem Fall:
$P(F \cup S) = P(F) + P(S) - P(F \cap S)$, also:
$0{,}9 = 0{,}7 + 0{,}6 - 0{,}4$.
Der Additionssatz gilt somit für diese Aufgabe.

17.2 Baumdiagramme und Pfadregeln

a) I)

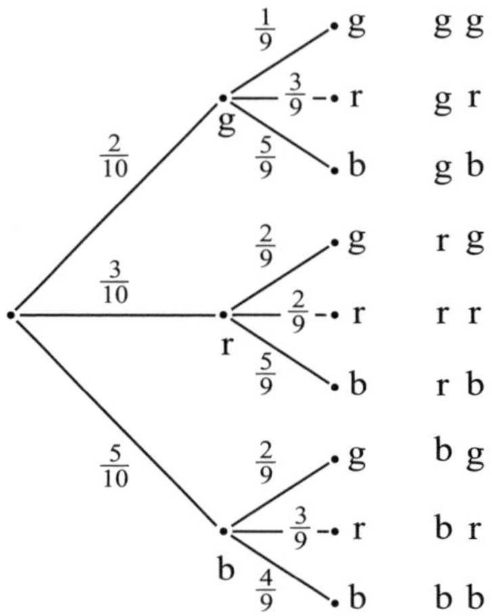

Da insgesamt 10 Kugeln in der Urne sind, betragen die Wahrscheinlichkeiten beim 1. Ziehen für grün, rot bzw. blau: $\frac{2}{10}, \frac{3}{10}$ bzw. $\frac{5}{10}$.

Danach sind nur noch 9 Kugeln in der Urne und die Wahrscheinlichkeiten bzgl. der 2. Ziehung hängen jeweils davon ab, welche Farbe beim 1. Mal gezogen wurde.

II) Die erste Pfadregel (Produktregel) besagt, dass sich die Wahrscheinlichkeit für einen Pfad aus dem Produkt der Wahrscheinlichkeiten längs des Pfades ergibt.
Dem Ereignis A entspricht der Pfad zu gg, dem Ereignis B entsprechend zu rb.
$A = \{gg\}; P(A) = \frac{2}{10} \cdot \frac{1}{9} = \frac{1}{45}$.
$B = \{rb\}; P(B) = \frac{3}{10} \cdot \frac{5}{9} = \frac{1}{6}$.
Die zweite Pfadregel (Summenregel) besagt, dass sich die Wahrscheinlichkeit eines Ereignisses aus der Summe der Wahrscheinlichkeiten aller Pfade, die zu diesem Ereignis gehören, ergibt.
$C = \{rg, gr\}; P(C) = \frac{3}{10} \cdot \frac{2}{9} + \frac{2}{10} \cdot \frac{3}{9} = \frac{2}{15}$.
$D = \{gg, rr, bb\}; P(D) = \frac{2}{10} \cdot \frac{1}{9} + \frac{3}{10} \cdot \frac{2}{9} + \frac{5}{10} \cdot \frac{4}{9} = \frac{2+6+20}{90} = \frac{14}{45}$.
$E = \{gg, gr, rg, rr\}; P(E) = \frac{2}{10} \cdot \frac{1}{9} + \frac{2}{10} \cdot \frac{3}{9} + \frac{3}{10} \cdot \frac{2}{9} + \frac{3}{10} \cdot \frac{2}{9} = \frac{2+6+6+6}{90} = \frac{2}{9}$.

b) I)

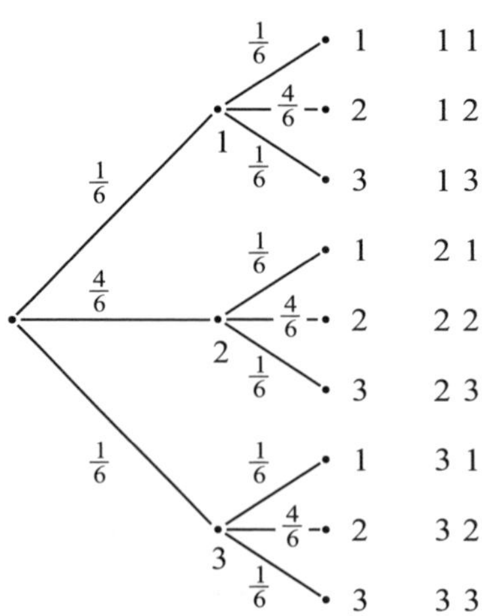

II) $A = \{12\}; P(A) = \frac{1}{6} \cdot \frac{4}{6} = \frac{1}{9}$.

$B = \{12, 22, 32\}$; $P(B) = \frac{1}{6} \cdot \frac{4}{6} + \frac{4}{6} \cdot \frac{4}{6} + \frac{1}{6} \cdot \frac{4}{6} = \frac{1}{9} + \frac{4}{9} + \frac{1}{9} = \frac{6}{9} = \frac{2}{3}$.
$C = \{11, 12, 13\}$; $P(C) = \frac{1}{6} \cdot \frac{1}{6} + \frac{1}{6} \cdot \frac{4}{6} + \frac{1}{6} \cdot \frac{1}{6} = \frac{1+4+1}{36} = \frac{6}{36} = \frac{1}{6}$.
$D = \{13, 22, 31\}$; $P(D) = \frac{1}{6} \cdot \frac{1}{6} + \frac{4}{6} \cdot \frac{4}{6} + \frac{1}{6} \cdot \frac{1}{6} = \frac{1+16+1}{36} = \frac{18}{36} = \frac{1}{2}$.
$E = \{11, 13, 23, 31\}$; $P(E) = \frac{1}{6} \cdot \frac{1}{6} + \frac{1}{6} \cdot \frac{1}{6} + \frac{4}{6} \cdot \frac{1}{6} + \frac{1}{6} \cdot \frac{1}{6} = \frac{1+1+4+1}{36} = \frac{7}{36}$.

c) I) e: Fehler erkannt; $P(e) = 0,8$.
$\bar{e}$: Fehler nicht erkannt; $P(\bar{e}) = 0,2$.
Zweimal den Fehler übersehen und beim dritten Mal erkennen entspricht dem Pfad $\bar{e}\bar{e}e$.

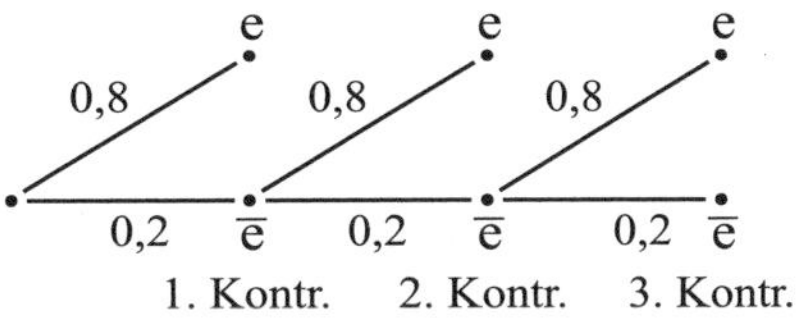

Es ist $P(\bar{e}\bar{e}e) = 0,2 \cdot 0,2 \cdot 0,8 = 0,032 = 3,2\,\%$.

II) Den Fehler spätestens beim 3. Mal erkennen bedeutet $\{e, \bar{e}e, \bar{e}\bar{e}e\}$.
Es ist: $P(e) = 0,8$, $P(\bar{e}e) = 0,2 \cdot 0,8 = 0,16$ und $P(\bar{e}\bar{e}e) = 0,032$.
Nach der 2. Pfadregel gilt:
P(«spätestens beim 3. Mal erkannt») $= 0,8 + 0,16 + 0,032 = 0,992 = 99,2\,\%$.
Schneller lässt sich die Wahrscheinlichkeit mit dem Gegenereignis bestimmen. Es heißt hier: «Der Fehler ist auch beim 3. Mal noch nicht erkannt» und bedeutet $\{\bar{e}\bar{e}\bar{e}\}$.
Für die Wahrscheinlichkeit des Gegenereignisses gilt:
$P(\bar{e}\bar{e}\bar{e}) = 0,2 \cdot 0,2 \cdot 0,2 = 0,008 = 0,8\,\%$.
Damit ist $100\,\% - 0,8\,\% = 99,2\,\%$ die gesuchte Wahrscheinlichkeit.

d)

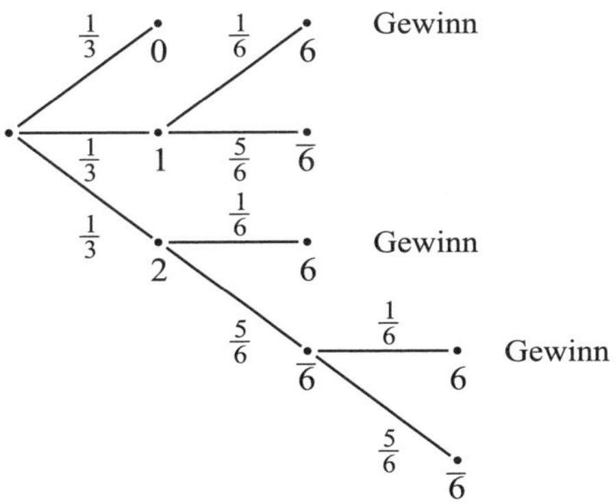

Die drei Pfade (1,6), (2,6) und (2,$\bar{6}$,6) führen zum Gewinn.
$P(\text{Gewinn}) = \frac{1}{3} \cdot \frac{1}{6} + \frac{1}{3} \cdot \frac{1}{6} + \frac{1}{3} \cdot \frac{5}{6} \cdot \frac{1}{6}$
$= \frac{6+6+5}{108} = \frac{17}{108} \approx 0,16$
Die Gewinnwahrscheinlichkeit beträgt etwa $16\,\%$.

e)

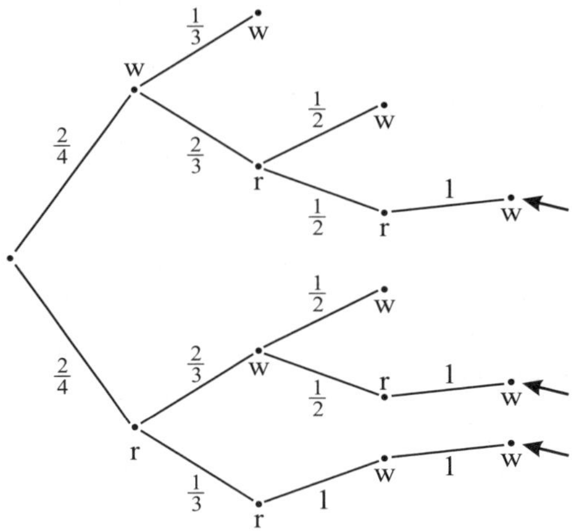

Bei den drei markierten Pfaden mussten alle vier Kugeln herausgenommen werden.

P(«4-mal ziehen»)
$= \frac{2}{4} \cdot \frac{2}{3} \cdot \frac{1}{2} \cdot 1 + \frac{2}{4} \cdot \frac{2}{3} \cdot \frac{1}{2} \cdot 1 + \frac{2}{4} \cdot \frac{1}{3} \cdot 1 \cdot 1$
$= \frac{1}{6} + \frac{1}{6} + \frac{1}{6} = \frac{1}{2}$.

Die gesuchte Wahrscheinlichkeit beträgt $\frac{1}{2}$ oder 50 %.

f)

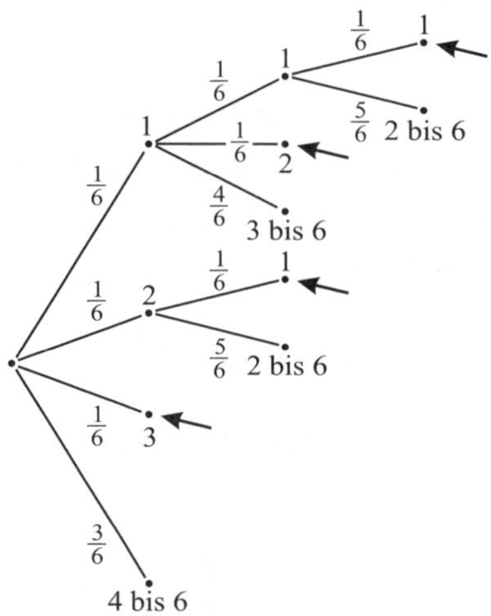

Die markierten Pfade führen zum Gewinn.

P(Gewinn) $= \frac{1}{6} \cdot \frac{1}{6} \cdot \frac{1}{6} + \frac{1}{6} \cdot \frac{1}{6} + \frac{1}{6} \cdot \frac{1}{6} + \frac{1}{6}$
$= \frac{1+6+6+36}{216} = \frac{49}{216} \approx 0,23$

Die Gewinnwahrscheinlichkeit beträgt $\frac{49}{216}$ oder etwa 23 %.

17.3 Unabhängigkeit von zwei Ereignissen

a) I)

	A	$\overline{A}$	
B	0,32	0,08	0,4
$\overline{B}$	0,48	0,12	0,6
	0,8	0,2	1

II)

	A	$\overline{A}$	
B	$\frac{3}{5}$	$\frac{1}{15}$	$\frac{2}{3}$
$\overline{B}$	$\frac{3}{10}$	$\frac{1}{30}$	$\frac{1}{3}$
	$\frac{9}{10}$	$\frac{1}{10}$	1

III)

	A	$\overline{A}$	
B	$\frac{1}{20}$	$\frac{1}{5}$	$\frac{1}{4}$
$\overline{B}$	$\frac{3}{20}$	$\frac{3}{5}$	$\frac{3}{4}$
	$\frac{1}{5}$	$\frac{4}{5}$	1

b) Es ist: $P(m) = \frac{90}{200} = 0,45$; $P(R) = \frac{80}{200} = 0,4$; $P(m \cap R) = \frac{36}{200} = 0,18$.
Da $0,45 \cdot 0,4 = 0,18$ gilt der spezielle Multiplikationssatz und die Ereignisse sind unabhängig.
Alternativer Lösungsweg:

Man prüft nach, ob der Anteil an Rauchern unter allen Befragten genau so groß ist wie der Anteil an Rauchern unter den Männern.
Anteil der Raucher unter allen Befragten: $\frac{80}{200} = \frac{2}{5} = 0,4$.
Anteil der Raucher unter den Männern: $\frac{36}{90} = \frac{2}{5} = 0,4$.
Die Werte stimmen überein, also sind Geschlecht und Rauchverhalten unabhängig voneinander.

17.4 Bedingte Wahrscheinlichkeit

a) Es ist a: älter als 70 Jahre, j $(= \overline{a})$: höchstens 70 Jahre, m: männlich, w$(= \overline{m})$: weiblich.
Gegeben sind $P(a) = 0,3$; $P_a(m) = 0,4$ und $P_j(m) = 0,5$.
Dann gilt: $P(a \cap m) = P(a) \cdot P_a(m) = 0,3 \cdot 0,4 = 0,12$.
$P(j) = 1 - P(a) = 0,7$.
$P(j \cap m) = P(j) \cdot P_j(m) = 0,7 \cdot 0,5 = 0,35$.

P(a), P(j), $P(a \cap m)$ und $P(j \cap m)$ werden in die Vierfeldertafel eingetragen und diese wird vervollständigt: Gesucht ist $P_m(j)$.
Entsprechend der Formel gilt:
$P_m(j) = \frac{P(m \cap j)}{P(m)} = \frac{0,35}{0,47} \approx 0,74 = 74\,\%$.
Also sind rund 74 % der Männer höchstens 70 Jahre alt.

	a	j	
m	0,12	0,35	0,47
w	0,18	0,35	0,53
	0,3	0,7	1

b) Es ist a: über 40 Jahre, j: bis 40 Jahre und L: Leserin.
Aus den Angaben lassen sich folgende Wahrscheinlichkeiten bestimmen:
$P(a) = \frac{65}{250} = \frac{13}{50} = 0,26$.
$P(L) = \frac{100}{250} = 0,4$.
$P(a \cap L) = \frac{32}{250} = 0,128$.
$P_L(a) = \frac{32}{100} = 0,32$ (für die Vierfeldertafel nicht nötig).

Die ersten drei Wahrscheinlichkeiten werden in eine Vierfeldertafel eingesetzt und diese wird vervollständigt.
Gesucht sind $P_a(L)$ und $P_j(L)$.
Bei bedingten Wahrscheinlichkeiten gilt der spezielle Multiplikationssatz:
$P_a(L) = \frac{P(L \cap a)}{P(a)} = \frac{0,128}{0,26} \approx 0,49 = 49\,\%$ und
$P_j(L) = \frac{P(L \cap j)}{P(j)} = \frac{0,272}{0,74} \approx 0,37 = 37\,\%$.

	L	$\overline{L}$	
a	0,128	0,132	0,26
j	0,272	0,468	0,74
	0,4	0,6	1

Die Zeitschrift spricht also mehr die älteren Frauen an; dies hätte man auch schon daraus ersehen können, dass $P_L(a)$ größer als P(a) ist.

c) Es ist k: krank, g: gesund, «+»: positiv getestet, «−»: negativ getestet.

I) Aus den Angaben lassen sich folgende Wahrscheinlichkeiten bestimmen:
$P(k) = 0{,}2$; $P_k(+) = 0{,}96$; $P_g(-) = 0{,}94$.
Damit ist:
$P(g) = 1 - P(k) = 0{,}8$.
$P(k \cap +) = P(k) \cdot P_k(+) = 0{,}2 \cdot 0{,}96 = 0{,}192$
$P(g \cap -) = P(g) \cdot P_g(-) = 0{,}8 \cdot 0{,}94 = 0{,}752$
Gesucht sind $P_+(k)$ und $P_-(g)$. Daher gilt:
$P_+(k) = \frac{P(k \cap +)}{P(+)} = \frac{0{,}192}{0{,}24} = 0{,}8 = 80\,\%$ und
$P_-(g) = \frac{P(g \cap -)}{P(-)} = \frac{0{,}752}{0{,}76} \approx 0{,}99 = 99\,\%$.

	k	g	
+	0,192	0,048	0,24
−	0,008	0,752	0,76
	0,2	0,8	1

Die Wahrscheinlichkeit, dass man bei einem positiven Testergebnis tatsächlich krank ist, beträgt 80 %.
Die Wahrscheinlichkeit, dass man bei einem negativen Testergebnis tatsächlich gesund ist, beträgt 99 %.

II) Aus den Angaben lassen sich folgende Wahrscheinlichkeiten bestimmen:
$P(k) = 0{,}5$; $P_k(+) = 0{,}96$; $P_g(-) = 0{,}94$.
Die Rechnungen wie bei I) ergeben nebenstehende Vierfeldertafel.
Gesucht sind wieder $P_+(k)$ und $P_-(g)$.
Daher gilt:
$P_+(k) = \frac{0{,}48}{0{,}51} \approx 0{,}94 = 94\,\%$ und
$P_-(g) = \frac{0{,}47}{0{,}49} \approx 0{,}96 = 96\,\%$.

	k	g	
+	0,48	0,03	0,51
−	0,02	0,47	0,49
	0,5	0,5	1

Je größer der Anteil der Kranken an der Bevölkerung wird, desto sicherer deutet ein positives Testergebnis auf eine Erkrankung hin. Dafür kann man sich auf ein negatives Testergebnis weniger verlassen.

18 Kombinatorische Zählprobleme

18.1 Geordnete Stichproben mit Zurücklegen

a) Zuerst bestimmt man die Anzahl aller Möglichkeiten: Für jede der 4 Stellen gibt es 10 mögliche Ziffern, also insgesamt 10^4 Möglichkeiten.

A: Für jede Stelle stehen 5 ungerade Ziffern zur Verfügung, also 5^4 günstige Möglichkeiten.

Somit gilt für die Wahrscheinlichkeit: $P(A) = \frac{5^4}{10^4} = (\frac{5}{10})^4 = (\frac{1}{2})^4 = \frac{1}{16}$.

B: Für jede Stelle stehen 2 verschiedene Ziffern zur Verfügung, also 2^4 günstige Möglichkeiten. Somit gilt: $P(B) = \frac{2^4}{10^4} = (\frac{1}{5})^4 = \frac{1}{625}$.

C: Die erste und die zweite Ziffer können frei gewählt werden, die beiden anderen liegen dann fest: $10 \cdot 10 \cdot 1 \cdot 1 = 100$ günstige Ausfälle, also: $P(C) = \frac{100}{10^4} = \frac{1}{100}$.

b) Für jede Perle stehen 3 Farben mit der gleichen Wahrscheinlichkeit zur Verfügung (zufällige Farbwahl).

Anzahl aller möglichen Ausfälle: $3^6 = 729$.

A: Für jede Perle gibt es 2 Möglichkeiten (blau bzw. grün), also 2^6 günstige Ausfälle.

Somit ist $P(A) = \frac{2^6}{3^6} = \frac{64}{729}$.

B: Die 3 letzten Perlen können frei gewählt werden, also 3^3 günstige Ausfälle.

Somit ist $P(B) = \frac{3^3}{3^6} = \frac{1}{3^3} = \frac{1}{27}$.

C: Es gibt nur die 2 Möglichkeiten, dass mit rot bzw. mit grün begonnen wird; der Rest ist festgelegt, also 2 günstige Ausfälle. Somit ist $P(C) = \frac{2}{3^6} = \frac{2}{729}$.

c) Für jeden der 8 Mühlesteine stehen 2 Farben zur Verfügung.

Anzahl aller möglichen Ausfälle: $2^8 = 256$.

A: Es gibt nur 2 günstige Ausfälle (alle schwarz oder alle weiß).

Somit ist $P(A) = \frac{2}{2^8} = \frac{1}{2^7} = \frac{1}{128}$.

B: Es gibt 8 günstige Ausfälle, da der weiße Stein an 8 verschiedenen Stellen sein kann.

Somit ist $P(B) = \frac{8}{2^8} = \frac{1}{2^5} = \frac{1}{32}$.

C: Es gibt 2^7 günstige Ausfälle, da die ersten 7 Steine frei gewählt werden können, der letzte aber festgelegt ist. Somit ist $P(C) = \frac{2^7}{2^8} = \frac{1}{2}$.

d) Anzahl aller möglichen Ausfälle: $5^3 = 125$.

A: Es gibt 5^2 günstige Ausfälle, da die beiden ersten Ziffern beliebig sind, die letzte Ziffer aber 5 sein muss. Somit ist $P(A) = \frac{5^2}{5^3} = \frac{1}{5}$.

B: Es gibt 2^3 günstige Ausfälle, da es für jede Ziffer 2 Möglichkeiten gibt.

Somit ist $P(B) = \frac{2^3}{5^3} = \frac{8}{125}$.

C: Es gibt 4^3 günstige Ausfälle, da es für jede Ziffer 4 Möglichkeiten gibt.

Somit ist $P(C) = \frac{4^3}{5^3} = \frac{64}{125}$.

e) Anzahl aller möglichen Ausfälle: $5^4 = 625$.

A: Es gibt einen günstigen Ausfall, da es für jeden Buchstaben des Wortes genau eine

Möglichkeit gibt. Somit ist $P(A) = \frac{1}{5^4} = \frac{1}{625}$.

B: Es gibt ebenfalls einen günstigen Ausfall, da es für jeden Buchstaben des Wortes genau eine Möglichkeit gibt. Somit ist $P(B) = \frac{1}{5^4} = \frac{1}{625}$.

C: Es gibt 5^3 günstige Ausfälle, da es für die letzten drei Buchstaben des Wortes jeweils 5 Möglichkeiten gibt. Somit ist $P(C) = \frac{5^3}{5^4} = \frac{1}{5} = 0,2$.

D: Es gibt 5^2 günstige Ausfälle, da es für die ersten beiden Buchstaben des Wortes jeweils 5 Möglichkeiten gibt. Somit ist $P(D) = \frac{5^2}{5^4} = \frac{1}{25} = 0,04$.

E: Für den anderen Buchstaben (kein T) gibt es 4 Möglichkeiten; dieser andere Buchstabe kann an jeder der 4 Stellen auftreten, also gibt es $4 \cdot 4 = 16$ günstige Ausfälle. Somit ist $P(E) = \frac{16}{5^4} = \frac{16}{625}$.

F: Da alle Buchstaben die Rolle von T im Ereignis E übernehmen können, gibt es fünfmal so viele günstige Ausfälle wie bei Ereignis E. Somit ist $P(F) = \frac{5 \cdot 16}{5^4} = \frac{16}{5^3} = \frac{16}{125}$.

f) Anzahl aller möglichen Ausfälle: $5^3 = 125$.
Um an eine Stelle N oder A zu ziehen, gibt es jeweils 2 Möglichkeiten, für H dagegen nur eine Möglichkeit. Die Möglichkeiten jeder Stelle werden miteinander multipliziert, um die günstigen Ausfälle zu erhalten.

$P(A) = \frac{2 \cdot 2 \cdot 1}{5^3} = \frac{4}{125}$ $\quad$ $P(B) = \frac{2 \cdot 1 \cdot 2}{5^3} = \frac{4}{125}$ $\quad$ $P(C) = \frac{1 \cdot 1 \cdot 1}{5^3} = \frac{1}{125}$

$P(D) = \frac{2 \cdot 2 \cdot 2}{5^3} = \frac{8}{125}$ $\quad$ $P(E) = \frac{4 \cdot 4 \cdot 4}{5^3} = \frac{64}{125}$

18.2 Geordnete Stichproben ohne Zurücklegen

Die Möglichkeiten pro Stufe werden jeweils miteinander multipliziert.

a) Anzahl aller möglichen Ausfälle: $10 \cdot 9 \cdot 8 \cdot 7 \cdot 6$, da zu Beginn 10 Kugeln in der Urne sind.
$P(A) = \frac{6 \cdot 5 \cdot 4 \cdot 3 \cdot 2}{10 \cdot 9 \cdot 8 \cdot 7 \cdot 6} = \frac{4 \cdot 3}{9 \cdot 8 \cdot 7} = \frac{1}{3 \cdot 2 \cdot 7} = \frac{1}{42}$.
$P(B) = \frac{4 \cdot 3 \cdot 2 \cdot 1 \cdot 6}{10 \cdot 9 \cdot 8 \cdot 7 \cdot 6} = \frac{1}{10 \cdot 3 \cdot 7} = \frac{1}{210}$.
$P(C) = \frac{4 \cdot 9 \cdot 8 \cdot 7 \cdot 6}{10 \cdot 9 \cdot 8 \cdot 7 \cdot 6} = \frac{4}{10} = \frac{2}{5}$.
$P(D) = P(rwrwr) + P(wrwrw) = \frac{6 \cdot 4 \cdot 5 \cdot 3 \cdot 4}{10 \cdot 9 \cdot 8 \cdot 7 \cdot 6} + \frac{4 \cdot 6 \cdot 3 \cdot 5 \cdot 2}{10 \cdot 9 \cdot 8 \cdot 7 \cdot 6} = \frac{3}{9 \cdot 7} + \frac{3}{9 \cdot 2 \cdot 7} = \frac{1}{21} + \frac{1}{42} = \frac{3}{42} = \frac{1}{14}$.

b) Anzahl aller möglichen Ausfälle: $10 \cdot 9 \cdot 8 = 720$.
$P(A) = \frac{1}{10 \cdot 9 \cdot 8} = \frac{1}{720}$.
$P(B) = \frac{3 \cdot 2 \cdot 1}{10 \cdot 9 \cdot 8} = \frac{1}{10 \cdot 3 \cdot 4} = \frac{1}{120}$.
$P(C) = \frac{9 \cdot 8 \cdot 7}{10 \cdot 9 \cdot 8} = \frac{7}{10}$.
$P(D) = \frac{7 \cdot 6 \cdot 5}{10 \cdot 9 \cdot 8} = \frac{7}{3 \cdot 8} = \frac{7}{24}$.

c) Anzahl aller möglichen Ausfälle: $5 \cdot 4 \cdot 3 \cdot 2 \cdot 1$.
$P(A) = \frac{4 \cdot 3 \cdot 1 \cdot 2 \cdot 1}{5 \cdot 4 \cdot 3 \cdot 2 \cdot 1} = \frac{1}{5}$.
$P(B) = 1 - P(\overline{B}) = 1 - \frac{4 \cdot 3 \cdot 2 \cdot 1 \cdot 1}{5 \cdot 4 \cdot 3 \cdot 2 \cdot 1} = 1 - \frac{1}{5} = \frac{4}{5}$.

d) Anzahl aller möglichen Ausfälle: $8 \cdot 7 \cdot 6 \cdot 5 \cdot 4 \cdot 3 \cdot 2 \cdot 1$.
$P(A) = \frac{7 \cdot 6 \cdot 5 \cdot 4 \cdot 3 \cdot 2 \cdot 1 \cdot 1}{8 \cdot 7 \cdot 6 \cdot 5 \cdot 4 \cdot 3 \cdot 2 \cdot 1} = \frac{1}{8}$.
$P(B) = \frac{6 \cdot 5 \cdot 4 \cdot 3 \cdot 2 \cdot 1 \cdot 1 \cdot 1}{8 \cdot 7 \cdot 6 \cdot 5 \cdot 4 \cdot 3} = \frac{2}{8 \cdot 7} = \frac{1}{28}$.

e) Anzahl aller möglichen Ausfälle: $6 \cdot 5 \cdot 4 \cdot 3 \cdot 2 \cdot 1$.
$P(A) = \frac{3 \cdot 2 \cdot 2 \cdot 1 \cdot 1 \cdot 1}{6 \cdot 5 \cdot 4 \cdot 3 \cdot 2 \cdot 1} = \frac{1}{5 \cdot 4 \cdot 3} = \frac{1}{60}$.
$P(B) = \frac{3 \cdot 2 \cdot 1 \cdot 3 \cdot 2 \cdot 1}{6 \cdot 5 \cdot 4 \cdot 3 \cdot 2 \cdot 1} = \frac{1}{5 \cdot 4} = \frac{1}{20}$.
$P(C) = 4 \cdot P(B) = \frac{4}{20} = \frac{1}{5}$, da es für das dreifache A insgesamt viermal so viele Möglichkeiten wie bei Ereignis B gibt.

18.3 Ungeordnete Stichproben ohne Zurücklegen

a) Das Pascalsche Dreieck beginnt mit der Zeile »1;1».
Die nächste Zeile erhält man jeweils, indem man zwischen zwei Zahlen deren Summe darunter schreibt und die Zeile rechts und links durch «1» ergänzt:

$$\begin{array}{ccccccccc} & & & 1 & & 1 & & & \\ & & 1 & & 2 & & 1 & & \\ & 1 & & 3 & & 3 & & 1 & \\ 1 & & 4 & & 6 & & 4 & & 1 \end{array}$$

Die n-te Zeile besteht aus den Zahlen $\binom{n}{0}, \binom{n}{1}, \binom{n}{2}, \binom{n}{3}, \ldots, \binom{n}{n}$.
Die Anzahl aller Möglichkeiten bei ungeordneten Stichproben ohne Zurücklegen, wenn von n Elementen k gezogen werden, ist: $\binom{n}{k} = \frac{n!}{k!(n-k)!}$.

b) Die Anzahl aller möglichen Ausfälle, wenn von 25 Kugeln 4 gezogen werden, ist:
$\binom{25}{4} = \frac{25 \cdot 24 \cdot 23 \cdot 22}{4 \cdot 3 \cdot 2 \cdot 1} = 25 \cdot 23 \cdot 22$.
A: 5 Zahlen sind durch 5 teilbar, also gibt es $\binom{5}{4}$ günstige Ausfälle.
Damit ist $P(A) = \frac{\binom{5}{4}}{\binom{25}{4}} = \frac{5}{25 \cdot 23 \cdot 22} = \frac{1}{5 \cdot 23 \cdot 22} = \frac{1}{23 \cdot 110} = \frac{1}{2530}$.
B: 12 Zahlen sind gerade, also gibt es $\binom{12}{4}$ günstige Ausfälle.
Damit ist $P(B) = \frac{\binom{12}{4}}{\binom{25}{4}} = \frac{\frac{12 \cdot 11 \cdot 10 \cdot 9}{4 \cdot 3 \cdot 2 \cdot 1}}{25 \cdot 23 \cdot 22} = \frac{11 \cdot 5 \cdot 9}{25 \cdot 23 \cdot 22} = \frac{9}{230}$.
C: Es gibt nur zwei günstige Ausfälle: $\{(1,2,3,4),(1,2,3,5)\}$.
Damit ist $P(C) = \frac{2}{25 \cdot 23 \cdot 22} = \frac{1}{25 \cdot 23 \cdot 11} = \frac{1}{6325}$.
D: Das Produkt 12 ist nicht möglich, da $1 \cdot 2 \cdot 3 \cdot 4$ schon 24 ergibt. Damit ist $P(D) = 0$.

c) Wenn von 15 Kugeln 3 gezogen werden, ist die Anzahl aller möglichen Ausfälle:
$\binom{15}{3} = \frac{15 \cdot 14 \cdot 13}{3 \cdot 2 \cdot 1} = 5 \cdot 7 \cdot 13$.
A: Von 7 weißen Kugeln 3 ziehen ergibt $\binom{7}{3}$ günstige Ausfälle.
Damit ist $P(A) = \frac{\binom{7}{3}}{\binom{15}{3}} = \frac{\frac{7 \cdot 6 \cdot 5}{3 \cdot 2 \cdot 1}}{5 \cdot 7 \cdot 13} = \frac{7 \cdot 5}{5 \cdot 7 \cdot 13} = \frac{1}{13}$.
B: Von 7 weißen (w) Kugeln 3 ziehen, ergibt $\binom{7}{3}$ günstige Ausfälle, von 5 schwarzen (s) Kugeln 3 ziehen, ergibt $\binom{5}{3}$ günstige Ausfälle, von 3 roten (r) Kugeln 3 ziehen, ergibt $\binom{3}{3}$ günstige Ausfälle.
Damit ist $P(B) = P(www) + P(sss) + P(rrr)$
$= \frac{\binom{7}{3}}{\binom{15}{3}} + \frac{\binom{5}{3}}{\binom{15}{3}} + \frac{\binom{3}{3}}{\binom{15}{3}} = \frac{\frac{7 \cdot 6 \cdot 5}{3 \cdot 2 \cdot 1}}{5 \cdot 7 \cdot 13} + \frac{\frac{5 \cdot 4 \cdot 3}{3 \cdot 2 \cdot 1}}{5 \cdot 7 \cdot 13} + \frac{\frac{3 \cdot 2 \cdot 1}{3 \cdot 2 \cdot 1}}{5 \cdot 7 \cdot 13} = \frac{7 \cdot 5 + 10 + 1}{5 \cdot 7 \cdot 13} = \frac{46}{455}$.

C: Von 7 weißen Kugeln 1 ziehen, ergibt $\binom{7}{1}$ günstige Ausfälle, von 5 schwarzen Kugeln 2 ziehen ergibt $\binom{5}{2}$ günstige Ausfälle, insgesamt $\binom{7}{1} \cdot \binom{5}{2}$ günstige Ausfälle.

Damit ist $P(C) = \frac{\binom{7}{1}\cdot\binom{5}{2}}{\binom{15}{3}} = \frac{7\cdot 10}{5\cdot 7\cdot 13} = \frac{2}{13}$.

D: Es gibt 12 nicht-rote Kugeln, von denen 3 gezogen werden müssen, also gibt es $\binom{12}{3}$ günstige Ausfälle.

Damit ist $P(D) = \frac{\binom{12}{3}}{\binom{15}{3}} = \frac{\frac{12\cdot 11\cdot 10}{3\cdot 2\cdot 1}}{5\cdot 7\cdot 13} = \frac{2\cdot 11\cdot 10}{5\cdot 7\cdot 13} = \frac{44}{91}$.

E: Entsprechend Ereignis C ergeben sich $\binom{7}{1} \cdot \binom{5}{1} \cdot \binom{3}{1}$ günstige Ausfälle.

Damit ist $P(E) = \frac{\binom{7}{1}\cdot\binom{5}{1}\cdot\binom{3}{1}}{\binom{15}{3}} = \frac{7\cdot 5\cdot 3}{5\cdot 7\cdot 13} = \frac{3}{13}$.

F: Betrachtet man das Gegenereignis $\overline{F}$: «keine weiße Kugel», so muss man von 8 Kugeln 3 ziehen, d.h. es gibt hierfür $\binom{8}{3}$ günstige Ausfälle.

Damit ist $P(F) = 1 - P(\overline{F}) = 1 - \frac{\binom{8}{3}}{\binom{15}{3}} = 1 - \frac{\frac{8\cdot 7\cdot 6}{3\cdot 2\cdot 1}}{5\cdot 7\cdot 13} = 1 - \frac{8\cdot 7}{5\cdot 7\cdot 13} = 1 - \frac{8}{65} = \frac{57}{65}$.

d) Wenn von 10 Glühbirnen 3 herausgegriffen werden, so ist die Anzahl aller möglichen Ausfälle: $\binom{10}{3} = \frac{10\cdot 9\cdot 8}{3\cdot 2\cdot 1} = 10 \cdot 3 \cdot 4$.

A: Von 8 nicht-defekten Glühbirnen werden 3 gegriffen, also gibt es $\binom{8}{3}$ günstige Ausfälle.

Damit ist $P(A) = \frac{\binom{8}{3}}{\binom{10}{3}} = \frac{\frac{8\cdot 7\cdot 6}{3\cdot 2\cdot 1}}{\frac{10\cdot 9\cdot 8}{3\cdot 2\cdot 1}} = \frac{8\cdot 7}{10\cdot 3\cdot 4} = \frac{7}{15}$.

B: Von 8 nicht-defekten Glühbirnen werden 2 gegriffen und von 2 defekten Glühbirnen wird eine gegriffen, also gibt es $\binom{8}{2} \cdot \binom{2}{1}$ günstige Ausfälle.

Damit ist $P(B) = \frac{\binom{8}{2}\cdot\binom{2}{1}}{\binom{10}{3}} = \frac{\frac{8\cdot 7}{2\cdot 1}\cdot 2}{10\cdot 3\cdot 4} = \frac{8\cdot 7}{10\cdot 3\cdot 4} = \frac{7}{15}$.

C: Von 8 nicht-defekten Glühbirnen wird eine gegriffen und von 2 defekten Glühbirnen werden 2 gegriffen, also gibt es $\binom{8}{1} \cdot \binom{2}{2}$ günstige Ausfälle.

Damit ist $P(C) = \frac{\binom{8}{1}\cdot\binom{2}{2}}{\binom{10}{3}} = \frac{8\cdot 1}{10\cdot 3\cdot 4} = \frac{1}{15}$.

Probe: $P(A) + P(B) + P(C) = \frac{7}{15} + \frac{7}{15} + \frac{1}{15} = 1$.

e) Anzahl aller möglichen Tipps, wenn von 49 Kugeln 6 gezogen werden: $\binom{49}{6}$.

Um genau 4 Richtige zu haben, müssen 4 der getippten Zahlen zu den 6 gezogenen gehören und 2 zu den nicht-gezogenen, also gibt es $\binom{6}{4} \cdot \binom{43}{2}$ günstige Ausfälle.

Damit ist:

$P(\text{4 Richtige}) = \frac{\binom{6}{4}\cdot\binom{43}{2}}{\binom{49}{6}} = \frac{\frac{6\cdot 5\cdot 4\cdot 3}{4\cdot 3\cdot 2\cdot 1}\cdot\frac{43\cdot 42}{2\cdot 1}}{\frac{49\cdot 48\cdot 47\cdot 46\cdot 45\cdot 44}{6\cdot 5\cdot 4\cdot 3\cdot 2\cdot 1}} = \frac{3\cdot 5\cdot 43}{7\cdot 47\cdot 46\cdot 44} = \frac{645}{665896} \approx \frac{1}{1000} = 0{,}001 = 0{,}1\,\%$.

Die Wahrscheinlichkeit beträgt etwa $0{,}1\,\%$.

f) Die Anzahl aller Möglichkeiten, aus 8 Personen 4 auszulosen, ist:

$\binom{8}{4} = \frac{8\cdot 7\cdot 6\cdot 5}{4\cdot 3\cdot 2\cdot 1} = 7 \cdot 2 \cdot 5 = 70$.

I) Von 4 Frauen können 2 mit dem Auto fahren und von 4 Männern ebenfalls 2, also gibt es $\binom{4}{2} \cdot \binom{4}{2}$ günstige Ausfälle.

Damit ist $P(\text{2 Frauen, 2 Männer}) = \frac{\binom{4}{2}\cdot\binom{4}{2}}{\binom{8}{4}} = \frac{6\cdot 6}{70} = \frac{18}{35}$.

II) Von 4 Frauen können 4 mit dem Auto fahren, also gibt es nur diese eine Möglichkeit. Damit ist $P(4\,\text{Frauen}) = \frac{\binom{4}{4}}{\binom{8}{4}} = \frac{1}{70}$.

III) Die 4 Frauen fahren in einem Wagen zusammen, wenn sie entweder alle für den 1. Wagen ausgelost werden oder wenn alle Männer für den 1. Wagen ausgelost werden. Beide Ereignisse haben entsprechend Aufgabe II) die Wahrscheinlichkeit $\frac{1}{70}$. Die Wahrscheinlichkeit, dass die Frauen zusammen fahren, beträgt demnach $2 \cdot \frac{1}{70} = \frac{1}{35}$.

18.4 Vermischte Aufgaben

a) Es gibt insgesamt $4! = 4 \cdot 3 \cdot 2 \cdot 1 = 24$ Möglichkeiten für die Sitzverteilung.

A: Horst muss auf Platz «2» oder «3» sitzen. Die anderen haben jeweils $3! = 6$ Möglichkeiten, sich auf die anderen Sitze zu verteilen, es gibt also 12 günstige Ausfälle. Damit ist $P(A) = \frac{12}{24} = \frac{1}{2}$.

B: Entweder Horst sitzt auf Platz «1» und Peter auf Platz «4» oder umgekehrt. Die beiden anderen können jeweils noch die Sitze tauschen, also gibt es $2 \cdot 2 = 4$ günstige Ausfälle. Damit ist $P(B) = \frac{4}{24} = \frac{1}{6}$.

C: Horst und Peter können entweder die Plätze «1» und «2» oder die Plätze «2» und «3» oder die Plätze «3» und «4» einnehmen. Für jeden dieser Fälle gibt es 4 Möglichkeiten (vgl. B), also insgesamt 12 günstige Ausfälle. Damit ist $P(C) = \frac{12}{24} = \frac{1}{2}$.

b) Für die Auswahl der Prüfungsthemen gibt es insgesamt $\binom{10}{3} = \frac{10 \cdot 9 \cdot 8}{3 \cdot 2 \cdot 1} = 120$ Möglichkeiten. Wenn der Prüfling keines (0) der Prüfungsthemen vorbereitet hat, werden aus den 4 unvorbereiteten 3 gewählt, also gibt es $\binom{4}{3}$ günstige Ausfälle. Damit ist $P(0) = \frac{\binom{4}{3}}{\binom{10}{3}} = \frac{4}{120} = \frac{1}{30}$.
Wenn der Prüfling eines der Prüfungsthemen vorbereitet hat, werden aus den 4 unvorbereiteten 2 gewählt und aus den 6 vorbereiteten wird eines gewählt, also gibt es $\binom{4}{2} \cdot \binom{6}{1}$ günstige Ausfälle. Damit ist $P(1) = \frac{\binom{6}{1} \cdot \binom{4}{2}}{\binom{10}{3}} = \frac{6 \cdot 6}{120} = \frac{3}{10}$.
Wenn der Prüfling zwei der Prüfungsthemen vorbereitet hat, wird aus den 4 unvorbereiteten eines gewählt und aus den 6 vorbereiteten werden 2 gewählt, also gibt es $\binom{4}{1} \cdot \binom{6}{2}$ günstige Ausfälle. Damit ist $P(2) = \frac{\binom{6}{2} \cdot \binom{4}{1}}{\binom{10}{3}} = \frac{15 \cdot 4}{120} = \frac{1}{2}$.
Wenn der Prüfling alle drei Prüfungsthemen vorbereitet hat, werden aus den 6 vorbereiteten 3 gewählt, also gibt es $\binom{6}{3}$ günstige Ausfälle. Damit ist $P(3) = \frac{\binom{6}{3}}{\binom{10}{3}} = \frac{\frac{6 \cdot 5 \cdot 4}{3 \cdot 2 \cdot 1}}{120} = \frac{20}{120} = \frac{1}{6}$.

c) Es handelt sich um eine geordnete Stichprobe mit Zurücklegen (bei jeder Frage gibt es 3 Antworten). Anzahl aller möglichen Ergebnisse: $3^{10} = 59049$.

A: Bei jeder Frage gibt es 2 falsche Antworten, also $P(A) = \frac{2^{10}}{3^{10}} = \frac{1024}{59049} = 0{,}0173 = 1{,}73\,\%$.

B: Für die ersten 5 Fragen gibt es jeweils eine Möglichkeit, für die zweiten 5 Fragen gibt es jeweils 2 Möglichkeiten, also $P(B) = \frac{1^5 \cdot 2^5}{3^{10}} = \frac{32}{59049} = 0{,}00054 = 0{,}05\,\%$.

C: Um die 5 richtigen Antworten auf die 10 Fragen zu verteilen, gibt es $\binom{10}{5}$ Möglichkeiten. Jede einzelne hat die Wahrscheinlichkeit von B, also
$P(C) = \binom{10}{5} \cdot \frac{1^5 \cdot 2^5}{3^{10}} = 252 \cdot \frac{2^5}{3^{10}} = \frac{252 \cdot 32}{59049} = \frac{8064}{59049} \approx 0,137 = 13,7\,\%$

D: Um die 4 richtigen Antworten zu verteilen gibt es $\binom{10}{4} = 210$ Möglichkeiten, bei jeder der 6 falschen Antworten gibt es jeweils 2 Möglichkeiten, also $\binom{10}{4} \cdot 2^6$ günstige Ausfälle. Damit ist $P(D) = \frac{\binom{10}{4} \cdot 2^6}{3^{10}} = \frac{210 \cdot 64}{59049} = \frac{13440}{59049} \approx 0,228 = 22,8\,\%$.

d) I) Es gibt $\binom{6}{2} = \frac{6 \cdot 5}{2 \cdot 1} = 15$ Möglichkeiten, aus den 6 Punkten 2 auszuwählen, und zu jeder solchen Wahl gibt es eine Verbindungsgerade. Sie sind verschieden, da keine 3 Punkte auf derselben Gerade liegen.

II) Zu jeder Auswahl von 3 Punkten lässt sich der Umkreis des entsprechenden Dreiecks konstruieren; alle diese Kreise sind nach der Voraussetzung verschieden. Es gibt also $\binom{6}{3} = \frac{6 \cdot 5 \cdot 4}{3 \cdot 2 \cdot 1} = 20$ Kreise.

e) Das Gegenereignis bedeutet, dass alle 8 Personen in verschiedenen Monaten Geburtstag haben. Die Anzahl aller möglichen Verteilungen ist 12^8, da für jede Person 12 Monate zur Verfügung stehen.
Nummeriert man die Personen durch, so ergeben sich $12 \cdot 11 \cdot 10 \cdot 9 \cdot 8 \cdot 7 \cdot 6 \cdot 5$ günstige Ergebnisse (keine Wiederholungen).
Damit ist P(Gegenereignis)$= \frac{12 \cdot 11 \cdot 10 \cdot 9 \cdot 8 \cdot 7 \cdot 6 \cdot 5}{12^8} = \frac{11 \cdot 7 \cdot 5 \cdot 5}{6 \cdot 6 \cdot 2 \cdot 4 \cdot 12 \cdot 12} = \frac{1925}{41472} = 0,046$.
Also gilt: P(mind. 2 Personen in einem Monat) $= 1 - 0,046 = 0,954 = 95,4\,\%$.
Die Wahrscheinlichkeit, dass von 8 Personen mindestens zwei Personen im selben Monat Geburtstag haben, ist $95,4\,\%$.

19 Wahrscheinlichkeitsverteilung von Zufallsgrößen

19.1 Erwartungswert

a)

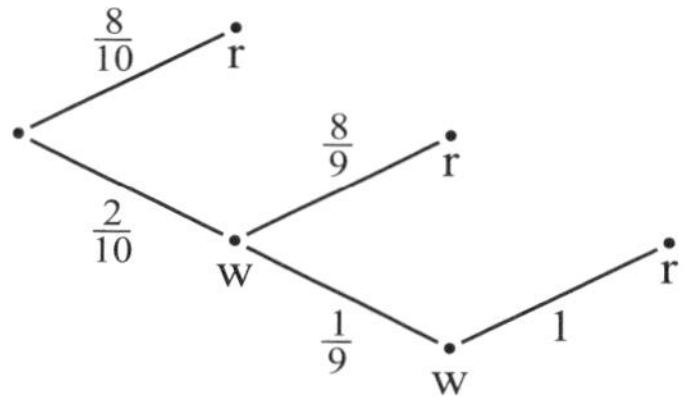

$P(r) = \frac{8}{10}$,
$P(wr) = \frac{2}{10} \cdot \frac{8}{9} = \frac{16}{90}$,
$P(wwr) = \frac{2}{10} \cdot \frac{1}{9} \cdot 1 = \frac{2}{90}$.

Ergebnis	Anzahl der Züge x_i	$P(x_i)$	$x_i \cdot P(x_i)$
r	1	$\frac{8}{10}$	$\frac{8}{10}$
wr	2	$\frac{16}{90}$	$\frac{32}{90}$
wwr	3	$\frac{2}{90}$	$\frac{6}{90}$
			$\frac{110}{90}$

Die Summe der letzten Spalte ergibt den Erwartungswert E(X):
$E(X) = \Sigma x_i \cdot P(x_i) = \frac{8}{10} + \frac{32}{90} + \frac{6}{90} = \frac{72+32+6}{90} = \frac{110}{90} = \frac{11}{9} = 1,\overline{2}$.
Man braucht durchschnittlich etwa 1,2 Züge.

b)

Augensumme	Auszahlung x_i in Euro	$P(x_i)$	$x_i \cdot P(x_i)$
2	4	$\frac{1}{36}$	$\frac{4}{36}$
3	1	$\frac{2}{36}$	$\frac{2}{36}$
4	1	$\frac{3}{36}$	$\frac{3}{36}$
5 bis 12	0	$\frac{30}{36}$	0
			$\frac{9}{36}$

Die Summe der letzten Spalte ergibt den Erwartungswert E(X):
$E(X) = \frac{4+2+3}{36} = \frac{9}{36} = \frac{1}{4} = 0,25$.
Man bekommt im Durchschnitt 25 Cent ausgezahlt.

c) I)

Entnommener Betrag x_i in Euro	$P(x_i)$	$x_i \cdot P(x_i)$
0,50	$\frac{6}{10}$	$\frac{3}{10}$
1	$\frac{3}{10}$	$\frac{3}{10}$
2	$\frac{1}{10}$	$\frac{2}{10}$
		$\frac{8}{10}$

Die Summe der letzten Spalte ergibt den Erwartungswert E(X):
$E(X) = \frac{3+3+2}{10} = \frac{8}{10} = 0,8.$
Man kann durchschnittlich 80 Cent erwarten.

II)

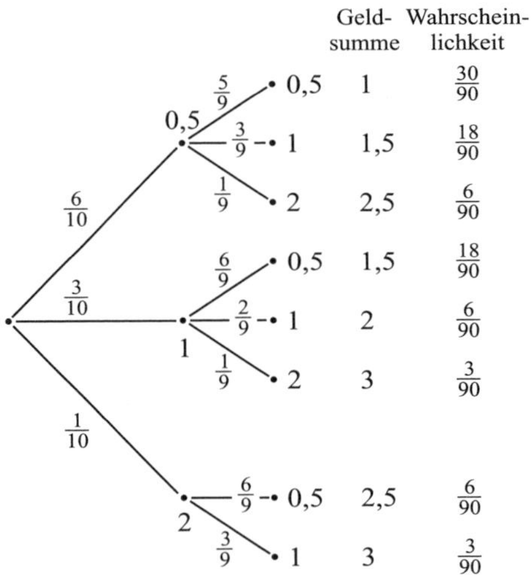

Zusammengefasst:

Entnommener Betrag x_i in Euro	$P(x_i)$	$x_i \cdot P(x_i)$
1	$\frac{30}{90}$	$\frac{30}{90}$
1,5	$\frac{36}{90}$	$\frac{54}{90}$
2	$\frac{6}{90}$	$\frac{12}{90}$
2,5	$\frac{12}{90}$	$\frac{30}{90}$
3	$\frac{6}{90}$	$\frac{18}{90}$
		$\frac{144}{90}$

Die Summe der letzten Spalte ergibt den Erwartungswert E(X):
$E(X) = \frac{30+54+12+30+18}{90} = \frac{144}{90} = \frac{16}{10} = 1,6.$
Man erhält im Durchschnitt 1,60 Euro.

d) Insgesamt gibt es $\binom{10}{3}$ Ausfälle.
Wenn man von 6 schwarzen (s) Kugeln 3 auswählt, gibt es $\binom{6}{3}$ günstige Ausfälle, also ist $P(sss)= \frac{\binom{6}{3}}{\binom{10}{3}} = \frac{20}{120} = \frac{1}{6}$.
Wenn man von 6 schwarzen Kugeln 2 auswählt und von 4 weißen (w) Kugeln eine, so gibt es $\binom{6}{2} \cdot \binom{4}{1}$ günstige Ausfälle, also ist $P(ssw)= \frac{\binom{6}{2}\cdot\binom{4}{1}}{\binom{10}{3}} = \frac{15\cdot 4}{120} = \frac{60}{120} = \frac{1}{2}$.
Wenn man von 6 schwarzen Kugeln eine auswählt und von 4 weißen Kugeln 2, so gibt es $\binom{6}{1} \cdot \binom{4}{2}$ günstige Ausfälle, also ist $P(sww)= \frac{\binom{6}{1}\cdot\binom{4}{2}}{\binom{10}{3}} = \frac{6\cdot 6}{120} = \frac{36}{120} = \frac{3}{10}$.
Wenn man von 4 weißen Kugeln 3 auswählt, so gibt es $\binom{4}{3}$ günstige Ausfälle, also ist $P(www)= \frac{\binom{4}{3}}{\binom{10}{3}} = \frac{4}{120} = \frac{1}{30}$.

Ereignis	Punkte x_i	$P(x_i)$	$x_i \cdot P(x_i)$
(sss)	3	$\frac{1}{6}$	$\frac{1}{2}$
(ssw)	4	$\frac{1}{2}$	2
(sww)	5	$\frac{3}{10}$	$\frac{3}{2}$
(www)	6	$\frac{1}{30}$	$\frac{1}{5}$
			$\frac{21}{5}$

Die Summe der letzten Spalte ergibt den Erwartungswert E(X):
$E(X) = \frac{1}{2} + 2 + \frac{3}{2} + \frac{1}{5} = 4 + \frac{1}{5} = 4,2.$
Man erhält durchschnittlich 4,2 Punkte.

19.2 Varianz und Standardabweichung

a) I)

Ereignis	Gewinn x_i	$P(x_i)$	$x_i \cdot P(x_i)$	$(x_i - E(X))^2$	$(x_i - E(X))^2 \cdot P(x_i)$
weiß	4	0,1	0,4	$2,8^2 = 7,84$	0,784
rot	8	0,1	0,8	$6,8^2 = 46,24$	4,624
schwarz	0	0,8	0	$(-1,2)^2 = 1,44$	1,152
			$E(X) = 1,2$		$V(X) = 6,56$

Die Varianz V(X) ergibt sich als Summe der letzten Spalte:
$V(X) = \Sigma\,(x_i - E(X))^2 \cdot P(x_i) = 0,784 + 4,624 + 1,152 = 6,56.$
Die Standardabweichung σ erhält man durch $\sigma(X) = \sqrt{V(X)} = \sqrt{6,56} \approx 2,56.$
Der Erwartungswert für den Gewinn beträgt 1,20 Euro, die Standardabweichung 2,56 Euro.

II)

Ereignis	Gewinn x_i	$P(x_i)$	$x_i \cdot P(x_i)$	$(x_i - E(X))^2$	$(x_i - E(X))^2 \cdot P(x_i)$
weiß	1	0,4	0,4	$(-0,2)^2 = 0,04$	0,016
rot	2	0,4	0,8	$0,8^2 = 0,64$	0,256
schwarz	0	0,2	0	$(-1,2)^2 = 1,44$	0,288
			$E(X) = 1,2$		$V(X) = 0,56$

Die Varianz V(X) ergibt sich als Summe der letzten Spalte:
$V(X) = 0,016 + 0,256 + 0,288 = 0,56.$
Die Standardabweichung σ erhält man durch $\sigma(X) = \sqrt{V(X)} = \sqrt{0,56} \approx 0,75.$

III) In beiden Spielen beträgt der durchschnittliche Gewinn, wenn man oft spielt, 1,20 Euro. Die Standardabweichung $\sigma(X)$ ist bei I) wesentlich größer als bei II); dies liegt daran, dass bei I) die Gewinne bis zu 8 Euro betragen (allerdings mit viel kleinerer Wahrscheinlichkeit), bei II) ist der höchste mögliche Gewinn nur 2 Euro. Wer das Risiko liebt und bei wenigen Spielen auf einen großen Gewinn spekuliert, wird Spiel I) bevorzugen. Wer eher «auf Nummer sicher geht», wird die 80 %ige Gewinnchance bei Spiel II) nutzen, auch wenn die Gewinne geringer sind. Wenn man sehr oft spielt, ist es sowieso egal, welches der beiden Spiele man wählt (wegen des gleichen Erwartungswertes E(X)).

b) Es bietet sich an, die Tabelle mit den absoluten Häufigkeiten $H(x_i)$ aufzustellen:

I)

Note x_i	1	2	3	4	5	6	
$H(x_i)$	3	7	11	6	2	1	
$x_i \cdot H(x_i)$	3	14	33	24	10	6	90*
$(x_i - E(X))^2$	$(-2)^2 = 4$	$(-1)^2 = 1$	0	$1^2 = 1$	$2^2 = 4$	$3^2 = 9$	
$(x_i - E(X))^2 \cdot H(x_i)$	12	7	0	6	8	9	42**

Den Erwartungswert E(X) erhält man, indem man $\Sigma x_i \cdot H(x_i)$ durch die Gesamtzahl der Schüler teilt:
$^*E(X) = \frac{90}{30} = 3.$
Die Varianz V(X) erhält man, indem man $\Sigma(x_i - E(X))^2 \cdot H(x_i)$ durch die Gesamtzahl der Schüler teilt:
$^{**}V(X) = \frac{42}{30} = 1,4.$
Die Standardabweichung σ ist $\sigma(X) = \sqrt{V(X)} = \sqrt{1,4} \approx 1,18.$

II)

Note x_i	1	2	3	4	5	6	
$H(x_i)$	5	8	5	8	2	2	
$x_i \cdot H(x_i)$	5	16	15	32	10	12	90*
$(x_i - E(X))^2$	$(-2)^2 = 4$	$(-1)^2 = 1$	0	$1^2 = 1$	$2^2 = 4$	$3^2 = 9$	
$(x_i - E(X))^2 \cdot H(x_i)$	20	8	0	8	8	18	62**

Den Erwartungswert E(X) erhält man, indem man $\Sigma x_i \cdot H(x_i)$ durch die Gesamtzahl der Schüler teilt:
$^*E(X) = \frac{90}{30} = 3.$
Die Varianz V(X) erhält man, indem man $\Sigma(x_i - E(X))^2 \cdot H(x_i)$ durch die Gesamtzahl der Schüler teilt:
$^{**}V(X) = \frac{62}{30} = 2,0\overline{6}.$
Die Standardabweichung σ ist $\sigma(X) = \sqrt{V(X)} = \sqrt{2,06} \approx 1,44.$
Der Notendurchschnitt E(X) ist bei beiden Klassenarbeiten derselbe, die Streuung V(X) ist bei der zweiten Klassenarbeit aber größer.

20 Binomialverteilung

20.1 Bernoulliketten

a) Ein Bernoulli-Experiment ist ein Zufallsexperiment, das nur zwei Ausfälle hat, einer davon wird als «Treffer» bezeichnet. Seine Wahrscheinlichkeit nennt man die Trefferwahrscheinlichkeit p. Eine Bernoullikette entsteht, wenn dasselbe Bernoulli-Experiment mehrmals nacheinander ausgeführt wird. Die Länge n der Bernoullikette gibt an, wie oft das einzelne Experiment nacheinander ausgeführt wird.

b)
I) Bernoullikette: Auf jeder Stufe geht es nur um «6» oder «$\overline{6}$» («nicht Sechs»). Wird der Treffer mit «6» bezeichnet, so ist die Trefferwahrscheinlichkeit $p = \frac{1}{6}$, die Länge der Kette ist $n = 3$.

II) Keine Bernoullikette: Es kommt auf die Augenzahl (1 bis 6) an, also mehr als 2 Ausfälle auf jeder Stufe.

III) Keine Bernoullikette: Da die Kugeln nicht zurückgelegt werden, ändert sich die Trefferwahrscheinlichkeit (z.B. für «weiß») auf jeder Stufe.

IV) Bernoullikette der Länge $n = 4$ mit $p = 0,3$ bei Treffer «weiß» ($p = 0,7$ bei Treffer «rot»).

V) Keine Bernoullikette, da es auf jeder Stufe 3 relevante Ausfälle gibt.

VI) Bernoullikette der Länge $n = 8$: Es kommt nur auf «3» oder «$\overline{3}$» an. Bei Treffer «3» ist $p = \frac{1}{4}$ $(= 25\ \%)$.

VII) Bernoullikette mit nicht festgelegter Länge, aber $n \leqslant 5$ und $p = \frac{1}{4}$ für Treffer «3».

20.2 Binomialverteilung mit Gebrauch der Formel (Taschenrechner)

Bei einem Bernoulli-Experiment wird die Wahrscheinlichkeit P eines Ereignisses bei k Treffern mit der Trefferwahrscheinlichkeit p und der Kettenlänge n (Anzahl der Durchführungen des Experiments) mit folgender Formel berechnet:
$P(X = k) = \binom{n}{k} \cdot p^k \cdot (1-p)^{n-k}$.

a) Bei Treffer «Zahl» ist $p = \frac{1}{2}$, die Kettenlänge ist $n = 5$.
$P(A) = P(X = 2) = \binom{5}{2} \cdot \left(\frac{1}{2}\right)^2 \cdot \left(\frac{1}{2}\right)^3 = 10 \cdot \left(\frac{1}{2}\right)^5 = \frac{10}{32} = \frac{5}{16} \approx 0,3125$.
$P(B) = P(X = 0) = \binom{5}{0} \cdot \left(\frac{1}{2}\right)^0 \cdot \left(\frac{1}{2}\right)^5 = \frac{1}{32} = 0,03125$.
$P(C) = P(X \leqslant 1) = P(X = 0) + P(X = 1) = \frac{1}{32} + \binom{5}{1} \cdot \left(\frac{1}{2}\right)^1 \cdot \left(\frac{1}{2}\right)^4 = \frac{1}{32} + \frac{5}{32} = \frac{3}{16} = 0,1875$.
$P(D) = P(X \geqslant 1) = 1 - P(X = 0) = 1 - \frac{1}{32} = \frac{31}{32} = 0,96875$ (Rechnen mit dem Gegenereignis).

b) Bei Treffer «Stern» ist $p = \frac{1}{3}$, die Kettenlänge ist $n = 4$.
$P(A) = P(X = 3) = \binom{4}{3} \cdot \left(\frac{1}{3}\right)^3 \cdot \left(\frac{2}{3}\right)^1 = 4 \cdot \frac{2}{81} = \frac{8}{81} \approx 0,099$.
$P(B) = P(X \geqslant 3) = P(X = 3) + P(X = 4) = \frac{8}{81} + \binom{4}{4} \cdot \left(\frac{1}{3}\right)^4 = \frac{8}{81} + \frac{1}{81} = \frac{9}{81} = \frac{1}{9} = 0,\overline{1}$.

$P(C) = P(X \leqslant 1) = P(X = 0) + P(X = 1)$
$= \binom{4}{0} \cdot \left(\frac{1}{3}\right)^0 \cdot \left(\frac{2}{3}\right)^4 + \binom{4}{1} \cdot \left(\frac{1}{3}\right)^1 \cdot \left(\frac{2}{3}\right)^3 = \frac{16}{81} + 4 \cdot \frac{8}{81} = \frac{48}{81} = \frac{16}{27} \approx 0,593.$

c) Bei Treffer «verdorben» ist $p = \frac{1}{5}$, die Kettenlänge ist $n = 5$.
$P(A) = P(X = 1) = \binom{5}{1} \cdot \left(\frac{1}{5}\right)^1 \cdot \left(\frac{4}{5}\right)^4 = 5 \cdot \frac{4^4}{5^5} = \left(\frac{4}{5}\right)^4 = \frac{256}{625}.$
$P(B) = P(X = 0) = \binom{5}{0} \cdot \left(\frac{1}{5}\right)^0 \cdot \left(\frac{4}{5}\right)^5 = \left(\frac{4}{5}\right)^5 = \frac{1024}{3125}.$
$P(C) = P(X \geqslant 2) = 1 - P(X \leqslant 1) = 1 - P(X = 1) - P(X = 0)$
$= 1 - \frac{1024}{3125} - \frac{256}{625} = 1 - \frac{1024}{3125} - \frac{1280}{3125} = \frac{821}{3125}.$

d) Bei Treffer «Mädchen» ist $p = 0,49$, die Kettenlänge ist $n = 4$.
$P(A) = P(X = 2) = \binom{4}{2} \cdot 0,49^2 \cdot 0,51^2 \approx 0,375.$
$P(B) = P(X \leqslant 3) = 1 - P(X = 4) = 1 - \binom{4}{4} \cdot 0,49^4 \cdot 0,51^0 \approx 0,942.$

e) Bei Treffer «Wappen» ist $p = \frac{1}{2}$; gesucht ist die Kettenlänge n.
Bedingung: $P(X \geqslant 1) \geqslant 0,99$, d.h. für das Gegenereignis gilt: $P(X = 0) \leqslant 0,01$.
Da $P(X = 0) = \binom{n}{0} \cdot \left(\frac{1}{2}\right)^0 \cdot \left(\frac{1}{2}\right)^n = \left(\frac{1}{2}\right)^n$ muss also gelten:
$\left(\frac{1}{2}\right)^n \leqslant 0,01$ | Logarithmieren mit lg
$\lg\left(\frac{1}{2}\right)^n \leqslant \lg 0,01$ | Anwenden der Logarithmengesetze
$n \cdot \lg\left(\frac{1}{2}\right) \leqslant -2$ | : $\lg\left(\frac{1}{2}\right)$
$n \geqslant \frac{-2}{\lg\left(\frac{1}{2}\right)} \approx 6,64$ (Beim Teilen duch eine negative Zahl dreht sich das «$\leqslant$»-Zeichen um.)
$n \geqslant 6,64.$
Man muss also 7-mal eine Münze werfen, um mit 99 %iger Sicherheit mindestens einmal Wappen zu erhalten.

f) Bei Treffer «Sechs» ist $p = \frac{1}{6}$, gesucht ist die Kettenlänge n.
Bedingung: $P(X \geqslant 1) \geqslant 0,9$, d.h. für das Gegenereignis gilt: $P(X = 0) \leqslant 0,1$.
Da $P(X = 0) = \binom{n}{0} \cdot \left(\frac{1}{6}\right)^0 \cdot \left(\frac{5}{6}\right)^n = \left(\frac{5}{6}\right)^n$, muss also gelten:
$\left(\frac{5}{6}\right)^n \leqslant 0,1$| lg
$n \cdot \lg\left(\frac{5}{6}\right) \leqslant -1$ | : $\lg\left(\frac{5}{6}\right)$
$n \geqslant \frac{-1}{\lg\left(\frac{5}{6}\right)} \approx 12,63.$
Man muss 13-mal würfeln, um mit 90 %iger Sicherheit mindestens eine «Sechs» zu erhalten.

20.3 Binomialverteilung mit Gebrauch der Tabelle

In der Tabelle «Binomialverteilung (Summenfunktion)» auf Seite 247 kann man die Wahrscheinlichkeit $P(X \leqslant k)$ ablesen.

a) Ablesen aus der Tabelle für $n = 20$ in der Spalte $p = \frac{1}{3}$ führt zu:
$P(X \leqslant 5) = 0,2972 = 29,72\,\%.$
$P(X < 10) = P(X \leqslant 9) = 0,9081 = 90,81\,\%.$
$P(X > 6) = 1 - P(X \leqslant 6) = 1 - 0,4793 = 0,5207 = 52,07\,\%.$

$P(X \geqslant 3) = 1 - P(X \leqslant 2) = 1 - 0,0176 = 0,9824 = 98,24\,\%$.
$P(4 \leqslant X \leqslant 10) = P(X \leqslant 10) - P(X \leqslant 3) = 0,9624 - 0,0604 = 0,9020 = 90,20\,\%$.

b) Ablesen aus der Tabelle für $n = 100$ in der Spalte $p = 0,4$ führt zu:
$P(X \leqslant 40) = 0,5433 = 54,33\,\%$.
$P(X > 45) = 1 - P(X \leqslant 45) = 1 - 0,8689 = 0,1311 = 13,11\,\%$.
$P(X \geqslant 50) = 1 - P(X \leqslant 49) = 1 - 0,9729 = 0,0271 = 2,71\,\%$.
$P(X < 30) = P(X \leqslant 29) = 0,0148 = 1,48\,\%$.
$P(X = 40) = P(X \leqslant 40) - P(X \leqslant 39) = 0,5433 - 0,4621 = 0,0812 = 8,12\,\%$.
$P(35 \leqslant X \leqslant 45) = P(X \leqslant 45) - P(X \leqslant 34) = 0,8689 - 0,1303 = 0,7386 = 73,86\,\%$.

c) Für die Ereignisse A bis E ist $n = 50$ und $p = \frac{1}{6}$ bei Treffer «Sechs»:
$P(A) = P(X \leqslant 10) = 0,7986 = 79,86\,\%$.
$P(B) = P(X \geqslant 10) = 1 - P(X \leqslant 9) = 1 - 0,6830 = 0,3170 = 31,70\,\%$.
$P(C) = P(X = 10) = P(X \leqslant 10) - P(X \leqslant 9) = 0,7986 - 0,6830 = 0,1156 = 11,56\,\%$.
$P(D) = P(5 \leqslant X \leqslant 11) = P(X \leqslant 11) - P(X \leqslant 4) = 0,8827 - 0,0643 = 0,8184 = 81,84\,\%$.
$P(E) = P(3 < X < 14) = P(X \leqslant 13) - P(X \leqslant 3) = 0,9693 - 0,0238 = 0,9455 = 94,55\,\%$.
Für die Ereignisse F bis H ist $n = 50$, aber $p = \frac{1}{2}$, falls Treffer «gerade Augenzahl»:
$P(F) = P(X < 20) = P(X \leqslant 19) = 0,0595 = 5,95\,\%$.
$P(G) = P(X > 25) = 1 - P(X \leqslant 25) = 1 - 0,5561 = 0,4439 = 44,39\,\%$.
$P(H) = P(20 < X < 30) = P(X \leqslant 29) - P(X \leqslant 20) = 0,8987 - 0,1013 = 0,7974$
$= 79,74\,\%$.

d) Da $p > 0,5$ müssen die Werte aus der Tabelle «von unten» abgelesen und noch von 1 subtrahiert werden. Ablesen aus der Tabelle für $n = 50$ in der Spalte $p = 0,7$ führt zu:
$P(X \leqslant 40) = 1 - 0,0402 = 0,9598 = 95,98\,\%$.
$P(X < 30) = P(X \leqslant 29) = 1 - 0,9522 = 0,0478 = 4,78\,\%$.
$P(X = 35) = P(X \leqslant 35) - P(X \leqslant 34) = (1 - 0,4468) - (1 - 0,5692) = 0,1224 = 12,24\,\%$.
$P(32 \leqslant X \leqslant 38) = P(X \leqslant 38) - P(X \leqslant 31) = (1 - 0,1390) - (1 - 0,8594) = 0,7204$
$= 72,04\,\%$.
$P(X > 36) = 1 - P(X \leqslant 36) = 1 - (1 - 0,3279) = 0,3279 = 32,79\,\%$.

e) Setzt man als Treffer «keimt nicht», so ist $p = 1 - 0,90 = 0,1$ und $n = 20$.
A: Mindestens 16 Blumenzwiebeln keimen bedeutet, dass höchstens 4 nicht keimen:
$P(A) = P(X \leqslant 4) = 0,9568 = 95,68\,\%$.
B: Mindestens 18 Blumenzwiebeln keimen bedeutet, dass höchstens 2 nicht keimen:
$P(B) = P(X \leqslant 2) = 0,6769 = 67,69\,\%$.
C: Alle Blumenzwiebeln keimen bedeutet, dass keine nicht keimt:
$P(C) = P(X \leqslant 0) = 0,1216 = 12,16\,\%$.

f) Setzt man als Treffer «die Mannschaft gewinnt», so ist $p = \frac{1}{3}$ (Erfahrung aus der letzten Saison) und $n = 20$ (Spiele in der kommenden Saison):
$P(A) = P(X = 7) = P(X \leqslant 7) - P(X \leqslant 6) = 0,6615 - 0,4793 = 0,1822 = 18,22\,\%$.

$P(B) = P(X > 7) = 1 - P(X \leqslant 7) = 1 - 0,6615 = 0,3385 = 33,85\,\%$.
$P(C) = P(X > 10) = 1 - P(X \leqslant 10) = 1 - 0,9624 = 0,0376 = 3,76\,\%$.

20.4 Erwartungswert und Standardabweichung

a) Sei X Zufallsvariable für die Anzahl der defekten Glühbirnen.
Mit $n = 150$ und $p = 0,04$ (4 %) erhält man:
Erwartungswert: $E(X) = \mu = n \cdot p = 150 \cdot 0,04 = 6$.
Zugehörige Standardabweichung: $\sigma = \sqrt{n \cdot p \cdot (1-p)} = \sqrt{150 \cdot 0,04 \cdot 0,96} = 2,4$.
Bei einer Entnahme von 150 Glühbirnen hat man durchschnittlich mit 6 defekten Glühbirnen zu rechnen. Die zugehörige Standardabweichung beträgt 2,4 Glühbirnen.

b) I) Erwartungswert: $E(X) = \mu = n \cdot p = 80 \cdot 0,3 = 24$.
Zugehörige Standardabweichung: $\sigma = \sqrt{n \cdot p \cdot (1-p)} = \sqrt{80 \cdot 0,3 \cdot 0,7} \approx 4,10$.
II) Erwartungswert: $E(X) = \mu = n \cdot p = 50 \cdot 0,4 = 20$.
Zugehörige Standardabweichung: $\sigma = \sqrt{n \cdot p \cdot (1-p)} = \sqrt{50 \cdot 0,4 \cdot 0,6} \approx 3,46$.
III) Erwartungswert: $E(X) = \mu = n \cdot p = 20 \cdot 0,6 = 12$.
Zugehörige Standardabweichung: $\sigma = \sqrt{n \cdot p \cdot (1-p)} = \sqrt{20 \cdot 0,6 \cdot 0,4} \approx 2,19$.

c) Sei X Zufallsvariable für die Menge verdorbener Tomaten (in kg).
Mit $n = 30$ und $p = 0,2$ (20 %) erhält man:
Erwartungswert: $E(X) = \mu = n \cdot p = 30 \cdot 0,2 = 6$.
Zugehörige Standardabweichung: $\sigma = \sqrt{n \cdot p \cdot (1-p)} = \sqrt{30 \cdot 0,2 \cdot 0,8} \approx 2,19$.
Bei einer Entnahme von 30 kg sind durchschnittlich 6 kg verdorbene Tomaten zu erwarten. Die zugehörige Standardabweichung beträgt etwa 2,2 kg.

d) Sei X Zufallsvariable für die Anzahl der mängelbehafteten Autos.
Mit $n = 2300$ und $p = 0,08$ (8 %) erhält man:
Erwartungswert: $E(X) = \mu = n \cdot p = 2300 \cdot 0,08 = 184$.
Zugehörige Standardabweichung: $\sigma = \sqrt{n \cdot p \cdot (1-p)} = \sqrt{2300 \cdot 0,08 \cdot 0,92} \approx 13,01$.
An einem Tag hat man durchschnittlich mit 184 mängelbehafteten Autos zu rechnen. Die zugehörige Standardabweichung beträgt etwa 13 Autos.

21 Alternative 1: Hypothesentests

21.1 Grundbegriffe, Fehler 1. und 2. Art

a) Die Nullhypothese lautet: H_0: $p = \frac{1}{6}$ bei Treffer «Sechs», $n = 60$.
Der Annahmebereich ist $A = \{8, 9, 10, 11, 12\}$, der Ablehnungsbereich ist $\overline{A} = \{0, ..., 7\} \cup \{13, ..., 60\}$.
Wenn nur 7-mal «Sechs» fällt, wird die Hypothese abgelehnt. Ist der Würfel trotzdem in Ordnung, begeht man einen Fehler 1. Art.
Die Wahrscheinlichkeit, einen Fehler 1. Art zu begehen, heißt Irrtumswahrscheinlichkeit α. Im vorliegenden Fall ist α die Wahrscheinlichkeit, dass weniger als 8 oder mehr als 12 «Sechsen» fallen, obwohl $p = \frac{1}{6}$ gilt.

b) Die Nullhypothese lautet: H_0: $p \leqslant 0{,}05$ bei Treffer «Apfel nicht einwandfrei», $n = 50$.
Ein möglicher Annahmebereich ist beispielsweise $A = \{0, .., 4\}$, entsprechend ist dann der Ablehnungsbereich $\overline{A} = \{5, 6, ..., 50\}$.
Es handelt sich um einen rechtsseitigen Test, da $\overline{A}$ die großen Werte enthält. Wird A vergrößert, so wird $\overline{A}$ und damit auch $P(\overline{A})$ unter der Voraussetzung $p \leqslant 0{,}05$ verkleinert. Dies ist die Wahrscheinlichkeit für einen Fehler 1. Art. Die Wahrscheinlichkeit, dass man dem Händler glaubt, obwohl mehr Äpfel nicht einwandfrei sind (Fehler 2. Art), nimmt dabei zu.

21.2 Einseitiger Test

a) I) Man verwendet die Tabelle für $p = 0{,}4$ und $n = 100$:
Für $\overline{A} = \{50, ..., 100\}$ ergibt sich:
$\alpha = P(\overline{A}) = P(X \geqslant 50) = 1 - P(X \leqslant 49) = 1 - 0{,}9729 = 0{,}0271 = 2{,}71\,\%$.
Für $\overline{A} = \{49, ..., 100\}$ ergibt sich:
$\alpha = P(\overline{A}) = P(X \geqslant 49) = 1 - P(X \leqslant 48) = 1 - 0{,}9577 = 0{,}0423 = 4{,}23\,\%$.

II) Man verwendet die Tabelle für $p = 0{,}8$ und $n = 100$:
Wegen $p > 0{,}5$ müssen die Werte in der Tabelle «von unten» abgelesen und die Differenz zu 1 gebildet werden.
Für $\overline{A} = \{0, ..., 74\}$ ergibt sich:
$\alpha = P(\overline{A}) = P(X \leqslant 74) = 1 - 0{,}9125 = 0{,}0875 = 8{,}75\,\%$.

b) I) Es handelt sich um einen rechtsseitigen Test.
Die Tabelle für $n = 100$ und $p = 0{,}1$ liefert:
$P(X \leqslant 14) = 0{,}9274 \Rightarrow P(X > 14) = 0{,}0726 = 7{,}26\,\%$.
$P(X \leqslant 15) = 0{,}9601 \Rightarrow P(X > 15) = 0{,}0399 = 3{,}99\,\%$.
$P(X \leqslant 16) = 0{,}9794 \Rightarrow P(X > 16) = 0{,}0206 = 2{,}06\,\%$.
$P(X \leqslant 17) = 0{,}9900 \Rightarrow P(X > 17) = 0{,}0100 = 1{,}00\,\%$.
Da $P(\overline{A})$ höchstens den Wert α annehmen darf, ist der Ablehnungsbereich $\overline{A} = \{16, ..., 100\}$ für $\alpha = 5\,\%$ bzw. $\overline{A} = \{18, ..., 100\}$ für $\alpha = 2\,\%$ und $\alpha = 1\,\%$.

II) Es handelt sich um einen linksseitigen Test.
Die Tabelle für $n = 50$ und $p = 0,3$ liefert:
$P(X \leqslant 7) = 0,0073 = 0,73\,\%$.
$P(X \leqslant 8) = 0,0183 = 1,83\,\%$.
$P(X \leqslant 9) = 0,0402 = 4,02\,\%$.
$P(X \leqslant 10) = 0,0789 = 7,89\,\%$.
Also ist der Ablehnungsbereich $\overline{A} = \{0, ..., 9\}$ für $\alpha = 5\,\%$,
$\overline{A} = \{0, ..., 8\}$ für $\alpha = 2\,\%$ und $\overline{A} = \{0, ..., 7\}$ für $\alpha = 1\,\%$.

c) Die Nullhypothese lautet: H_0: $p \leqslant 0,04$ bei Treffer «Chip defekt» und $n = 100$.
Es handelt sich um einen rechtsseitigen Test mit $\alpha = 5\,\%$.
Die Tabelle liefert:
$P(X \leqslant 7) = 0,9525 \Rightarrow P(X > 7) = 1 - P(X \leqslant 7) = 1 - 0,9525 = 0,0475 = 4,75\,\%$.
Also ist $A = \{0, ..., 7\}$ und $\overline{A} = \{8, ..., 100\}$.
Da eine 9 im Ablehnungsbereich liegt, kann man bei $\alpha = 5\,\%$ auf mehr als $4\,\%$ Ausschuss schließen.

d) Die Nullhypothese lautet: H_0: $p \geqslant 0,3$ bei Treffer «die Partei wird gewählt» und $n = 100$.
Es handelt sich um einen linksseitigen Test mit $\alpha = 5\,\%$.
Die Tabelle liefert:
$P(X \leqslant 22) = 0,0479 = 4,79\,\%$.
$P(X \leqslant 23) = 0,0755 = 7,55\,\%$ (zu groß).
Also ist $\overline{A} = \{0, ..., 22\}$ und $A = \{23, ..., 100\}$.
Da 25 nicht im Ablehnungsbereich liegt, kann man bei der vorgegebenen Irrtumswahrscheinlichkeit nicht auf einen gesunkenen Stimmenanteil schließen.

e) Die Nullhypothese lautet: H_0: $p \leqslant 0,04$ bei Treffer «Birne defekt» und $n = 50$.
Es handelt sich um einen rechtsseitigen Test.
Da $\overline{A} = \{5, ..., 50\}$ und $A = \{0, ..., 4\}$, ist
$P(\overline{A}) = P(X \geqslant 5) = 1 - P(X \leqslant 4) = 1 - 0,9510 = 0,0490 = 4,90\,\%$.
Die Irrtumswahrscheinlichkeit beträgt somit $4,9\,\%$.
Um $\alpha = 2\,\%$ zu erreichen, muss $\overline{A}$ verkleinert werden. Die Tabelle liefert:
$P(X \leqslant 5) = 0,9856 = 98,56\,\% \Rightarrow P(X > 5) = 1,44\,\% < 2\,\%$.
Also ist der Ablehnungsbereich $\overline{A} = \{6, ..., 50\}$ bei $\alpha = 2\,\%$.

21.3 Zweiseitiger Test

a) I) Der Ablehnungsbereich ist $\overline{A} = \{0, ..., 7\} \cup \{13, ..., 20\}$.
Die Tabelle für $n = 20$ und $p = 0,5$ liefert:
$P(X \leqslant 7) = 0,1316 = 13,16\,\%$ und
$P(X \geqslant 13) = 1 - P(X \leqslant 12) = 1 - 0,8684 = 0,1316 = 13,16\,\%$.
Die gesamte Irrtumswahrscheinlichkeit beträgt also $13,16\,\% + 13,16\,\% = 26,32\,\%$.

II) Der Ablehnungsbereich ist $\overline{A} = \{0,..,3\} \cup \{14,...,50\}$.
Die Tabelle für $n = 50$ und $p = \frac{1}{6}$ liefert:
$P(X \leqslant 3) = 0{,}0238 = 2{,}38\,\%$ und
$P(X \geqslant 14) = 1 - P(X \leqslant 13) = 1 - 0{,}9693 = 0{,}0307 = 3{,}07\,\%$.
Die gesamte Irrtumswahrscheinlichkeit beträgt also $2{,}38\,\% + 3{,}07\,\% = 5{,}45\,\%$.

b) Die Tabelle für $n = 100$ und $p = \frac{1}{3}$ liefert:
$P(X \leqslant 21) = 0{,}0048 = 0{,}48\,\% \leqslant 0{,}5\,\%$.
$P(X \leqslant 22) = 0{,}0091 = 0{,}91\,\% \leqslant 1\,\%$.
$P(X \leqslant 23) = 0{,}0164 = 1{,}64\,\% \leqslant 2{,}5\,\%$.
$P(X \leqslant 24) = 0{,}0281 = 2{,}81\,\%$ (zu groß).
Ferner gilt:
$P(X \geqslant 43) = 1 - P(X \leqslant 42) = 1 - 0{,}9724 = 0{,}0276 = 2{,}76\,\%$ (zu groß).
$P(X \geqslant 44) = 1 - P(X \leqslant 43) = 1 - 0{,}9831 = 0{,}0169 = 1{,}69\,\% \leqslant 2{,}5\,\%$.
$P(X \geqslant 45) = 1 - P(X \leqslant 44) = 1 - 0{,}9900 = 0{,}0100 = 1{,}00\,\% \leqslant 1\,\%$.
$P(X \geqslant 46) = 1 - P(X \leqslant 45) = 1 - 0{,}9943 = 0{,}0057 = 0{,}57\,\%$.
$P(X \geqslant 47) = 1 - P(X \leqslant 46) = 1 - 0{,}9969 = 0{,}0031 = 0{,}31\,\% \leqslant 0{,}5\,\%$.
Daraus ergeben sich folgende Ablehnungs- und Annahmebereiche:
$\alpha = 5\,\%$: $\overline{A} = \{0,...,23\} \cup \{44,...,100\}$ und $A = \{24,...,43\}$.
$\alpha = 2\,\%$: $\overline{A} = \{0,...,22\} \cup \{45,...,100\}$ und $A = \{23,...,44\}$.
$\alpha = 1\,\%$: $\overline{A} = \{0,...,21\} \cup \{47,...,100\}$ und $A = \{22,...,46\}$.

c) Die Nullhypothese lautet: H_0: $p = 0{,}5$ bei Treffer «Zahl» und $n = 50$.
Es handelt sich um einen zweiseitigen Test mit $\alpha = 5\,\%$.
Die Tabelle liefert:
$P(X \leqslant 17) = 0{,}0164 = 1{,}64\,\% \leqslant 2{,}5\,\%$.
$P(X \leqslant 18) = 0{,}0325 = 3{,}25\,\%$ (zu groß).
$P(X \geqslant 32) = 1 - P(X \leqslant 31) = 1 - 0{,}9675 = 0{,}0325 = 3{,}25\,\%$ (zu groß).
$P(X \geqslant 33) = 1 - P(X \leqslant 32) = 1 - 0{,}9836 = 0{,}0164 = 1{,}64\,\% \leqslant 2{,}5\,\%$.
Also ist der Ablehnungsbereich $\overline{A} = \{0,...,17\} \cup \{33,...,50\}$.
Da 30 nicht im Ablehnungsbereich liegt, kann man bei $\alpha = 5\,\%$ nicht schließen, dass die Münze nicht ideal ist.

d) Die Nullhypothese lautet: H_0: $p = 0{,}2$ bei Treffer «Gewinn» und $n = 100$.
Es handelt sich um einen zweiseitigen Test mit $\alpha = 2\,\%$. Die Tabelle liefert:
$P(X \leqslant 10) = 0{,}0057 = 0{,}57\,\% \leqslant 1\,\%$.
$P(X \leqslant 11) = 0{,}0126 = 1{,}26\,\%$ (zu groß).
$P(X \geqslant 31) = 1 - P(X \leqslant 30) = 1 - 0{,}9939 = 0{,}0061 = 0{,}61\,\% \leqslant 1$.
$P(X \geqslant 30) = 1 - P(X \leqslant 29) = 1 - 0{,}9888 = 0{,}0112 = 1{,}12\,\%$ (zu groß).
Also ist der Ablehnungsbereich $\overline{A} = \{0,...,10\} \cup \{31,...,100\}$, der Annahmebereich ist $A = \{11,...,30\}$.

e) Die Nullhypothese lautet: $H_0 : p = 0{,}6$ bei Treffer «Gruppe bekannt» und $n = 100$.

Der Annahmebereich ist $A = \{53, ..., 67\}$, der Ablehnungsbereich ist
$\overline{A} = \{0, ..., 52\} \cup \{68, ..., 100\}$.
Da $p > 0,5$ muss die Tabelle «von unten» abgelesen und die Differenz zu 1 gebildet werden.

I) Die Tabelle liefert:
$P(X \leqslant 52) = 1 - 0,9362 = 0,0638 = 6,38\,\%$.
$P(X \geqslant 68) = 1 - P(X \leqslant 67) = 1 - (1 - 0,0615) = 0,0615 = 6,15\,\%$.
Die Irrtumswahrscheinlichkeit beträgt $6,38\,\% + 6,15\,\% = 12,53\,\%$.

II) Die Tabelle liefert:
$P(X \leqslant 49) = 1 - 0,9832 = 0,0168 = 1,68\,\% \leqslant 2,5\,\%$.
$P(X \leqslant 50) = 1 - 0,9729 = 0,0271 = 2,71\,\%$ (zu groß).
$P(X \geqslant 70) = 1 - P(X \leqslant 69) = 1 - (1 - 0,0248) = 0,0248 = 2,48\,\% \leqslant 2,5\,\%$.
$P(X \geqslant 69) = 1 - P(X \leqslant 68) = 1 - (1 - 0,0398) = 0,0398 = 3,98\,\%$ (zu groß).
Also ist der Ablehnungsbereich $\overline{A} = \{0, ..., 49\} \cup \{70, ..., 100\}$.

22 Alternative 2: Schätzen von Parametern

a) I) Um die relative Häufigkeit der potentiellen Wähler von Kandidat A in der Stichprobe zu bestimmen, teilt man die Anzahl der Befragten, die für Kandidat A stimmen wollen, durch die Stichprobengröße n:

$$h_n = \frac{270}{500} = 0,54$$

Damit beträgt die relative Häufigkeit $0,54 = 54\,\%$.

II) Will man das Vertrauensintervall exakt berechnen, löst man die folgende Ungleichung. Es ist $c = 1,96$, da dass 95 %-Vertrauensintervall gesucht ist:

$$|h_n - p| \leqslant 1,96 \cdot \sqrt{\frac{p \cdot (1-p)}{n}}$$

$$|0,54 - p| \leqslant 1,96 \cdot \sqrt{\frac{p \cdot (1-p)}{500}}$$

Diese Ungleichung lässt sich am einfachsten mit einem GTR oder einem CAS lösen.
Es ergibt sich: $p_1 \approx 0,4962$ und $p_2 \approx 0,5832$
Damit erhält man das Vertrauensintervall: $I = [\,0,4962;\ 0,5832\,]$.
Da die relative Häufigkeit bei $h_n = 0,54$ liegt, kann auch die Näherungsformel verwendet werden:

$$\begin{aligned} I &= \left[\, h_n - 1,96 \cdot \sqrt{\frac{h_n(1-h_n)}{n}};\ h + 1,96 \cdot \sqrt{\frac{h_n(1-h_n)}{n}} \,\right] \\ &= \left[\, 0,54 - 1,96 \cdot \sqrt{\frac{0,54(1-0,54)}{500}};\ 0,54 + 1,96 \cdot \sqrt{\frac{0,54(1-0,54)}{500}} \,\right] \\ &\approx [\,0,54 - 0,0437;\ 0,54 + 0,0437\,] \\ &= [\,0,4963;\ 0,5837\,] \end{aligned}$$

III) Da die untere Grenze des Vertrauensintervalls bei ca. $49,6\,\%$ und damit knapp unter $50\,\%$ liegt, kann man bei einer Sicherheitswahrscheinlichkeit von $95\,\%$ nicht fest auf einen Wahlsieg von Kandidat A bauen.

Lösen der Ungleichung mit GTR und CAS

TI: GTR:
Die linke Seite der Gleichung wird als Y_1 im Funktioneneditor eingegeben, die rechte Seite der Gleichung als Y_2.
Um den Betrag einzugeben, benutzt man im Funktioneneditor [MATH] → NUM → abs(
Die Schnittpunkte der beiden Funktionsgraphen sind die Grenzen des Vertrauensintervalls.
CAS:
Mit dem CAS können Sie die Ungleichung auch direkt lösen

Lösen der Ungleichung mit GTR und CAS

Casio: GTR:
Die linke Seite der Gleichung wird als Y_1 im Grafikeditor eingegeben, die rechte Seite der Gleichung als Y_2.
Um den Betrag einzugeben, benutzt man im Grafikeditor [OPT] → NUM → Abs.
Die Schnittpunkte der beiden Funktionsgraphen sind die Grenzen des Vertrauensintervalls.
CAS:
Mit dem CAS können Sie die Ungleichung auch direkt lösen, benutzen Sie am besten das 2D-Menü.

b) I) Um die relative Häufigkeit der Mobiltelefonbesitzer in der Stichprobe zu bestimmen, teilt man die Anzahl der Befragten, die angegeben haben, ein Mobiltelefon der entsprechenden Firma zu besitzen, durch die Stichprobengröße n:

$$h_n = \frac{76}{200} = 0,38$$

Damit beträgt die relative Häufigkeit $0,38 = 38\,\%$. Mit Hilfe der Formel für das 95 %-Vertrauensintervall folgt:

$$I = \left[h_n - 1,96 \cdot \sqrt{\frac{h_n(1-h_n)}{n}};\ h + 1,96 \cdot \sqrt{\frac{h_n(1-h_n)}{n}} \right]$$

$$= \left[0,38 - 1,96 \cdot \sqrt{\frac{0,38(1-0,38)}{200}};\ 0,38 + 1,96 \cdot \sqrt{\frac{0,38(1-0,38)}{200}} \right]$$

$$\approx [\,0,38 - 0,0673;\ 0,38 + 0,0673\,]$$

$$\approx [\,0,3127;\ 0,4473\,]$$

II) Für $n = 500$ ergibt sich:

$$I = \left[0,38 - 1,96 \cdot \sqrt{\frac{0,38(1-0,38)}{500}};\ 0,38 + 1,96 \cdot \sqrt{\frac{0,38(1-0,38)}{500}} \right]$$

$$\approx [\,0,3375;\ 0,4225\,]$$

Für $n = 1000$ ergibt sich:

$$I = \left[0,38 - 1,96 \cdot \sqrt{\frac{0,38(1-0,38)}{1000}};\ 0,38 + 1,96 \cdot \sqrt{\frac{0,38(1-0,38)}{1000}} \right]$$

$$\approx [\,0,3499;\ 0,4101\,]$$

Das Vertrauensintervall wird also mit zunehmender Stichprobengröße immer kleiner.

III) Das Vertrauensintervall I gibt an, in welchem Bereich der (unbekannte) Verbreitungsgrad p der Mobiltelefone mit sehr hoher Wahrscheinlichkeit (95 %) liegt. Als Intervallmitte wählt man dabei den Wert der relativen Häufigkeit h_n, der sich aus der Befragung ergibt. Wenn mit zunehmender Stichprobengröße das Vertrauensintervall I immer kleiner wird, bedeutet das, dass die Genauigkeit der Schätzung zunimmt: Je mehr Personen befragt werden, umso geringer ist die Abweichung des tatsächlichen Wertes von p zur relativen Häufigkeit h_n.

c) Da die relative Häufigkeit der Hörer, welche die Sendung gehört haben, mit $h_n = 37\,\%$ bereits bekannt ist, kann man das Vertrauensintervall für den Verbreitungsgrad direkt berechnen. Für n = 300 ergibt sich:

$$\begin{aligned} I &= \left[h_n - 1{,}96 \cdot \sqrt{\frac{h_n(1-h_n)}{n}};\ h_n + 1{,}96 \cdot \sqrt{\frac{h_n(1-h_n)}{n}} \right] \\ &= \left[0{,}37 - 1{,}96 \cdot \sqrt{\frac{0{,}37(1-0{,}37)}{300}};\ 0{,}37 + 1{,}96 \cdot \sqrt{\frac{0{,}37(1-0{,}37)}{300}} \right] \\ &\approx [\,0{,}3154;\ 0{,}4246\,] \end{aligned}$$

Um die gesuchten absoluten Häufigkeiten zu berechnen, muss man die Intervallgrenzen noch mit der Gesamtanzahl der Hörer von 1,3 Mio. multiplizieren. Also haben zwischen $0{,}3154 \cdot 1\,300\,000 = 410\,020$ und $0{,}4246 \cdot 1\,300\,000 = 551\,980$ Menschen die Radiosendung gehört, wenn man ein Sicherheitsniveau von 95 % zugrundelegt.

d) Um die relative Häufigkeit der markierten Karpfen in der Stichprobe zu bestimmen, teilt man die Anzahl der markierten Fische durch die Stichprobengröße n = 200, da ja nur die Fische des zweiten Fangs in Betracht kommen:

$$h_n = \frac{64}{200} = 0{,}32$$

Damit beträgt die relative Häufigkeit $0{,}32 = 32\,\%$. Nun kann man das Vertrauensintervall für die Wahrscheinlichkeit, dass ein zufällig ausgewählter Karpfen markiert ist, mit Hilfe der Formel für das 95 %-Vertrauensintervall berechnen:

$$\begin{aligned} I &= \left[h_n - 1{,}96 \cdot \sqrt{\frac{h_n(1-h_n)}{n}};\ h_n + 1{,}96 \cdot \sqrt{\frac{h_n(1-h_n)}{n}} \right] \\ &= \left[0{,}32 - 1{,}96 \cdot \sqrt{\frac{0{,}32(1-0{,}32)}{200}};\ 0{,}32 + 1{,}96 \cdot \sqrt{\frac{0{,}32(1-0{,}32)}{200}} \right] \\ &\approx [\,0{,}2553;\ 0{,}3847\,] \end{aligned}$$

Da von der Gesamtanzahl N der Karpfenpopulation 300 Fische markiert wurden, gilt folgender Zusammenhang: $N \cdot p = 300$ bzw. $N = \frac{300}{p}$, wobei p die tatsächliche Wahrscheinlichkeit dafür ist, dass ein zufällig ausgewählter Karpfen markiert ist. Da p unbekannt ist, verwendet man als Schätzwerte die obere und untere Grenze des Vertrauensintervalls und erhält so: $\frac{300}{0{,}3847} \approx 780$ und $\frac{300}{0{,}2553} \approx 1175$. Also kann angenommen werden, dass zwischen 780 und 1175 Karpfen in dem Teich leben, wenn man ein Sicherheitsniveau von 95 % zugrundelegt.

e) I) Mit Hilfe des «Erfahrungswertes» $h_n = 90\,\% = 0{,}90$ wird das Vertrauensintervall I für die relative Auslastung der 2000 Sitzplätze berechnet:

$$\begin{aligned} I &= \left[h_n - 1,96 \cdot \sqrt{\frac{h_n(1-h_n)}{n}};\ h_n + 1,96 \cdot \sqrt{\frac{h_n(1-h_n)}{n}} \right] \\ &= \left[0,90 - 1,96 \cdot \sqrt{\frac{0,90(1-0,90)}{2000}};\ 0,90 + 1,96 \cdot \sqrt{\frac{0,90(1-0,90)}{2000}} \right] \\ &\approx [\,0,8869;\ 0,9131\,] \end{aligned}$$

Will man das Vertrauensintervall exakt berechnen, löst man die folgende Ungleichung:

$$|h_n - p| \leqslant 1,96 \cdot \sqrt{\frac{p \cdot (1-p)}{n}}$$
$$|0,90 - p| \leqslant 1,96 \cdot \sqrt{\frac{p \cdot (1-p)}{2000}}$$

Mit Hilfe des GTR / CAS erhält man: $p_1 \approx 0,8861$ und $p_2 \approx 0,9124$
In diesem Fall ergibt sich für das Vertrauensintervall I $\approx [\,0,8861;\ 0,9124\,]$
Die zusätzlichen Plätze erhält man, wenn man die Differenz zwischen der zur oberen Grenze des Vertrauensintervalls gehörigen absoluten Häufigkeit und 2000 berechnet: Mit der Näherungslösung ergibt sich: $0,9131 \cdot 2000 \approx 1826$ und damit: $2000 - 1826 = 174$. Es können also 174 Plätze zusätzlich (zu den 2000 regulären) vergeben werden, wenn man ein Sicherheitsniveau von 95 % zugrundelegt.
Mit der exakten Lösung ergibt sich: $0,9124 \cdot 2000 \approx 1825$ und damit: $2000 - 1825 = 175$. Es können also 175 Plätze zusätzlich (zu den 2000 regulären) vergeben werden, wenn man ein Sicherheitsniveau von 95 % zugrundelegt. Alternativ kann argumentiert werden, dass auch die überbuchten Plätze nicht in allen Fällen, sondern (mit 95 %-iger Sicherheit) höchstens mit der im Vertrauensintervall bestimmten Wahrscheinlichkeit in Anspruch genommen werden. Sei x die zu bestimmende Anzahl der insgesamt zu vergebenden Plätze, ergibt sich näherungsweise:

$$x \cdot 0,9131 = 2000 \Leftrightarrow x = \frac{2000}{0,9131} \approx 2190$$

Berücksichtigt man, dass die überbuchten Plätze auch nur mit einer gewissen Wahrscheinlichkeit in Anspruch genommen werden, so kann die Fluglinie insgesamt 2190 Tickets verkaufen.

II) Die erste Berechnung ist deswegen nicht realistisch, weil von den zusätzlichen 174 Passagieren wiederum auch nur der gleiche Prozentsatz ihr Ticket tatsächlich in Anspruch nehmen werden. Also ist hier zusätzlich zu überlegen, dass für die maximale Anzahl y zusätzlicher Tickets gelten muss:

$$y \cdot 0,9131 = 174 \Leftrightarrow y = \frac{174}{0,9131} \approx 191$$

Ähnlich wie in der oben skizzierten Alternative erhält man, dass etwa 191 Tickets zusätzlich vergeben werden können, wenn ein Sicherheitsniveau von 95 % zugrunde

gelegt wird.
Die alternativ angegebene Rechnung bezieht die realistischere Annahme von vornherein mit ein und ist dementsprechend «genauer».

III) Wenn man ein Sicherheitsniveau von 99 % zugrundelegt, muss man in der Formel für das Vertrauensintervall für die relative Auslastung der Sitzplätze den Faktor 2,58 benutzen, da dies der Faktor ist, der zu einem 99 %-igen Vertrauensintervall gehört. Damit ergibt sich:

$$\mathrm{I} = \left[\, 0,90 - 2,58 \cdot \sqrt{\frac{0,90\,(1-0,90)}{2000}};\; 0,90 + 2,58 \cdot \sqrt{\frac{0,90\,(1-0,90)}{2000}} \,\right]$$
$$\approx [\, 0,8827;\; 0,9173 \,]$$

Will man das Vertrauensintervall exakt berechnen, löst man die folgende Ungleichung:

$$|h_n - p| \leqslant 2,58 \cdot \sqrt{\frac{p \cdot (1-p)}{n}}$$
$$|0,90 - p| \leqslant 2,58 \cdot \sqrt{\frac{p \cdot (1-p)}{2000}}$$

Mit erhält man: $p_1 \approx 0,8813$ und $p_2 \approx 0,9160$
In diesem Fall ergibt sich für das Vertrauensintervall I $\approx [\, 0,8813;\; 0,9160 \,]$.
Für die zur oberen Grenze des Vertrauensintervalls gehörige absolute Häufigkeit erhält man damit näherungsweise: $0,9173 \cdot 2000 \approx 1835$ und damit: $2000 - 1835 = 165$.
Also können bei einem Sicherheitsniveau von 99 % (nur) 165 Plätze zusätzlich vergeben werden, wenn angenommen wird, dass diese zusätzlichen Plätze komplett in Anspruch genommen werden.
Wie oben ist die realistischere Argumentation, dass auch die überbuchten Plätze nicht in allen Fällen, sondern (mit 99 %-iger Sicherheit) höchstens mit der im Vertrauensintervall bestimmten Wahrscheinlichkeit von etwa 0,9173 in Anspruch genommen werden. Sei x die zu bestimmende Anzahl der insgesamt zu vergebenden Plätze, so ergibt sich näherungsweise:

$$x \cdot 0,9173 = 2000 \Leftrightarrow x = \frac{2000}{0,9173} \approx 2180$$

Berücksichtigt man, dass die überbuchten Plätze auch nur mit einer gewissen Wahrscheinlichkeit in Anspruch genommen werden, so kann die Fluglinie insgesamt 2180 Tickets verkaufen.

Summierte Binomialverteilung (n = 10; 20; 25)

$$P(X \le k) = \sum_{i=0}^{k} \binom{n}{i} \cdot p^i \cdot (1-p)^{n-i}$$

n	k	p 0,01	0,05	0,1	$\frac{1}{6}$	0,2	0,25	0,3	$\frac{1}{3}$	0,4	0,5	*k*	*n*
	0	0,9044	0,5987	0,3487	0,1615	0,1074	0,0563	0,0282	0,0173	0,0060	0,0010	*9*	
	1	0,9957	0,9139	0,7361	0,4845	0,3758	0,2440	0,1493	0,1040	0,0464	0,0107	*8*	
	2	0,9999	0,9885	0,9298	0,7752	0,6778	0,5256	0,3828	0,2991	0,1673	0,0547	*7*	
	3	1,0000	0,9990	0,9872	0,9303	0,8791	0,7759	0,6496	0,5593	0,3823	0,1719	*6*	
10	4		0,9999	0,9984	0,9845	0,9672	0,9219	0,8497	0,7869	0,6331	0,3770	*5*	*10*
	5		1,0000	0,9999	0,9976	0,9936	0,9803	0,9527	0,9234	0,8338	0,6230	*4*	
	6			1,0000	0,9997	0,9991	0,9965	0,9894	0,9803	0,9452	0,8281	*3*	
	7				1,0000	0,9999	0,9996	0,9984	0,9966	0,9877	0,9453	*2*	
	8					1,0000	1,0000	0,9999	0,9996	0,9983	0,9893	*1*	
	9							1,0000	1,0000	0,9999	0,9990	*0*	
	0	0,8179	0,3585	0,1216	0,0261	0,0115	0,0032	0,0008	0,0003	0,0000	0,0000	*19*	
	1	0,9831	0,7358	0,3917	0,1304	0,0692	0,0243	0,0076	0,0033	0,0005	0,0000	*18*	
	2	0,9990	0,9245	0,6769	0,3287	0,2061	0,0913	0,0355	0,0176	0,0036	0,0002	*17*	
	3	1,0000	0,9841	0,8670	0,5665	0,4114	0,2252	0,1071	0,0604	0,0160	0,0013	*16*	
	4		0,9974	0,9568	0,7687	0,6296	0,4148	0,2375	0,1515	0,0510	0,0059	*15*	
	5		0,9997	0,9887	0,8982	0,8042	0,6172	0,4164	0,2972	0,1256	0,0207	*14*	
	6		1,0000	0,9976	0,9629	0,9133	0,7858	0,6080	0,4793	0,2500	0,0577	*13*	
	7			0,9996	0,9887	0,9679	0,8982	0,7723	0,6615	0,4159	0,1316	*12*	
	8			0,9999	0,9972	0,9900	0,9591	0,8867	0,8095	0,5956	0,2517	*11*	
20	9			1,0000	0,9994	0,9974	0,9861	0,9520	0,9081	0,7553	0,4119	*10*	*20*
	10				0,9999	0,9994	0,9961	0,9829	0,9624	0,8725	0,5881	*9*	
	11				1,0000	0,9999	0,9991	0,9949	0,9870	0,9435	0,7483	*8*	
	12					1,0000	0,9998	0,9987	0,9963	0,9790	0,8684	*7*	
	13						1,0000	0,9997	0,9991	0,9935	0,9423	*6*	
	14							1,0000	0,9998	0,9984	0,9793	*5*	
	15								1,0000	0,9997	0,9941	*4*	
	16									1,0000	0,9987	*3*	
	17										0,9998	*2*	
	18										1,0000	*1*	
	0	0,7778	0,2774	0,0718	0,0105	0,0038	0,0008	0,0001	0,0000	0,0000	0,0000	*24*	
	1	0,9742	0,6424	0,2712	0,0629	0,0274	0,0070	0,0016	0,0005	0,0001	0,0000	*23*	
	2	0,9980	0,8729	0,5371	0,1887	0,0982	0,0321	0,0090	0,0035	0,0004	0,0000	*22*	
	3	0,9999	0,9659	0,7636	0,3816	0,2340	0,0962	0,0332	0,0149	0,0024	0,0001	*21*	
	4	1,0000	0,9928	0,9020	0,5937	0,4207	0,2137	0,0905	0,0462	0,0095	0,0005	*20*	
	5		0,9988	0,9666	0,7720	0,6167	0,3783	0,1935	0,1120	0,0294	0,0020	*19*	
	6		0,9998	0,9905	0,8908	0,7800	0,5611	0,3407	0,2215	0,0736	0,0073	*18*	
	7		1,0000	0,9977	0,9553	0,8909	0,7265	0,5118	0,3703	0,1536	0,0216	*17*	
	8			0,9995	0,9843	0,9532	0,8506	0,6769	0,5376	0,2735	0,0539	*16*	
	9			0,9999	0,9953	0,9827	0,9287	0,8106	0,6956	0,4246	0,1148	*15*	
	10			1,0000	0,9988	0,9944	0,9703	0,9022	0,8220	0,5858	0,2122	*14*	
25	11				0,9997	0,9985	0,9893	0,9558	0,9082	0,7323	0,3450	*13*	*25*
	12				0,9999	0,9996	0,9966	0,9825	0,9585	0,8462	0,5000	*12*	
	13				1,0000	0,9999	0,9991	0,9940	0,9836	0,9222	0,6550	*11*	
	14					1,0000	0,9998	0,9982	0,9944	0,9656	0,7878	*10*	
	15						1,0000	0,9995	0,9984	0,9868	0,8852	*9*	
	16							0,9999	0,9996	0,9957	0,9461	*8*	
	17							1,0000	0,9999	0,9988	0,9784	*7*	
	18								1,0000	0,9997	0,9927	*6*	
	19									0,9999	0,9980	*5*	
	20									1,0000	0,9995	*4*	
	21										0,9999	*3*	
	22										1,0000	*2*	
n	k	*p* *0,99*	*0,95*	*0,9*	$\frac{5}{6}$	*0,8*	*0,75*	*0,7*	$\frac{2}{3}$	*0,6*	*0,5*	*k*	*n*

Alle freien Plätze dieser Seite würden durch das Runden auf vier Nachkommastellen den Wert 1,0000 enthalten.

Werden Werte über den nicht hinterlegten, kursiv gedruckten Eingang der Tabelle abgelesen, also für $p \ge 0{,}5$, muss die Differenz $1-(\text{abgelesener Wert})$ ermittelt werden.

Summierte Binomialverteilung (n = 50)

$$P(X \le k) = \sum_{i=0}^{k} \binom{n}{i} \cdot p^i \cdot (1-p)^{n-i}$$

n	k	p 0,01	0,05	0,1	$\frac{1}{6}$	0,2	0,25	0,3	$\frac{1}{3}$	0,4	0,5	*k*	*n*
	0	0,6050	0,0769	0,0052	0,0001	0,0000	0,0000	0,0000	0,0000	0,0000	0,0000	*49*	
	1	0,9106	0,2794	0,0338	0,0012	0,0002	0,0000	0,0000	0,0000	0,0000	0,0000	*48*	
	2	0,9862	0,5405	0,1117	0,0066	0,0013	0,0001	0,0000	0,0000	0,0000	0,0000	*47*	
	3	0,9984	0,7604	0,2503	0,0238	0,0057	0,0005	0,0000	0,0000	0,0000	0,0000	*46*	
	4	0,9999	0,8964	0,4312	0,0643	0,0185	0,0021	0,0002	0,0000	0,0000	0,0000	*45*	
	5	1,0000	0,9622	0,6161	0,1388	0,0480	0,0070	0,0007	0,0001	0,0000	0,0000	*44*	
	6		0,9882	0,7702	0,2506	0,1034	0,0194	0,0025	0,0005	0,0000	0,0000	*43*	
	7		0,9968	0,8779	0,3911	0,1904	0,0453	0,0073	0,0017	0,0001	0,0000	*42*	
	8		0,9992	0,9421	0,5421	0,3073	0,0916	0,0183	0,0050	0,0002	0,0000	*41*	
	9		0,9998	0,9755	0,6830	0,4437	0,1637	0,0402	0,0127	0,0008	0,0000	*40*	
	10		1,0000	0,9906	0,7986	0,5836	0,2622	0,0789	0,0284	0,0022	0,0000	*39*	
	11			0,9968	0,8827	0,7107	0,3816	0,1390	0,0570	0,0057	0,0000	*38*	
	12			0,9990	0,9373	0,8139	0,5110	0,2229	0,1035	0,0133	0,0002	*37*	
	13			0,9997	0,9693	0,8894	0,6370	0,3279	0,1715	0,0280	0,0005	*36*	
	14			0,9999	0,9862	0,9393	0,7481	0,4468	0,2612	0,0540	0,0013	*35*	
	15			1,0000	0,9943	0,9692	0,8369	0,5692	0,3690	0,0955	0,0033	*34*	
	16				0,9978	0,9856	0,9017	0,6839	0,4868	0,1561	0,0077	*33*	
	17				0,9992	0,9937	0,9449	0,7822	0,6046	0,2369	0,0164	*32*	
	18				0,9997	0,9975	0,9713	0,8594	0,7126	0,3356	0,0325	*31*	
50	19				0,9999	0,9991	0,9861	0,9152	0,8036	0,4465	0,0595	*30*	*50*
	20				1,0000	0,9997	0,9937	0,9522	0,8741	0,5610	0,1013	*29*	
	21					0,9999	0,9974	0,9749	0,9244	0,6701	0,1611	*28*	
	22					1,0000	0,9990	0,9877	0,9576	0,7660	0,2399	*27*	
	23						0,9996	0,9944	0,9778	0,8438	0,3359	*26*	
	24						0,9999	0,9976	0,9892	0,9022	0,4439	*25*	
	25						1,0000	0,9991	0,9951	0,9427	0,5561	*24*	
	26							0,9997	0,9979	0,9686	0,6641	*23*	
	27							0,9999	0,9992	0,9840	0,7601	*22*	
	28							1,0000	0,9997	0,9924	0,8389	*21*	
	29								0,9999	0,9966	0,8987	*20*	
	30								1,0000	0,9986	0,9405	*19*	
	31									0,9995	0,9675	*18*	
	32									0,9998	0,9836	*17*	
	33									0,9999	0,9923	*16*	
	34									1,0000	0,9967	*15*	
	35										0,9987	*14*	
	36										0,9995	*13*	
	37										0,9998	*12*	
	38										1,0000	*11*	
n	k	*p* *0,99*	*0,95*	*0,9*	$\frac{5}{6}$	*0,8*	*0,75*	*0,7*	$\frac{2}{3}$	*0,6*	*0,5*	*k*	*n*

Alle freien Plätze dieser Seite würden durch das Runden auf vier Nachkommastellen den Wert 1,0000 enthalten.

Werden Werte über den nicht hinterlegten, kursiv gedruckten Eingang der Tabelle abgelesen, also für $p \ge 0{,}5$, muss die Differenz 1 − (abgelesener Wert) ermittelt werden.

Summierte Binomialverteilung (n = 100)

$$P(X \le k) = \sum_{i=0}^{k} \binom{n}{i} \cdot p^i \cdot (1-p)^{n-i}$$

n	k	p 0,01	0,05	0,1	$\frac{1}{6}$	0,2	0,25	0,3	$\frac{1}{3}$	0,4	0,5	*k*	*n*
	0	0,3660	0,0059	0,0000	0,0000	0,0000	0,0000	0,0000	0,0000	0,0000	0,0000	*99*	
	1	0,7358	0,0371	0,0003	0,0000	0,0000	0,0000	0,0000	0,0000	0,0000	0,0000	*98*	
	2	0,9206	0,1183	0,0019	0,0000	0,0000	0,0000	0,0000	0,0000	0,0000	0,0000	*97*	
	3	0,9816	0,2578	0,0078	0,0000	0,0000	0,0000	0,0000	0,0000	0,0000	0,0000	*96*	
	4	0,9966	0,4360	0,0237	0,0001	0,0000	0,0000	0,0000	0,0000	0,0000	0,0000	*95*	
	5	0,9995	0,6160	0,0576	0,0004	0,0000	0,0000	0,0000	0,0000	0,0000	0,0000	*94*	
	6	0,9999	0,7660	0,1172	0,0013	0,0001	0,0000	0,0000	0,0000	0,0000	0,0000	*93*	
	7	1,0000	0,8720	0,2061	0,0038	0,0003	0,0000	0,0000	0,0000	0,0000	0,0000	*92*	
	8		0,9369	0,3209	0,0095	0,0009	0,0000	0,0000	0,0000	0,0000	0,0000	*91*	
	9		0,9718	0,4513	0,0213	0,0023	0,0000	0,0000	0,0000	0,0000	0,0000	*90*	
	10		0,9885	0,5832	0,0427	0,0057	0,0001	0,0000	0,0000	0,0000	0,0000	*89*	
	11		0,9957	0,7030	0,0777	0,0126	0,0004	0,0000	0,0000	0,0000	0,0000	*88*	
	12		0,9985	0,8018	0,1297	0,0253	0,0010	0,0000	0,0000	0,0000	0,0000	*87*	
	13		0,9995	0,8761	0,2000	0,0469	0,0025	0,0001	0,0000	0,0000	0,0000	*86*	
	14		0,9999	0,9274	0,2874	0,0804	0,0054	0,0002	0,0000	0,0000	0,0000	*85*	
	15		1,0000	0,9601	0,3877	0,1285	0,0111	0,0004	0,0000	0,0000	0,0000	*84*	
	16			0,9794	0,4942	0,1923	0,0211	0,0010	0,0001	0,0000	0,0000	*83*	
	17			0,9900	0,5994	0,2712	0,0376	0,0022	0,0002	0,0000	0,0000	*82*	
	18			0,9954	0,6965	0,3621	0,0630	0,0045	0,0005	0,0000	0,0000	*81*	
	19			0,9980	0,7803	0,4602	0,0995	0,0089	0,0011	0,0000	0,0000	*80*	
	20			0,9992	0,8481	0,5595	0,1488	0,0165	0,0024	0,0000	0,0000	*79*	
	21			0,9997	0,8998	0,6540	0,2114	0,0288	0,0048	0,0000	0,0000	*78*	
	22			0,9999	0,9369	0,7389	0,2864	0,0479	0,0091	0,0001	0,0000	*77*	
	23			1,0000	0,9621	0,8109	0,3711	0,0755	0,0164	0,0003	0,0000	*76*	
	24				0,9783	0,8686	0,4617	0,1136	0,0281	0,0006	0,0000	*75*	
	25				0,9881	0,9125	0,5535	0,1631	0,0458	0,0012	0,0000	*74*	
	26				0,9938	0,9442	0,6417	0,2244	0,0715	0,0024	0,0000	*73*	
	27				0,9969	0,9658	0,7224	0,2964	0,1066	0,0046	0,0000	*72*	
	28				0,9985	0,9800	0,7925	0,3768	0,1524	0,0084	0,0000	*71*	
	29				0,9993	0,9888	0,8505	0,4623	0,2093	0,0148	0,0000	*70*	
	30				0,9997	0,9939	0,8962	0,5491	0,2766	0,0248	0,0000	*69*	
	31				0,9999	0,9969	0,9307	0,6331	0,3525	0,0398	0,0001	*68*	
	32				1,0000	0,9984	0,9554	0,7107	0,4344	0,0615	0,0002	*67*	
	33					0,9993	0,9724	0,7793	0,5188	0,0913	0,0004	*66*	
100	34					0,9997	0,9836	0,8371	0,6019	0,1303	0,0009	*65*	*100*
	35					0,9999	0,9906	0,8839	0,6803	0,1795	0,0018	*64*	
	36					0,9999	0,9948	0,9201	0,7511	0,2386	0,0033	*63*	
	37					1,0000	0,9973	0,9470	0,8123	0,3068	0,0060	*62*	
	38						0,9986	0,9660	0,8630	0,3822	0,0105	*61*	
	39						0,9993	0,9790	0,9034	0,4621	0,0176	*60*	
	40						0,9997	0,9875	0,9341	0,5433	0,0284	*59*	
	41						0,9999	0,9928	0,9566	0,6225	0,0443	*58*	
	42						0,9999	0,9960	0,9724	0,6967	0,0666	*57*	
	43						1,0000	0,9979	0,9831	0,7635	0,0967	*56*	
	44							0,9989	0,9900	0,8211	0,1356	*55*	
	45							0,9995	0,9943	0,8689	0,1841	*54*	
	46							0,9997	0,9969	0,9070	0,2421	*53*	
	47							0,9999	0,9983	0,9362	0,3086	*52*	
	48							0,9999	0,9991	0,9577	0,3822	*51*	
	49							1,0000	0,9996	0,9729	0,4602	*50*	
	50								0,9998	0,9832	0,5398	*49*	
	51								0,9999	0,9900	0,6178	*48*	
	52								1,0000	0,9942	0,6914	*47*	
	53									0,9968	0,7579	*46*	
	54									0,9983	0,8159	*45*	
	55									0,9991	0,8644	*44*	
	56									0,9996	0,9033	*43*	
	57									0,9998	0,9334	*42*	
	58									0,9999	0,9557	*41*	
	59									1,0000	0,9716	*40*	
	60										0,9824	*39*	
	61										0,9895	*38*	
	62										0,9940	*37*	
	63										0,9967	*36*	
	64										0,9982	*35*	
	65										0,9991	*34*	
	66										0,9996	*33*	
	67										0,9998	*32*	
	68										0,9999	*31*	
	69										1,0000	*30*	
n	k	*p* *0,99*	*0,95*	*0,9*	$\frac{5}{6}$	*0,8*	*0,75*	*0,7*	$\frac{2}{3}$	*0,6*	*0,5*	*k*	*n*

Alle freien Plätze dieser Seite würden durch das Runden auf vier Nachkommastellen den Wert 1,0000 enthalten.

Werden Werte über den nicht hinterlegten, *kursiv* gedruckten Eingang der Tabelle abgelesen, also für $p \ge 0{,}5$, muss die Differenz $1-(\text{abgelesener Wert})$ ermittelt werden.

Stichwortverzeichnis

Ihr Feedback zu diesem Buch

Für Ihre Anregungen, Hinweise und Bewertungen sind wir dankbar und offen.
Sie helfen damit, dieses Buch noch weiter zu optimieren ... für einen bestmöglichen Erfolg im Mathe-Abi.

Als einfache und schnelle Verfahren bieten sich folgende Wege für Ihr Feedback an:

* per Post: einfach dieses Blatt im frankierten Umschlag zurücksenden;
* per Fax: an unsere Faxnummer 0761 45699 45;
* per E-mail: an info@freiburger-verlag.de;
* per Internet: unter www.freiburger-verlag.de.

Besten Dank für Ihre Mithilfe! Zudem erhalten Sie für alle Vorschläge, die in Folgeauflagen eingearbeitet werden, als Dankeschön eine kleine Aufmerksamkeit von uns.

Erfolg im Mathe-Abi NRW
Das Basiswissen-Übungsbuch für den Grundkurs

Seite	Anregung

Erfolg im Mathe-Abi NRW

Übungsbücher für das Basiswissen und für Prüfungsaufgaben

Freiburger Verlag GmbH
›Erfolg im Mathe-Abi‹
Hartkirchweg 37

79111 Freiburg

Fax: 0761 45699 45

Absender:

Name / Vorname / Position	Kundennummer, falls bekannt
Straße / Nr.	Schule
PLZ / Ort	Klasse
Tel. für Rückfragen	Schuladresse
email-Adresse	

Besten Dank für Ihre Mithilfe!
Ihr Freiburger-Verlags-Team